하늘 길의 종착역

티베트

■ **(주)고려원북스**는 우리들의 가슴속에 영원히 남을 지혜가 넘치는 좋은 책을 만들겠습니다.

하늘 길의 종착역 티베트

초판 1쇄 | 2009년 7월 17일

지은이 | 남경연 · 청품
펴낸이 | 이용배
펴낸곳 | (주)고려원북스
편집주간 | 설웅도
판매 · 마케팅 총괄 | 김홍석, 이종진

판매처 | (주)북스컴, Bookscom, Inc.

출판등록 | 2004년 5월 6일(제16-3336호)
주소 | 서울 광진구 능동 279-3번지 길송빌딩 7층
전화번호 | 02-466-1207
팩스번호 | 02-466-1301

값 18,000원

ISBN 97889-91264-90-8

티베트

프롤로그
Prologue

2006년 칭짱노선이 완공되어 '하늘길'이 열렸다. 티베트로 가는 쉬운 길 하나가 열린 것이었다. 너무 멀고 힘든 여정이었기 때문에, 그리고 알려진 것이 너무 적었기 때문에 감히 엄두를 내지 못했던 많은 사람들이 열차표 한 장을 손에 쥐고 티베트행 열차에 올랐다.

필자가 티베트에 관심을 갖게 된 것은 10여 년 전 우연히 보게 된 흰 성체의 포탈라궁 사진 때문이었다. 동서양의 성과는 또 다른 풍모의 포탈라궁, 푸른 하늘 아래 그 신비한 모습 속에는 뭔가 독특한 매력이 있었다. '언젠간 가야지'라는 마음만 품고 지낸 시간이 11년, 회사원으로서 살아야 하는 고통과 안식에 대한 갈망으로, 필자는 회사를 그만둔 다음날 티베트행 열차에 올랐다. 주변에서는 우려의 목소리가 높았지만 내가 나 자신을 위해 한 일 중 가장 기특한 짓이었다.

열차 내에는 깜짝 놀랄 만큼 많은 외국인들이 있었고, 티베트의 수도 라싸에는 더욱 많은 외국인들이 있었다. 여행자는 물론, 아주 정착해버린 외국인들, 그리고 티베트의 중국화 정책으로 이주한 한족漢族들까지, 티베트는 더 이상 장족藏族(티베트인)의 땅이 아닌 것 같았다. 하지만 여행자들의 긴 행렬과 상인들 무리 속에서도 자신의 신앙을 지키려는 티베트인들은 묵묵히 순례자의 길을 가고 있었다. 딱, 딱, 딱, 나무 판을 두드리며 오체투지로 자신의 믿음을 닦아가는 사람들, 진흙 속의 연꽃 같은 그들이 있어 티베트는 더욱 아름다웠다. 아름다운 자연뿐만 아니라 세상의 안녕을 기도하는 아름다운 사람들이 있는 곳이 티베트였다.

처음부터 티베트 여행 가이드북을 쓰려고 했던 것은 아니었다. 다만 좀 쉬면서 내 자신의 미래에 대해 생각해보고 싶었을 뿐이었다. 그러나 《베이징》을 쓰면서 붙은 오랜 습관 때문이었는지 멋진 장면을 대할 때마다 나는 무의식적으로 셔터를 누르고 있었다. 심지어는 고산반응으로 말에서 떨어지는 순간에도 사진을 찍었다. 한 번은 티베트에 주둔해 있는 중국군 군인들을 찍었는데, 군인 세 명이 식당까지 쫓아와 사진을 일일이 확인하고 모두 지워버린 일도 있었다. 직업병(?)이랄 것까진 없지만 어느새 늘 하던 대로 본 것, 맛본 것을 촬영하고, 사람들과 공유하고 싶은 일들을 기록으로 남기고 있었던 것이었다.

책을 쓰겠다는 결심이 서자, 큰 걱정거리가 생겼다. 티베트라는 드넓은 지역을 소개하기에는 내 지식과 경험이 턱없이 미천했던 것이었다. 대충 쓴 책을 세상에 내놓는 건 너무나 싫었기 때문에, 나는 내 원고의 부족한 부분을 채워줄 사람을 물색하기로 결정했다. 나는 우선 SLR로 사진 찍는 사람들을 주목하였다. SLR을 사용하는 사람이라면 기본적으로 사진 찍는 실력은 갖추었을 것으로 보았기 때문이었다. 하지만 큰 카메라를 사용하는 대부분의 사람들은 사진을 찍을 뿐 티베트에 대한 이해가 부족하였고, 선뜻 글을 써보겠다는 사람을 찾을 수도 없었다. 결국 모든 건 내가 해결해야 하는 상황이었다.

귀국한 후 얼마 지나지 않아 두천杜川 이라는 중국 작가와 연락이 닿았다. 여행이 너무 좋아 글을 쓰다가 결국 출판업에 빠져들었다는 그는 내 제안을 흔쾌히 받아들였다. 외국에서 날아든 동업(?)의 전화가 기뻤는지 그는 줄곧 흥분을 감추지 못했고, 오케이하는 데까지 많은 시간이 필요하지도 않았다.
두천의 원고를 받아들고 작업을 끝마치는 데 1년 이상의 시간이 들었다. 부족한 자료도 보충하고, 옛 정보를 갱신하여 제대로 된 책을 만들려다 보니 시간이 예정보다 늘어진 것이었다. 다행히도 원고를 출판하겠다는 곳을 세 곳이나 찾을 수 있었다. 여행서 시장이 침체에 빠진 이때에 내 원고를 출판해주겠다는 곳이 세 곳이라는 사실은 여행작가로서 자부심을 느끼게 해주는 대목이었다.

내가 생각하는 나는 문장력 있는 글을 쓰는 작가는 아니다. 내가 보고 느낀 티베트를 그대로 표현하기에 내 글재주는 턱없이 부족한 것이 사실이었다. 그래서 나는 티베트를 찾아가려는 누군가가 내게 물어왔을 때 내가 알고 겪었던 일들을 담담하게 소개한다는 마음가짐으로 내 이야기보따리를 풀어놓았다. 티베트 관련 지식들과 전설, 각 여행지에 가기 전에 꼭 알아야 할 정보들, 그리고 내가 저질렀던 바보 같은 실수들을 글로 옮겼다. 칭짱열차를 타고 달리며 느꼈던 벅찬 감동과 나를 울게 만들었던 티베트 소년 이야기가 티베트를 꿈꾸는 여러분께 들려드리고 싶은 나의 이야기이다.

남경연

프롤로그

3부 ●
고원의 철길을 달리는 하늘열차 낭만여행

4부 ●

티베트 여행의 절정, 라싸

5부

발길이 닿지 않아 더욱 매력적인 라싸 외곽여행

6부

귀로에서 음미하는 티베트의 아름다움

티베트의 정신과 문화까지 이해한다
재밌고 감동적인 TIBET STORY

1부

하늘 길을 열다

세계 철도사의 기적 칭짱열차

2006년, 티베트는 중국인들이 가장 가고 싶어하는 여행지로 뽑혔다.
갈 수 없었기 때문에 더욱 가고 싶었던 곳, 티베트.
해발 5,072m에 세워진 무려 1,956km 길이의 칭짱철도는 2억 중국인과
전 세계인에게 '언제나 쉽게 갈 수 있는 티베트'를 선물해주었다.
세계에서 가장 높은 고원 지대를 달리는 철도,
가히 '21세기의 만리장성'이라 할 만한 칭짱열차는
그 자체만으로도 감동을 준다.

21세기의 만리장성
칭짱 철도

Tibet

칭짱 철도는 중국 칭하이 성靑海省 시닝西宁과 시짱西藏(티베트)의 라싸拉萨를 연결하는 길이 1,956km의 철도 노선이다. 칭짱이라는 명칭은 칭하이성의 칭靑과 시짱의 짱藏을 따다 지은 것으로 하늘처럼 높은 곳에 설치되었다고 하여, 과장을 좋아하는 중국인들은 '하늘길'이라고 부른다. 칭짱 철도는 세계에서 가장 높은 고원 지대를 달리는 철도 노선으로 그동안 최고의 자리를 지켰던 4,817m의 페루 철도보다 255m 높은 해발 5,072m에 부설되었다. 설악산 대청봉의 높이가 1,708m인 것을 고려한다면 5,072m에 건설된 이 철도는 기적이라고 표현해도 지나치지 않을 것이다.

칭짱 노선은 총 2기의 공정으로 나누어 건설되었다. 제1기 공정은 1979년 칭하이성 시닝과 거얼무格尔木를 연결하는 길이 814km의 공사로, 착공한 지 5년 만인 1984년에 완공되었다. 이 구간은 비교적 고도가 낮은 지역이었기 때문에 건설에 큰 어려움이 없었다. 하지만 본격적으로 고원 구간이 시작되는 거얼무~라싸 구간은 영하의 추위와 산소 부족 등 환경, 기술상의 이유로 2001년까지 착공이 연기되었다. 이 구간은 해발 4,000m 이상이 958km에 달하며, 사계절 내내 얼음이 녹지 않는 동토 구간이 546km에 달한다. 때문에 많은 사람들이 이 공사를 불가능하다고 해왔으며 2001년 6월 제2기 공정이 시작되어서까지도 논란이 끊이지 않았다.

칭짱 철도의 핵심 구간인 거얼무에서 라싸까지의 노선은 40년간 계획되었으며 무수히 많은 검토와 수정을 거쳐 착공 4년 만인 2006년 7월 1일 오전 11시에 첫 열차가 운행을 시작했다. 이 거대한 프로젝트에는 4년 동안 한화 4조 원에 상당하는 330억 元(위안)의 공사비가 투입되었고, 10만 명에 달하

세계철도사의 기적 칭짱열차, 하늘 길을 열다

칭짱 노선을 달리는 화물 열차 칭짱 노선에는 무수히 많은 다리가 건설되어 있다.

🟢 칭짱 철도 착공 기념 우표

🟢 중국 초창기의 열차

는 인부가 동원되었다. 단 한 번도 시도된 적 없었던 고원의 기적을 이뤄내기 위해 중국 각계각층의 전문가들이 소집되었다. 얼고 녹는 것을 반복하는 기후적 특성 때문에 철로의 침목은 특수 콘크리트로 제작되었으며 제작 장소와 설치 장소 사이의 기후 차이로 인해 발생할 수 있는 문제를 줄이고, 고원까지의 운반비 절감을 위해서 침목 생산 공장은 해발 4,704m의 안뒤安多에 건설되었다. 잦은 기후 변화로 공사는 중단되기 일쑤였으며 타지에서 일감을 찾아온 많은 인부들은 고산병으로 쓰러지곤 했다.

하지만 칭짱 철도 건설팀은 이러한 모든 악조건을 극복해냈을 뿐만 아니라 환경 보호 측면에서도 완벽에 가까운 시공으로 환경 문제에 관한 비판과 우려를 말끔히 해결했다. 칭짱 철도의 건설은 청정 지역의 보호뿐 아니라, 황허黃河 강과 양쯔揚子 강의 발원지인 티베트의 환경오염 가능성 때문에 반대되어 왔는데, 건설팀은 이를 불식시키기 위해 고원의 동물들이 철로를 가로지를 수 있는 생태 통로를 설치하고 철로 주변의 풀들을 보호하기 위해 철로가 부설되는 전 구간의 풀들을 옮겨 심는 등 수고를 아끼지 않았다. 과연 '21세기의 만리장성 건설' 이라는 찬사가 어울리는 대역사였다.

세계철도사의 기적 칭짱열차, 하늘 길을 열다

티베트인의 삶까지 바꿔놓은 칭짱 열차

티베트는 2006년에 중국인들이 가장 가고 싶어하는 여행지로 뽑혔다. 갈 수 없었기 때문에 더욱 가고 싶었던 곳 티베트는 칭짱 열차의 개통으로 온 중국 국민의 관심을 모았다. 48시간의 긴 여정이지만 침대표가 아니더라도(참고로 좌석에 앉아 48시간을 간다는 것은 정말 고역이다) 티베트에 가려는 여행객은 끊이지 않았으며, 좌석표마저도 몇 주를 기다려야 얻을 수 있는 진풍경이 펼쳐졌다. 티베트 특수를 맞아 북경에서만 십여 개의 여행사가 새로 생겨났으며 이들 여행사들이 기차표 사재기를 하는 바람에 표 구하기가 더욱 어려워지기도 했다.

이 칭짱 열차가 개통되기 전에는 거얼무에서 라싸까지 1,115km의 칭짱 공로靑藏公路를 버스로 달려가야 했다. 이 경로는 수십 시간이 걸렸으며 잦은 산사태와 폭설로 도로가 유실되어 도착이 불확실하기도 했다. 과거에 비해 너무도 쉬워진 티베트행은, 기차 여행이라는 낭만까지 더해져 전 세계의 여행객들을 불러 모았다. 칭짱 열차가 개통되어 티베트는 연 60만 명의 관광객을 끌어들였고, 이들이 뿌리는 돈을 좇아 많은 한족들이 티베트로 몰려들고 있다. 이러한 변화로 인해 농업과 목축업에 종사했던 티베트인들 삶도 변화

대합실은 칭짱 열차의 탑승을 기다리는 승객들로 만원이다.

짝퉁 버버리 모자를 쓴 티베트 소년이 말을 끌고 있다. 요금은 10위안이다

하고 있으며, 티베트의 주요 도시들은 이미 중국의 여타 도시들과 별반 다르지 않게 되었다. 티베트 도시에는 이제 수많은 기념품 상점과 서구적 바^{bar}들이 자리를 잡고 있고, 라마 불교 성지인 조캉 사원 맞은편에는 안마시술소까지 들어섰다. 열차의 개통으로 미지의 땅인 티베트 여행이 한결 수월해졌지만, 철길을 따라 흘러 들어온 세상의 흔적들이 반갑지만은 않다.

칭짱 철도를 건설한 이유 – 서남 공정

티베트는 중원에서 멀리 떨어진 고원에 위치한 탓에 오랜 세월 독자적인 문화를 유지해 왔다. 비록 중국의 역사학자들은 원元과 청靑대에 티베트를 중국이 지배했다고 주장하면서 중국의 티베트 지배를 정당화하고 있으나, 유사 이래 티베트는 거의 대부분 독립 국가로서 존재해 왔다.

그러나 국공내전國共內戰(중국에서 항일抗日 전쟁이 끝난 후 중국 재건을 둘러싸고 국민당과 공산당 사이에 벌어진 국내 전쟁)으로 중국을 통일한 중국 정부는 1950년 10월 7일 티베트의 소유권을 주장하며, 3만 명의 인민 해방군을 티베트로 진군시켰다. 당시 4천여 명의 티베트 군은 완강히 저항했으나 결국 인민 해방군 앞에 무릎을 꿇었고, 인민 해방군은 라싸에 진군하는 도중에 발견되는 사원은 모조리 파괴하는 만행을 저질렀다.

티베트인들의 전통 축제

티베트의 인민 해방군. 군기가 잔뜩 들어가 있다.

　　인민 해방군의 티베트 진군 이후 총 120만의 티베트인이 사망하고 6,254개의 사원이 파괴되었다고 한다. 이때 티베트의 지도자인 달라이 라마 14세는 탈출하여 망명 생활을 시작했으며, 지금까지도 세계 전역을 돌아다니며 티베트의 독립을 주장하고 있다. 때문에 중국 정부는 혹시 모를 무장 반란을 진압할 목적으로 70만 명에 달하는 정규군을 티베트 지역에 상주시키고 있으며, 서남 공정이라고 부르는 티베트의 중국화 계

티베트 황토 고원에 설치된 문명화의 상징, 이동 통신 기지국

획을 시행하고 있다. 서남 공정은 정부군을 주둔시켜 무장 소요를 예방하는 동안 중국과 티베트를 연결하는 철도를 건설하고, 유입된 외부인들을 티베트에 완전히 정착시킴으로써 티베트의 단결을 와해하고 독립 의지를 상실케 한다는 계획이다.

　　실제 칭짱 열차 개통 이후 매일 5천 명에 달하는 외부인들이 티베트로 유입되고 있으며, 관광객뿐 아니라 돈을 좇아 몰려드는 중국인들이 많아 티베트의 중국화는 급물살을 타고 있다. 현재 티베트의 수도인 라싸는 한족漢族의 수가 장족藏族(티베트인)의 수를 넘어선 지 오래며 'Free Tibet'의 꿈은 점점 요원해져 가고 있다.

세계철도사의 기적 칭짱열차, 하늘 길을 열다

칭짱 열차를 지켜보는 사람들

후진타오 주석과 칭짱 열차

후진타오 중국 국가 주석에게 티베트는 매우 특별한 곳이다. 그는 1989년부터 1992년까지 티베트 장족 자치구의 당서기직을 맡은 바 있다. 당시 후진타오는 정치인으로서 큰 위기이자 기회를 맞았는데, 1989년 3월에 일어난 티베트 독립 운동이 그것이다. 이때 후진타오는 계엄을 선포하고 철저히 무력으로 진압했고 이때의 공로를 크게 인정받아 승승장구하여 주석이 되었다. 때문에 티베트의 독립을 완전히 좌절시키는 칭짱 열차의 개통은 그에게 무엇보다 커다란 의미를 가져다주었으며 마오쩌둥도 이루지 못한 일을 해낸 성취감도 대단했으리라 짐작된다. 후진타오는 칭짱 열차 개통식 연설에서 "칭짱 선의 개통은 중국 철도사의 기적이다"라며 개인적인 기쁨과 찬사를 아끼지 않았다.

마니차를 돌리며 경전을 외는 티베트인

라싸 익스프레스
칭짱 열차 완전 해부

Tibet

'하늘길'을 달리는 칭짱 열차는 청도 맥주로 유명한 동해안의 연안 도시, 청도青島에서 전량 제작되었다. 세상에서 가장 높은 철길을 달리는 칭짱 열차는 승객들이 해발 4,000m를 넘나드는 고지대에서도 환경에 적응하도록 갖가지 최신 기술들을 적용했다. 특히 열차 내의 기압이 떨어지는 것을 막기 위해 항공기에서 사용되는 완전 밀폐 기술이 도입되었고, 외부 공기의 차단에 따른 산소 공급기, 여과기, 공기 조절기 등 다른 열차에서 볼 수 없는 최신의 기술들을 사용했다. 완전 밀폐를 위해 열차의 도어들은 2중 공기 압축 방식을 채택하고 있고, 평지보다 1.6배나 강한 자외선을 효과적으로 차단하기 위해 모든 창문을 2중으로 코팅 처리했다. 중국이 자랑하는 최고의 열차답게 열차 내부 장식에도 많은 공을 들인 흔적들이 엿보이는데 전 객차 바닥에는 두툼한 카펫을 깔아 안락함을 추구했고 커튼, 테이블보 등에는 티베트의 전통 문양들을 사용하여 동양적이면서도 현대적인 느낌을 주고 있다.

○ 칭짱 노선을 달리는 철마

○ 칭짱 열차 개통 기념우표

세계철도사의 기적 칭짱열차, 하늘 길을 열다

No.1	No.2	No.3	No.4	No.5	No.6	No.7
YW	YW	YW	YW	RW	RW	CA
		방송 칸	장애인 화장실			식당차

1 시닝 역 **2** 칭짱 열차의 기관실 내부 **3** 딱딱한 침대칸(경와)은 침대가 3층으로 되어 있다.
4 내부가 넓은 부드러운 침대칸(연와) **5** 시닝 역 짠타이(站台) 표 **6** 좌석 칸 (경좌)

열차는 총 15량으로 되어 있으며 잉워는 직원용 객차 1량을 포함하여 8량, 롼워는 2량, 잉쮜는 4량, 식당차 1량으로 구성되어 있다. 가장 많은 비중을 차지하는 잉워는 객차당 54명이 정원이며, 롼워는 32명, 잉쮜는 60명이다.

중국의 열차는 예전부터 객차의 등급을 좌석과 침대의 딱딱한 정도로 구분했다. 실제로 예전에 생산된 열차들은 이 같은 구분에 걸맞게 쿠션의 딱딱한 정도에 차이가 있으나, 칭짱 열차의 경우에는 딱딱함으로 구분하는 것은 무의미할 만큼 모든 객차가 안락하다. 대신 개인에게 제공하는 공간과 편의 시설에는 차이가 있다.

잉워는 침대가 상·중·하 세 개씩 좌우로 배치되어 있고, 롼워는 상·하 두 개씩 좌우에 배치되어 있다. 따라서 롼워는 상대적으로 넓은 공간을 보장하며, 액정 TV와 칸별 도어 같은 부가 시설도 제공한다.

Tibet

T27 열차를 이용해 라싸로 가면 거의 48시간을 열차 내에서 보내게 된다. 해외여행 좀 해봤다는 사람들도 이렇게 긴 시간 동안 열차를 타본 경우는 매우 드물 것이다. 때문에 승객들 대부분은 예상치 못했던 어려움을 겪게 되기도 하는데 이를 위해 알아두면 유용한 정보들을 몇 가지 소개한다.

● 열차 탑승 전 준비물

역에 가면 중국인들이 음식물을 한아름 들고 열차에 타는 걸 볼 수 있다. '저 걸 다 먹을 수 있을까?' 하는 의문이 들기도 하는데, 충고하건데 그들을 따라 하면 더욱 즐겁게 기차 여행을 할 수 있을 것이다. 칭짱 열차에는 식당 칸이 갖추어져 있고 역무원이 음식물 카트를 밀며 지나다니기도 하지만 미리 먹을거리를 준비해 두는 게 좋다. 우선 가장 아쉬운 게 커피다. 캔 커피 정도는 기차에 있지 않겠느냐고? 없다. 북경에서 사가야 한다. 또한 생수도 충분히 준비하는 게 좋다. 고산반응도 대비할 겸 매일매일 충분한 양을 마셔야 한다. 컵라면도 마찬가지며 칭짱 열차 탑승을 축하하며 첫날밤에 마실 맥주도 몇 병 준비해 두자. 물론 짭짤한 안주거리도 함께. 기차 안에서는 쉽게 친구를 사귈 수 있을 것이다. 구할 수 있다면 김치를 사가는 것도 강력 추천한다.

이 여행객은 고수라 할 만하다. 컵라면이 아닌 봉지 라면과 플라스틱 용기를 준비하여 남는 차액을 절약했으며, 환경호르몬 문제도 줄이고 있다. 특히 신고 있는 일회용 슬리퍼를 주목해 보라. 저 슬리퍼는 호

숙달된 기차 여행자

세계철도사의 기적 칭짱열차, 하늘 길을 열다

텔이나 빈관급 숙소에서 거저 주는 것으로 장시간의 기차 여행에서 매우 요긴하다. 플라스틱 용기까지는 아니더라도 숙소에서 꼭 일회용 슬리퍼를 챙겨 오도록 하자.

● 열차 탑승 후 해야 할 일

● 안내용 팸플릿을 챙기자

객차마다 사정이 다르지만 가장 많이 이용하는 경와 칸의 경우, 두 곳에 안내용 책자가 비치되어 있다. 이 책자에는 간단한 열차 소개와 시간표 등이 소개되어 있는데 무료라서 먼저 집는 자가 임자다. 꽤 쓸 만하므로 열차에 오르자마자 가장 먼저 챙겨두도록 하자.

안내 책자 비치대

● 짐 정리 및 탑승 수속

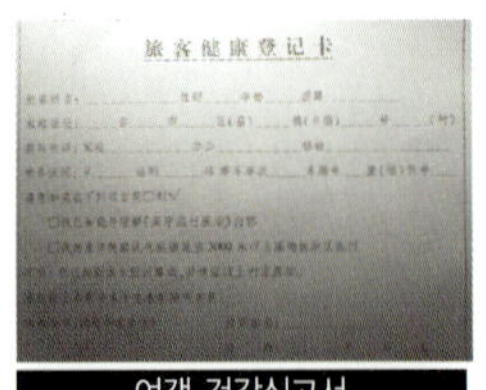
여객 건강신고서

환표증

일단 자신의 자리를 찾았으면 짐을 정리하도록 한다. 연와를 제외하고는 공간이 넉넉하다고는 볼 수 없으니 열차 내에서 꺼내지 않을 물품은 가장 구석으로 밀어두도록 한다. 침대칸의 경우 벽면에 망으로 된 주머니가 있으므로 세면도구와 필기구 따위를 넣어두고 사용한다. 열차가 출발하기 전까지는 매우 분주하니 우선 자리에서 대기하고, 역무원이 오면 열차표를 환표증換票证으로 교환하고 고산병 관련 건강신고서를 작성한다.

● 세면장과 양치질

세면장은 객차당 한 곳씩 구비되어 있다. 세면대는 총 3개인데 아쉽게도 수압이 약해 답답할 때가 많다. 그러므로 비누칠은 가급적 적게 하는 게 좋고, 양치질을 위한 종이컵은 탑승 전에 준비하는 것이 좋다. 머리가 짧은 남성이라면 비누를 사용하는 경우에 머리를 감는 것도 가능하다. 하지만 여성들은 48

칭짱 열차 화장실의 비밀

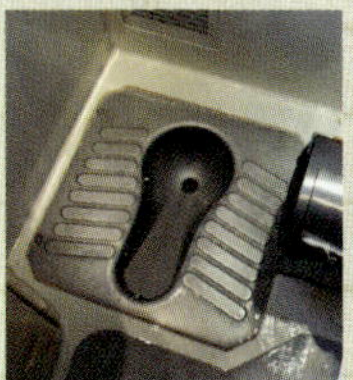

보기에도 좁아 보이는 경좌, 경와 칸의 '쪼그려 싸'

연와 칸의 '앉아 싸', 운이 좋으면 커버용 종이가 남아 있다.

설마 화장실도 못 사용할까 봐 별걸 다 쓴다 싶겠지만, 그건 아니다. 탑승객이라면 알아두어야 할 칭짱 열차의 화장실에 관한 비밀이 있기 때문이다. 첫째 비밀, 칭짱 열차에는 장애인 화장실과 일반 화장실이 있다. 물론 남녀 구분은 없다. 그런데 일반 화장실의 경우 객차등급의 높고 낮음에 따라 시설이 다르다. 경좌와 경와는 '쪼그려 싸' 형식인데 반하여, 연와는 '앉아 싸' 인 것이다. 이런 차이가 생겨난 이유야 어찌되었든 '쪼그려 싸'에 적응 못하는 독자들은 앞에 소개한 열차 안내도를 참조하여 연와 칸의 화장실을 사용하도록 하고, '앉아 싸'에 적응이 어려운 독자들은 연와를 제외한 객차의 화장실을 사용하기 바란다. 화장실이 좁고 흔들리며, 고산 반응 덕에 머리도 어지러울 테니 신중히 선택해야 한다. 둘째 비밀, 칭짱 열차는 완전 밀폐 열차라고 광고하고 있으나 화장실 창문은 대부분 열려 있다. 누군가가 화장실에서 창문을 열어두고 담배를 핀 것인데, 열려진 창문 탓에 많은 여행자들이 두통에 시달린다. 혹 열려 있다면 꼭 닫도록 하자.

시간 동안 참는 게 오히려 편하므로 지저분한 머리를 감추어 줄 모자를 준비하자. 아침에는 씻으려는 승객들로 붐비므로 사용 시간을 달리 하면 기다리는 시간을 절약할 수 있다. 또 화장실 내에도 세면대가 있으니 이를 이용해도 좋다. 이틀간 사용할 수건 두 장도 함께 준비하자.

세면장

● 열차 내 흡연

완전 밀폐라고는 하지만 열차 내에서도 흡연을 할 수 있다. 흡연구역은 출입구 부근에 있으며 벽면에 설치된 재떨이를 사용한다. 아마도 흡연구역 천장에 달려 있는 환풍구가 담배연기를 배출하는 것 같다. 단, 거얼무에서부터는 흡연이 전면 금지되므로 주의한다.

벽면에 설치된 재떨이

- **끓는 물 급수대**

  칭짱 열차에는 각 객차마다 끓는 물을 공급하는 급
  수대가 구비되어 있다. 원하는 승객은 각 칸마다 비
  치되어 있는 대형 보온물병을 이용하거나 개인 용
  기를 사용하여 물을 받아쓰면 된다. 컵라면을 올려
  놓고 빨간 버튼을 누르면 끓는 물이 나온다.

끓는 물 급수대

- **전자 제품의 충전**

전기 콘센트

  객차에 콘센트가 달려 있어 충전이 가능하다.
  전압은 220V로 한국과 동일하다. 휴대폰을 로
  밍했을 경우 낮은 수신 감도 때문에 배터리의
  소모가 심하므로 여분의 배터리와 충전기를
  반드시 챙겨 가는 것이 좋다. 또한 콘센트의
  개수가 적기 때문에 다른 승객들을 고려하여
  미리미리 배터리를 충전해 두는 부지런함이 필요하다.

- **도시락 및 음식물 구매**

  열차에 매점은 따로 없고 역무원이
  때때로 음식물을 판매한다. 가격이
  특별히 비싸지 않으므로 이용해도
  좋다. 식사시간 즈음에는 도시락도
  판매하므로 라면보다 '밥 힘'이 필
  요한 사람은 도시락을 구매하면 된

도시락
간식을 판매하는 카트

  다. 도시락은 15~20元이며 맛도 그럭저럭 좋다.

- **식당 칸**

  칭짱 열차의 식당 칸은 중간 부분인 일곱 번째 객차에 있다. 새 열차라 그런지
  무지 깨끗하지만 어디를 가도 있는 불친절한 직원은 여기에도 있다. 음식 값
  은 생각보다 비싼 편이다. 시중에서는 15元 정도 하는 궁보계정宮保鸡丁, 어향

육사魚香肉丝가 25元씩이나 하며 공깃밥도 5元이다. 여럿이서 주문해서 함께 먹지 않으면 부담스러운 가격이다. 맥주는 한 병에 10元, 커피도 10元이다. 커피는 커피믹스에 길들여진 입맛이라면 대환영할 만한 다방커피 맛이다. 좌석은 넓고 방해하는 사람조차 없으니 식사 시간만 피한다면 만족스런 한때를 보낼 수 있다. 석양이 지는 초원의 오후를 커다란 창을 통해 바라보는 것도 잊지 못할 추억이 될 것이다.

생각보다 음식 값이 비싸다

식당 칸 내부

● 열차 내 기념품 구입

열차 내 역무원은 때때로 칭짱 열차 기념품을 판매한다. 300元짜리 두툼한 기념 책자부터 티셔츠까지 몇 종을 판매하는데 라싸로 갈 때와 베이징으로 돌아갈 때의 가격이 다르다는 것을 알아두어야 한다. 티셔츠의 경우 갈 때는 80元 부르던 것이 돌아갈 때는 30元이었다. 다른 제품도 에누리가 가능하니 사고 싶은 것을 봐두었다가 돌아오는 길에 사도록 하자.

칭짱 열차 기념 티셔츠.
앞면에는 노선 표찰이 뒷면에는
노선도가 그려져 있다.

티베트의 매듭무늬가 수놓아진 기념 T셔츠 50元

세계철도사의 기적 칭짱열차, 하늘 길을 열다

티베트의 수도,
라싸로 가는 방법

청짱 열차의 두 시발역인 베이징시짠과 상하이짠

칭짱 열차, 즉 라싸拉萨 익스프레스의 최종역은 라싸이다. 라싸는 티베트의 수도로 티베트 여행의 출발지이자 목적지가 되는 곳이다. 현재 기차를 이용하여 라싸로 가는 방법은 베이징~라싸 구간 외에 몇 가지 노선이 있으므로 여기에서 간단히 소개한다. 베이징에서 출발하는 것이 가장 편한 방법이지만 각자의 사정에 맞게 여행 계획을 세우기 바란다.

● 출발지 : 베이징

● 베이징 ⋯ 시닝 ⋯ 라싸

노선 분석 베이징北京에서 라싸까지의 거리는 4,064킬로미터로 이 구간을 운행하는 열차는 T151, T27의 두 가지가 있다. 이 두 열차는 모두 시닝에서 정차하므로 시닝에서 하차하여 일정시간을 보내고자 하는 이들은 이 두 열차를 모두 이용해도 좋다. 하지만 T151열차는 종점이 시닝이므로 시닝에서 다시 라싸행 열차를 타야 한다. 따라서 T27 열차표를 구하지 못한 여행자는 T151 편으로 시닝까지 이동하여 현지에서 기차표를 다시 구해야 한다. 하지만 시닝에서 라싸행 열차표는 베이징에서 T27열차표를 구하는 것보다 상당히 수월하므로 괜찮은 선택이 될 것이다. 또한 타 지역에서 라싸로 가는 노선과 비교했을 때 베이징노선의 장점이라고 할 수 있는 부분은 매일 운행되기 때문에 상대적으로 표를 구하기가 쉽다는 것이다. 이 노선은 허난河南, 허베이河北, 산시陝西, 간쑤甘肅, 칭하이青海의 5성省을 통과하는 노선이다. 이 노선에는 산이 많지 않아 계속되는 평원이 펼쳐지며 황토

T28 열차가 막 도착한 베이징시짠의 플랫폼

세계철도사의 기적 칭짱열차, 하늘 길을 열다

고원지대로 들어선 후에는 다양한 하천과 초원이 조화된 이국적인 풍광이 창 밖으로 펼쳐진다. T27열차의 전체 디자인은 베이징의 장족藏族(티베트족)학자들과 전문가들에 의해 꾸며졌다. 객차의 거의 모든 부분에서 이들의 세심한 손길을 엿볼 수 있는데 열차의 전 바닥을 덮고 있는 카펫과, 테이블보, 그리고 객차에 드리워진 커튼 등에서 장족의 전통문양과 색채를 감상할 수 있다. 객차 내에는 앞뒤 양쪽으로 전광판 형식의 안내판이 설치되어 있다. 이 전광판은 중국어, 영어, 티베트어 세 가지를 사용하는데 각 지역별 정보와 기타 안내문들이 표시된다. 표시되는 열차의 시속이나 현 지점의 고도, 외부온도 등은 승객들이 다른 세상에 와 있음을 느끼게 해주는 좋은 소재가 되어주기도 한다. 전광판 외에도 모든 표시판이 영어, 중국어, 티베트어로 표기되어 있다.

베이징 ···▶ 시닝

- 소요 시간 : 약 25시간 (출발시간 : 13 : 41, 도착시간 : 13 : 35)
- 운행 열차 : T151
- 요금 : 잉쭈어(硬座: 일반좌석) 238元, 롼쭈어(硬座: 푹신한 좌석) 376元, 잉워(硬臥: 일반침대)(下)416元, 롼워(軟臥:고급침대)(下)658元.

시닝 ···▶ 라싸

- 소요 시간 : 약 26시간(T27편 기준)
- 운행 열차 : K917, N917, T22, T222, T27
- 요금 : 열차에 따라 상이함

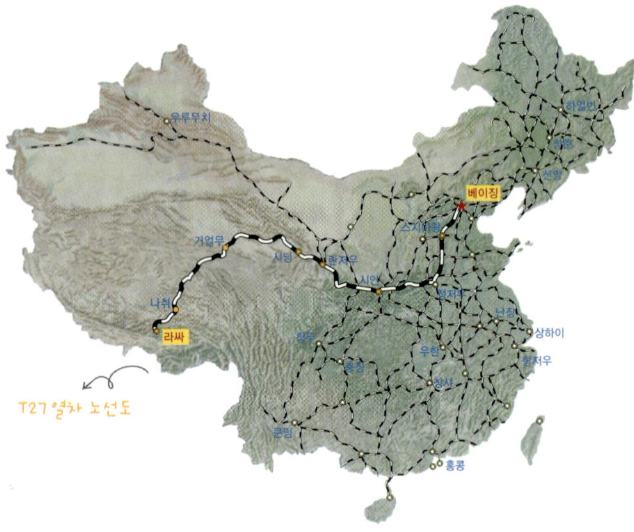

잉워 객차의 모습

T27 열차 노선도

베이징 ···▶ 라싸

- 운행 열차 : T27
- 소요 시간 : 약 45시간 (출발시간 : 21:30, 도착시간 : 18:38)
- 요금 : 잉쭈어(硬座: 일반좌석) 389元, 롼쭈어(硬座: 고급좌석) 619元, 잉워(硬臥 : 일반침대) (下) 675元, 롼워(軟臥 : 고급침대) (下) 1079元.

T27 베이징 → 라싸		정차역	T28 라싸 → 베이징	
도착 시간	출발 시간		출발 시간	도착 시간
	21 : 30	北京西 (베이징시)		07 : 34
23 : 49	23 : 51	石家庄 (스지아좡)	05 : 15	05 : 13
08 : 36	08 : 42	西安 (시안)	20 : 28	20 : 22
15 : 06	15 : 21	兰州 (란저우)	12 : 49	12 : 34
17 : 50	18 : 10	西宁 (시닝)	10 : 14	09 : 54
04 : 23	04 : 43	格尔木 (거얼무)	23 : 51	23 : 31
14 : 38	14 : 44	那曲 (나취)	13 : 12	13 : 06
18 : 38		拉萨 (라싸)	08 : 30	

● 출발지 : 상하이

● 상하이 → 시닝 → 라싸

노선 분석 베이징노선 다음으로 많이 이용되는 노선으로 상하이上海에서 라싸까지는 4,373킬로미터(시닝까지의 거리는 2,401킬로미터)이다. 이 노선에는 2006년 10월 1일부로 개통된 라싸행 특쾌特快(정차역 수가 상대적으로 적은 열차) T164편과 시닝행 K376편을 이용할 수 있다. 상하이에서 라싸까지 가는 다른 방법으로는 쉬저우徐州, 쩡저우郑州, 뤄양洛阳을 경유하여 시안西安까지 이동한 후, 시안에서 다시 란저우兰州를 거쳐 시닝西宁까지 가는 방법이 있다. 하지만 이 경우는 열차의 이용 면이나(환승의 문제 등) 비용 면에서 추천하고 싶은 방법은 아니다. 또한 쩡저우나 시안과 같은 큰 규모의 역에서는 이미 예매된 열차표의 수량이 상당하여 표를 구하는 데에도 문제가 있어 현지 중국인들도 표를 구하는 데 애를 먹고 있을 정도이다. 상하이발 라싸행 열차는 광저우广州발 라싸행 열차와 같은 철로를 사용하기 때문에 격일로 운행한다는 사실에 주의하여 일정을 잡도록 하자.

상하이 ⋯ 라싸

- 운행 열차 : T164
- 소요 시간 : 약 49시간 (출발시간 : 19 : 59, 도착시간 : 20 : 45)
- 요금 : 잉쭈어(硬座 : 일반좌석) 406元, 롼쭈어(硬座 : 고급좌석) 648元, 잉워(硬卧 : 일반침대)(下)707元, 롼워(软卧 : 고급침대)(下)1,131元

- 운행 열차 : K376
- 소요 시간 : 약 32시간 (출발시간 : 08 : 20, 도착시간 : 16 : 42)
- 요금 : 잉쭈어(硬座 : 일반좌석) 257元, 롼쭈어(硬座 : 고급좌석) 411元, 잉워(硬卧 : 일반침대)
  (下)452元, 롼워(软卧 : 고급침대)(下)720元

시닝 ···▶ 라싸

- 소요 시간 : 약 26시간(T27편 기준)
- 운행 열차 : K917, N917, T22, T222, T27
- 요금 : 열차에 따라 상이함.

열차 내부의 산소 방출구

기차에서 판매하는 도시락

● 출발지 : 광저우

노선 분석 광저우(广州)에서 시닝까지는 3,008킬로미터이며 라싸까지의 운행시간을 포함한다면 약 56시간이 걸린다. 이것은 중국 전역을 통틀어서도 가장 긴 운행시간에 해당하는 것으로 기차 내에서 2박3일을 보내게 된다. 만약 이 노선을 선택한다면 가능한 침대차를 이용하는 것이 좋겠다. 이 노선의 특징은 시닝에 도착하기까지 남쪽에서 북으로 이동한다는 사실이다. 중국의 거대한 영토만큼 남북의 기후차이도 커서 기후변화에 따른 다양한 풍경을 차창 밖으로 감상할 수 있기 때문이다. 상하이노선에 뒤지지 않는 강남산수를 경험할 수 있다. 이 노선의 열차는 자외선차단 유리를 채용한 고원형 신형열차인 25T이다. 큰 기후변화를 견뎌야 하기 때문에 내구성이 특히 강한 강화유리를 사용하였으며 큰 우박도 견뎌내는 차체를 도입했다고 한다. 탑승인원은 1,000명에 달하며 식당칸에서는 광동과 티베트식 요리가 제공된다. 이 노선에 배치된 열차는 신형열차이나 승무원은 오랜 베테랑들이어서 요리 또한 강남사람들과 티베트인들을 모두 만족시킬 만큼 정통하다고 한다.

광저우 ···▶ 시닝 ···▶ 라싸

- 운행 열차 : T264
- 소요 시간 : 약 56시간 (출발시간 13 : 07, 도착시간 20 : 45)
- 요금 : 잉쭈어(硬座 : 일반좌석) 427元, 롼쭈어(硬座 : 고급좌석) 681元, 잉워(硬卧 : 일반침대)(下)743元, 롼워(软卧 : 고급침대)(下)1,188元

- 운행 열차 : K226
- 소요 시간 : 약 34시간 (출발시간 20 : 45, 도착시간 06 : 45)
- 요금 : 잉쭈어(硬座 : 일반좌석) 293元, 롼쭈어(硬座 : 고급좌석) 465元, 잉워(硬臥 : 일반침대)(下)510元, 롼워(软臥 : 고급침대)(下)813元

- 운행 열차 : K917, T22, T222, T27편으로 환승

란저우, 시닝, 쓰팡을
운행하는 열차 표지

열차에서 맛보는 광동 요리

● 출발지 : 청두

● 청두 → 시닝 → 라싸

노선 분석 청두成都에서 시닝까지는 1,338킬로미터이며 이 노선은 많은 중국인들이 애용하는 코스이다. 이는 청두라는 도시의 성격 때문인데 문화의 집결지이며 교통의 요지로서의 청두는 예전부터 여행자가 많아 열차표를 구하기가 힘든 것으로 알려져 있다. 하지만 근처의 충칭重庆에서 라싸로 가는 열차가 있기 때문에 청두에서 표를 구하지 못했다면 충칭까지 이동하여 라싸행 열차에 탑승하는 방법도 가능하다. 충칭발 열차와 청두발 열차는 출발지는 다르지만 같은 궤도(철길)를 사용하기 때문에 홀수일은 청두발 열차가 짝수일은 충칭발 열차가 출발한다. 청두와 충칭은 매우 가까우므로 상황에 맞게 출발지를

청두 기차역

세계철도사의 기적 칭짱열차, 하늘 길을 열다

고려하는 지혜를 발휘하자. 청두成都에서의 출발이 갖는 가장 큰 매력은 매 순간마다 펼쳐지는 절대미경이다. 이 노선은 중국의 복부인 쓰촨四川분지에서 출발하는데 쿤룬산昆?山을 뚫고 갈 수 없기 때문에 주변을 한 바퀴 돌며 덕분에 쿤룬산의 경치를 감상할 수 있는 기회를 제공한다. 쿤룬산 외에 청두에서는 위하渭河로 친숙한 웨이허를 볼 수 있다. 웨이허는 삼국지에도 등장하고 강태공이 곧은 바늘로 낚시를 했다고도 하는 장소로, 역사에 등장하는 정확한 그 장소를 확인할 수는 없겠지만 웨이허를 멀리서나마 지켜본다는 것으로도 큰 의미가 있다.

청두 ⋯ 라싸

- **운행 열차** : T22
- **소요 시간** : 43시간(출발시간 : 20 : 59, 도착시간 : 16 : 10)
- **요금** : 잉쭤어(硬座 : 일반좌석) 331元, 롼쭤어(硬座 : 고급좌석) 527元, 잉워(硬臥 : 일반침대)(下)578元, 롼워(软臥 : 고급침대)(下)921元

충칭 ⋯ 라싸

- **운행 열차** : T222
- **소요 시간** : 45시간(출발시간 : 19 : 33 도착시간 : 16 : 10)
- **요금** : 잉쭤어(硬座 : 일반좌석) 355元, 롼쭤어(硬座 : 고급좌석) 564元, 잉워(硬臥 : 일반침대)(下)619元, 롼워(软臥 : 고급침대)(下)985元

충칭 역의 모습

청두 ⋯ 시닝

- **운행 열차** : 1048
- **소요 시간** : 24시간(출발시간 : 12 : 18 도착시간 : 12 : 25)
- **요금** : 잉쭤어(硬座 : 일반좌석) 83元, 롼쭤어(硬座 : 고급좌석) 148元, 잉워(硬臥 : 일반침대)(下)173元, 롼워(硬臥 : 고급침대)(下)287元

● 출발지 : 시닝

시닝 ⋯ 라싸

● 시닝 → 라싸

노선 분석 시닝西宁에서 라싸까지의 거리는 1,388킬로미터이며, 시닝은 라싸로 가는 필수경유지이자 칭짱노선의 시작점이기도 하다. 따라서 이곳에서는 라싸행 철도노선이 상대적으로 많다는 장점이 있다. 이 노선에 들어서면서부

시닝에 도착한 열차

터 진정한 티베트여행이 시작된다. 2006년 노선개통 때부터 지금까지 거의 100%에 가까운 승차권 매진율을 지속해온 이 노선은 티베트를 동경해온 수많은 외국인들뿐만 아니라 중국인들 사이에서도 가장 인기 있는 노선이다. 열차는 보통 오후 8 ~ 10시경에 시닝을 출발하는데 이 시간이면 이미 해가 기울어 칭짱노선의 아름다운 풍경은 다음날 아침으로 미룰 수밖에 없는 경우가 많다. 승객들은 다음날 아침에 큰 기대와 함께 눈을 뜨게 되는데, 고산반응을 보이는 여행객들은 이때 두통을 느끼기도 한다.

시닝 ⋯▶ 라싸

- **운행 열차** : N917
- **소요 시간** : 약 26시간(출발시간 : 20 : 28 도착시간 : 21 : 40)
- **요금** : 잉쭈어(硬座 : 일반좌석) 226元, 롼쭈어(硬座 : 고급좌석) 395元, 잉워(硬臥 : 일반침대)(下)357元, 롼워(軟臥 : 고급침대)(下)627元

- **운행 열차** : K9801
- **소요 시간** : 약 26시간(출발시간 : 20 : 28 도착시간 : 21 : 40)
- **요금** : 잉쭈어(硬座 : 일반좌석) 226元, 롼쭈어(硬座 : 고급좌석) 395元, 잉워(硬臥 : 일반침대)(下)357元, 롼워(軟臥 : 고급침대)(下)627元

＊ 시닝발 열차 외에 타 지역에서 출발하는 K917, T22, T222, T27 열차를 이용하면 라싸에 갈 수 있다.

칭짱 열차는 무수히 많은 다리를 건넌다.

칭짱 열차 기차표를 구할 때 알아두자!

❶ 베이징에서 라싸로 가는 기차표는 언제나 구하기 힘들다. T27 열차는 보통 열흘 전부터 예매하므로, 출발 시기를 고려하여 표를 구입하도록 한다.

❷ 라싸 직행 티켓을 구하지 못한 경우 시닝 관광을 일정에 포함시키고, 시닝행 티켓을 구매한다. 시닝에 도착하자마자 여행사를 통해 라싸행 표를 구해야 한다는 걸 잊지 말자.

❸ 칭짱 열차는 표가 부족하므로 보통 당일 오전에 표가 매진된다. 그러므로 미리 줄을 서는 것이 좋다. 철도국 규정에는 표 구입 10시간 전부터 줄을 서도록 되어 있다.

❹ 표를 구입할 때에는 신분증이 있어야 하며, 1인당 3장을 살 수 있다. 또한 건강등록카드를 작성해야 한다.

❺ 누군가가 앞쪽에 줄을 섰다가 자기 자리를 50~100元에 파는 경우가 있다. 이 경우 암표상이 파는 열차표의 가격과 비교해 봤을 때, 아무래도 받아들이는 것이 낫다. 암표상이 판매하는 티켓은 때때로 가짜도 있으므로 가급적 사지 않는 것이 좋다.

❻ 티베트에는 신용카드 사용이 불편하고, ATM 기기도 적으므로 가능하면 현금을 많이 준비한다.

열차의 출발을 기다리는 회족 여행자

드디어 꿈에 그리던
칭짱 열차에 탑승하다

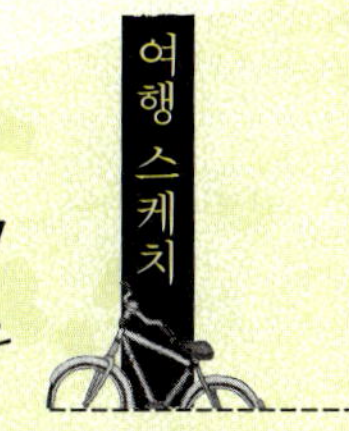

지하철로 1호선 군사박물관(軍事博物馆) 역에서 내렸다. 칭짱 열차의 출발지인 베이징시짠은 아쉽게도 지하철역과 바로 연결되어 있지 않았다. 때문에 조금 걸어야 했지만 이미 북경에서 지겹도록 걸은 터라 이쯤은 대수롭지 않았다. 만약 걷기 싫다면 택시를 이용하거나 버스를 이용해야 하는데 중국에 익숙하지 않은 사람이라면 택시를 이용하는 게 낫다.

역에 가까워질수록 사람들이 많아졌다. 역 밖에는 많은 중국인들이 짐을 베개 삼아 여기저기에 누워 잠을 자고 있었다. TV에서 많이 보았던 중국의 기차역 모습이었다. 역 입구에 도달하자 검색 문이 나타났다.

사람들에 이리저리 밀리며 검색기에 짐을 통과시켰다. 과연 저 검색기가 무얼 검색하려나 싶지만 금세 관심 밖으로 사라진다. 라싸행 T27 열차는 역의 二楼二号(얼로우 얼하오) 대합실(候车大厅)에서 탑승할 수 있다. 에스컬레이터를 타고 도착한 대합실에는 이미 승차를 기다리는 사람들로 가득 차 있었다. 어느 열차나 승객이 많지만 라싸행이라 더더욱 승객들이 많은 듯했다. 게다가 외국인도 꽤 많이 보였다. 모두 나처럼 '라싸 익스프레스'를 이용하여 티베트에 가려는 사람들이었다.

전광판에 탑승 시작 안내문이 나타나자 사람들은 열린 문을 향해 물밀듯이 밀려나갔다. 슬쩍 새치기를 했다가 핀잔을 들었지만 사실 다 알아듣지는 못했다. 이런 때는 모자란 중국어 실력이 고맙게 느껴진다. 플랫폼으로 내려오자 칭짱 열차의 모습이 보였다. 깨끗하고 쾌적해 보이는 열차를 천천히 감상하며 내가 탑승할 객차를 찾는데 별안간 승용차 한 대가 플랫폼 위를 쏜살같이 달려갔다. '자동차가 플랫폼에 어떻게 올라왔지?' 순간 놀라웠지만 이 생각도 금방 관심 밖으로 사라진다. 내가 탈 객차를 찾은 후 운행 노선을 알리는 '북경~라싸' 간판 앞에 서서 기념사진을 찍었다. 오랫동안 꿈꿔 왔던 티베트 여행의 시작이었다.

T27 라싸행 열차의 노선 표지판

베이징시짠 역사 내부

사진으로 보는 칭짱 열차의 48시간

1일차 20:55

⬆ 플랫폼에서 처음으로 칭짱 열차와 마주쳤다. 열차에 오르고 나서 부지런히 움직였다. 침대 3층에 자리 잡은 서양인들은 일찌감치 쓰러져 자고 있었다. 나는 티베트 여행의 시작을 자축하며 홀로 맥주를 홀짝거렸다.

2일차 07:58

⬆ 생각보다 눈이 일찍 떠졌다. 창밖으로는 안개가 가득하고 멀리 다리가 보인다. 다른 승객들은 게으름을 부리는 듯 너무 조용하다. 그래서 더욱 행복했다.

2일차 08:35

⬆ 시안에 도착했다. 오래된 도시의 냄새가 났다. 저 어딘가에 진시황릉이 있으리라. 언제 다시 오게 될지는 몰라도 다음번에는 꼭 역 밖 세상으로 나가봐야겠다.

2일차 10:42

⬆ 댐이다!

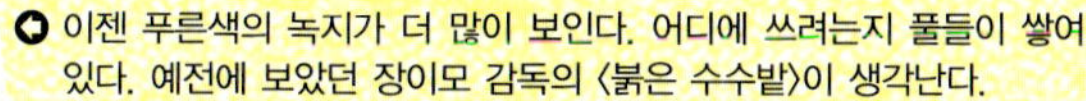

✿ 이젠 푸른색의 녹지가 더 많이 보인다. 어디에 쓰려는지 풀들이 쌓여 있다. 예전에 보았던 장이모 감독의 〈붉은 수수밭〉이 생각난다.

✿ 인가가 나타났다. 집들은 지방색이 풍기는 단층 건물들이다. 얕은 토산에는 곳곳에 무덤과 벽돌용 흙을 채취하기 위해 파낸 토굴들이 보인다.

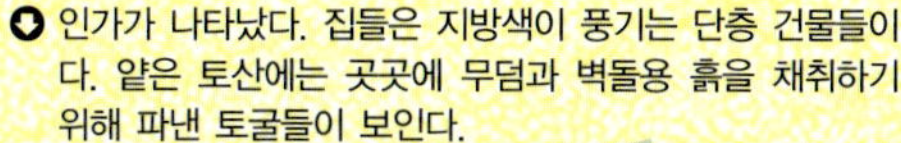

2일차 11:23

2일차 12:13

✿ 아름답다. 다른 승객들도 모두 창에서 눈을 떼지 못한다. 창 밖으로 지나가는 이국적인 풍광이 카메라를 손에서 내려놓지 못하게 한다. 열차의 속도 때문에 놓치는 멋진 풍경들을 잡고 싶어서 카메라의 전원은 늘 ON 상태다.

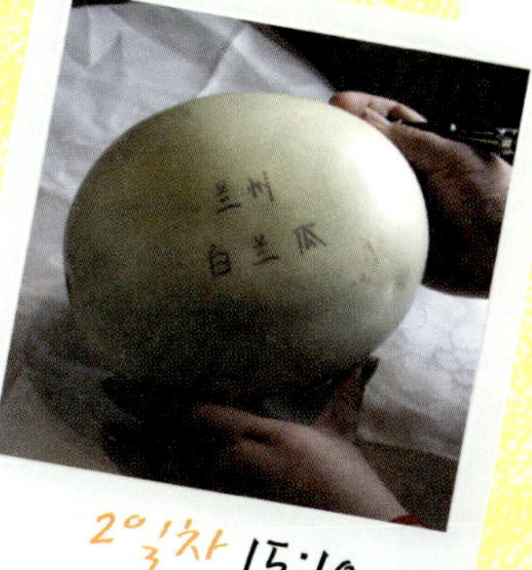
2일차 15:10

✿ 란저우 역에서 바이란 꽈라는 과일을 샀다. 앞자리의 중국인 여학생이 란저우의 특산품이라며 맛보기를 권했기 때문이다. 먹어보니 멜론 맛이 났다. 참고로 란저우는 수타면의 일종인 라미엔이 유명하다.

2일차 16:51

✿ 시닝에 도착했다. 모든 승객들이 문이 열리기가 무섭게 뛰쳐나간다. 일부는 먹을거리를 구매하고 일부는 기념사진 촬영에 바쁘다. 다들 즐거워 보인다. 바로 이것이 미지를 향해 가는 여행의 힘인가 보다.

2일차 18:05

2일차 18:21

✿ 배가 고파서 컵라면을 꺼내 들었다. 라면은 캉스푸, 강씨 아저씨다. 이 라면은 중국 라면 중 인지도가 상당히 높고, 한국인의 입맛에도 잘 맞는다. 젓가락 대신 포크가 들어 있다.

◎ 멀지 않은 들에 불이 났다. 습기를 잔뜩 머금은 풀에 불이 붙었을 리는 만무하고, 아마도 인가에서 불이 난 듯하다. 연기는 높게 피어 오르지 못하고 바닥에 가라앉고 있었다.

2일차 19:03

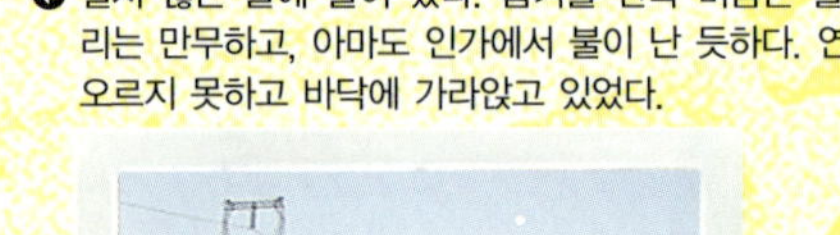

◎ 달이 떴다. 열차는 이미 어둠 속으로 깊숙이 들어와 있다. 벌써 잠옷으로 갈아입은 이들도 보인다.

2일차 20:33

◎ 해발 2,828m, 칭짱 열차의 고원 구간이 시작되는 거얼무 역에 도착했다. 아차 했으면 놓쳤을 정차역이었으나 다행히 잠에서 깨어났다. 열차 시각표에 따르면 1시간 후에나 도착할 역이었는데 일찍 도착했다. 무슨 일일까? 아마도 중간에 다른 열차를 기다리느라 지체해야 했을 시간을 절약했나 보다. 참고로 칭짱 노선은 왕복하는 열차가 같은 궤도를 사용하는 단선 노선이라 맞은편에서 열차가 달려오면 옆 궤도로 빠져서 다 지나갈 때까지 기다려야 한다.

3일차 04:40

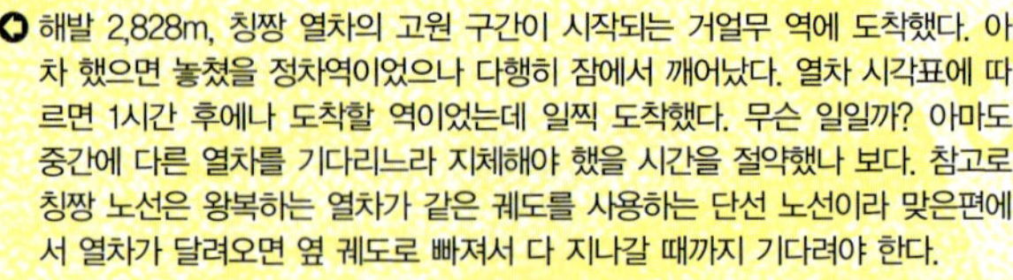

◎ 밤새 초원이 보이지 않는 황토 고원에 들어섰다.

3일차 05:20

◎ 칭짱 노선에서 처음 만나는 눈 덮인 산, 위주펑(玉珠峰, 4159m). 길게 누운 흰 범 같다. 영어로 나오는 해설 방송에서는 'White snake'란다.

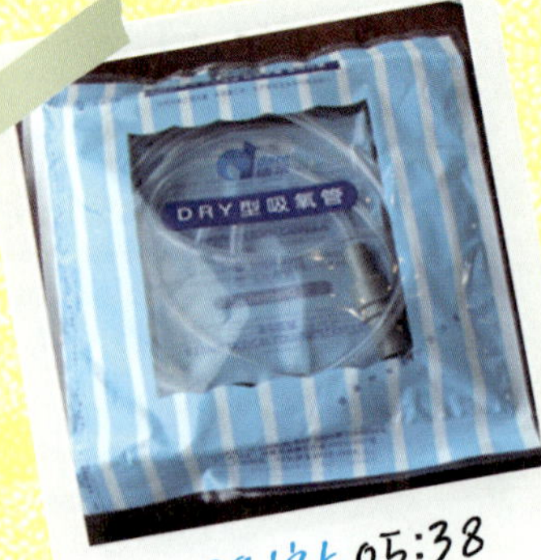

3일차 05:38

◎ 역무원이 산소를 마시는 흡기관을 나누어 주었다. 궁금하여 코에 끼우고 익살스런 표정을 지으니 다들 자지러진다.

3일차 06:07

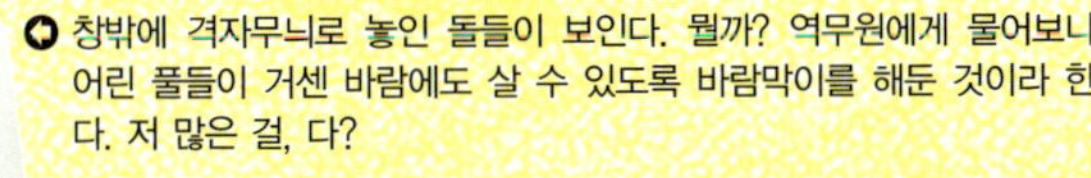
창밖에 격자무늬로 놓인 돌들이 보인다. 뭘까? 역무원에게 물어보니 어린 풀들이 거센 바람에도 살 수 있도록 바람막이를 해둔 것이라 한다. 저 많은 걸, 다?

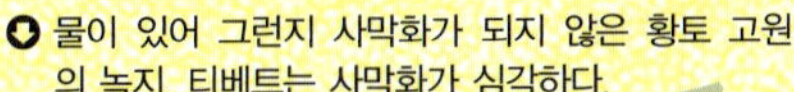
물이 있어 그런지 사막화가 되지 않은 황토 고원의 녹지. 티베트는 사막화가 심각하다.

3일차 07:35

3일차 06:48

땡땡이치는 역무원 발견! 여학생들과 카드놀이에 몰입한 그가 말하길 4일 일하고 3일 쉰다고 한다. 그런데 왠지 지금도 쉬고 있는 듯하다.

도로 위를 달리는 트럭들. 예전에는 저 도로를 따라 며칠 밤낮을 달려야 라싸에 갈 수 있었다.

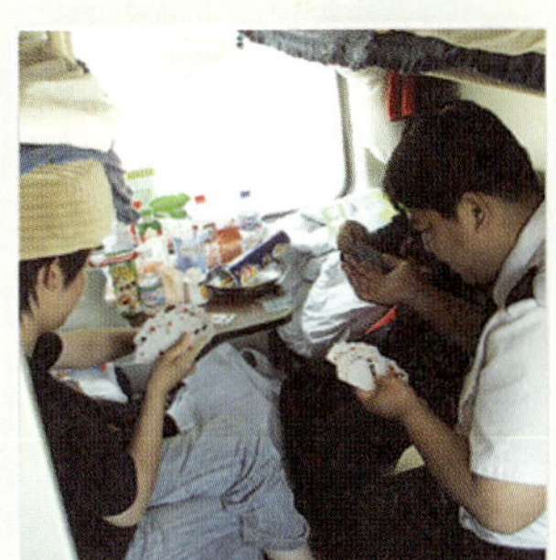
3일차 10:05

3일차 08:18

3일차 12:12

○ 기찻길 옆 표식

해발 4,703m 안둬 역. 정차하지 않고 그냥 지나쳤다.

3일차 12:33

3일차 12:45

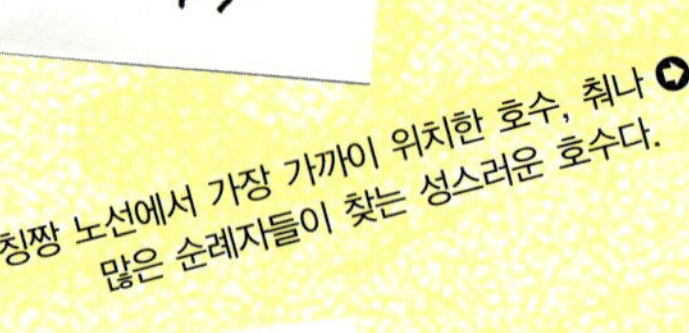

칭짱 노선에서 가장 가까이 위치한 호수, 춰나
많은 순례자들이 찾는 성스러운 호수다.

3일차 12:55

3일차 13:05

티베트인들과 평생을 함께하는 고원의 신
사, 야크

3일차 14:27

열차가 서지 않는 간이역 디우마, 해발
4,585m

3일차 14:55

고원의 바람을 이용하는 풍력 발전소. 청정의 땅 티베트와 청
정에너지의 만남, 티베트에 들어온 문명이 참 많은 것을 바꾸
고 있다는 생각이 들었다.

3일차 15:06

3일차 15:13

3일차 15:30

푸른 들을 가득 메운 야크 무리

3일차 18:50

사람들이 분주하게 움직인다. "라싸"라고 하는 소리가 들려온다. 1시간가량 일찍 도착한 종착역 라싸(해발 3,641m)에 드디어 도착이다.

2부
천혜의 땅 그 설레는 첫 경험
티베트의 관문, 시닝

당나라의 문성공주는 강제로 티베트 왕에게 시집보내어졌다.
그녀는 이곳 시닝을 지나면서 눈물을 흘렸는데
그 눈물이 강을 이뤄 다오탕허가 되었다고 한다.
2천 년이 넘도록 티베트의 관문 역할을 해온 시닝은
티베트를 꿈꾸는 우리들이 반드시
지나쳐야 하는 아름다운 도시이다.

칭짱 고원의 고성,
시닝

저녁 9시 정각, 나는 제시간에 베이징에서 출발하는 기차에 올랐다. 기차 출입구마다 승무원들이 표를 체크하며 "니하오"라고 인사하는데 그 때문에 겨우 안정되었던 가슴이 다시 쿵쾅거리기 시작했다.

나의 티베트 여행 계획은 라싸로 직접 가는 게 아니라, 먼저 칭짱 고원의 동쪽 관문인 시닝에 가는 것이었다. 사실 이번 여행의 목적은 티베트(칭짱)를 두루 유람하는 것이었기 때문에, 칭짱의 어느 한구석이라도 놓칠 수 없었다.

기차가 역을 떠나고 얼마 지나지 않아 하늘이 어두워졌다. 창밖의 익숙한 풍경이 천천히 멀어져가면서 도심을 벗어나자 암흑이 찾아왔다. 앞에 펼쳐질 미지의 세계가 끝없는 상상을 불러일으켰다. 당唐과 토번吐蕃(현 티베트)의 화친을 위해 토번 왕에게 시집간 문성 공주文成公主는 꼬박 3년을 걸어서 이 길을 갔다고 하는데 과연 어떤 기분이었을까? 승객들이 일찍 잠든 듯, 객차는 고요하기만 했다.

내가 시닝 기차역에서 나왔을 때는 이미 저녁 시간이 다 되었지만, 햇빛은 한낮처럼 찬란했다. 예전에 보았던 영화 〈햇빛 쏟아지는 날들〉의 한 장면처럼 포근한 저녁이었다. 기차역 광장에는 호객꾼들이 많이 있었다. 그들은 나를 붙잡고 어디에 갈 것인지, 숙소는 정했으며 차는 안 타는지 집요하게 물어댔다.

나는 호객꾼들 사이를 빠져나와 대로를 걸었다. 화려한 이슬람풍 건축물들과 녹색 돔이 보였고, 정류장에는 거얼무 등지로 가는 차들이 손님들을 기다리고 있었다.

시닝에서 묵을 첫 번째 숙소는 기차역 바로 옆에 있는 여관 디칸초대소地

천혜의 땅 그 설레는 첫 경험 티베트의 관문, 시닝

1 철로 교체 작업 2 고원을 달리는 열차 3 칭짱 노선에는 최신 열차들이 운행되고 있다.

地卡招待所로 결정했다. 디칸초대소는 아주 작은 여관으로, 기차역에 근접해 있다는 이유 때문인지 빈 객실이 거의 없었지만 나는 가까스로 2인실을 얻었다. 화장실이 딸려 있지 않은 방이었지만 긴 여정을 고려하여 돈을 절약하기로 한 것이다. 숙박료는 고작 몇십 元이었다.

오후 8시가 되어도 시차 탓에 하늘은 여전히 밝았다. 나는 짐을 정돈하고 현지에서 비교적 이름난 모지아가莫家街로 요기하러 갈 준비를 했다. 현지인들의 추천으로 역 가까운 곳에 있는 '쇼우쫘따왕手抓大王'이라는 유명한 양고기 집을 찾았다.

가는 길에 시닝쑤안나이西宁酸奶(티베트식 요구르트)를 사서 입을 달랬다. 흰 사기그릇에 담아 위에는 황요우黃油(버터)를 띄운 것으로 맛이 진하고 달았다. 쇼우쫘따왕은 기다리는 손님으로 가득해 명성이 자자한 음식점이라는 것을 실감할 수 있었다. 나는 입구에서 30여 분을 기다린 후에야 10여 개의 양 꼬치를 먹을 수 있었다. 혹 이곳에 온다면 바이치에白切(편육), 쇼우쫘手抓(손으로 뜯어먹는 것), 라후양티辣糊羊蹄, 카오양보烤羊脖(구운 양 목살 요리), 티에반양보铁板羊脖(철판에 구운 양 목살 요리) 등을 주문하라고 추천하고 싶다. 이곳의 유명한 술인 티엔요우더칭커주天佑德青稞酒를 곁들이면 더욱 여행 분위기가 살아날 것이다.

1 디칸초대소 객실 모습　2 라후양티　3 언제나 물이 부족한 고원

천혜의 땅 그 설레는 첫 경험 티베트의 관문, 시닝

시닝에서 이것만은 꼭 먹어보자

쑤안나이

1 쑤안나이

필히 맛보아야 할 간식으로 칭쩐(淸眞, 이슬람) 쑤안나이(酸奶)를 추천한다. 한 그릇에 단돈 1元 정도이며, 시닝에서는 더루쑤안나이(德祿酸奶)의 요구르트를 최고로 친다. 이곳에는 야크(牦牛) 쑤안나이, 황우(黃牛) 쑤안나이가 있다.

황먼양로우

2 양고기

시닝 지역에서는 양고기를 주로 먹는다. 시닝의 양은 동충하초를 먹고 청정 지역의 광천수를 마시고 자라서 육질이 그 어떤 곳보다 우수하다. 칭하이에서는 식사를 거의 양고기로 하며 어떤 종류의 음식점이든 대부분 양고기로 요리를 한다. 샤리하이메이스청(沙力海美食城)의 양고기는 고기가 부드럽고 간이 알맞다. 또 이곳의 양보즈(羊脖子, 양 목살 요리)는 노린내가 전혀 나지 않는다. 황먼양로우(黃燜羊肉, 삶은 양고기 요리), 바이티아오(白条, 양고기 수육)가 대표 요리다.

미엔피엔

3 분식

시닝 사람들도 밀가루 음식을 좋아한다. 밀가루 음식으로는 국수, 미엔피엔(面片, 수제비), 빠오즈(包子, 만두), 뼁(饼, 병) 등이 있다. 특히 미엔피엔이 유명하다.

시에창

4 시에창

시에창(血肠)은 선지 순대의 일종으로 양념한 양의 피를 양의 창자에 넣어 만든 것이다. 서양인들은 자지러지지만 선지와 순대로 단련된 한국인에게는 익숙한 음식이다. 시닝 사람들은 피가 적당히 익어서 반고체 상태로 마시는 게 더 맛있다고 한다. 양의 피 대신 콩가루로 속을 채운 펀창(粉肠)이라는 것도 있다.

시닝에서 여행자가 주로 이용하게 될 교통편은 시닝 장거리 버스 정류장이나 시닝 체육관에서 이용할 수 있다. 시닝 장거리 버스 정류장은 지엔궈로(建国路) 북쪽에 위치해 있고, 기차역 남쪽으로 약 600m 거리에 있다. 타얼사(塔尔寺)에 가려면 서문의 시닝 체육관에서 택시를 타면 된다.

5 참파

쌀보리 가루를 원료로 하여 볶은 후 쑤요우(酥油, 버터차)로 반죽해서 만든 티베트인들의 음식으로, 티베트 자치구에서만 맛볼 수 있다. 우리나라의 약과처럼 달콤한데 티베트인들은 늘 휴대하여 그때그때 반죽하여 경단을 만들어 먹는다.

6 라오짜오

감주의 일종으로 이것에 과일을 넣어 만든 것을 가오시양탕(高香汤)이라고 한다. 달콤하며 맛이 좋다.

7 쑤요우 차

차의 일종으로 라오 차(酪茶)에 쑤요우를 첨가해서 만든다. 라오 차는 바이티아오(白条)를 먹을 때 특히 맛있고, 양고기의 느끼함을 해소할 수 있다. 이것은 쭈안 차(砖茶)에 현지의 조미료를 넣어 물에 익힌 후, 소금을 넣어 만드는 것으로 맛이 깊고 풍부하다. 나이 차(奶茶)도 짠맛이 나는데, 우유를 원료로 하여 소금을 넣고 익히기 때문이다.

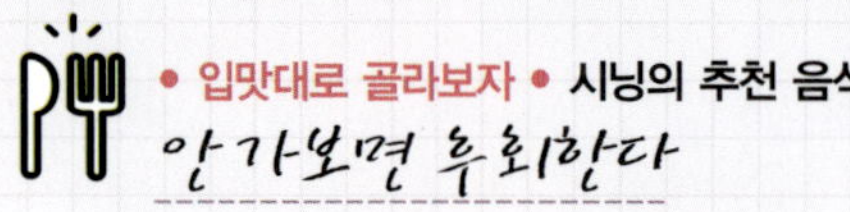

더루쑤안나이(德禄酸奶)

주소 西宁市 义乌商城 (시닝 시 이우상청 옆)
특징 쑤안나이의 진하고 향기로운 냄새가 여행객들의
　　 발길을 잡아끄는 곳이다. 야크 쑤안나이는 매우 맛
　　 이 좋으며 작은 그릇에 설탕을 조금 넣고 스푼으
　　 로 골고루 저어준 후 먹는다.

칭쩐쑤안나이(清真酸奶)

주소 西宁市 西门小公园 옆
특징 이곳의 쑤안나이는 우리의 떠먹는 요구르트만큼
　　 걸쭉하다. 겉은 담황색을 띠며 얇은 쑤안나이 막이
　　 있는데, 한 입 먹으면 온 입 안이 발효된 술 향기
　　 로 가득 찬다.

마쭝메이스청(马忠美食城)

주소 西宁市 莫家街
특징 니앙피(酿皮), 원료는 밀가루이며 0.5cm 두께의 둥
　　 글넓적한 모양의 녹말을 가늘고 길게 자른 후 매
　　 운맛 양념을 섞은 것이다. 시앙차이(香菜)를 많이
　　 넣어야 제맛이 나며, 만드는 과정에서 여행객들은
　　 자신의 기호에 따라 양념을 조절할 수 있다.

매콤한 맛의 니앙피

샤리하이메이스청(沙力海美食城)

주소 西宁市 北大街 4号
특징 예전에는 쇼우쫘(手抓) 양고기라고 불렀던 바이티
　　 아오(白条)를 특색으로 하는 곳이다. 양고기를 먹을
때 마늘을 함께 먹도록 해서 양고기의 누린내를
없애준다.

이룽찬팅(伊隆餐厅)

주소 西宁市 莫家街
특징 전통 미엔피엔(面片)을 만드는 곳이다. 이곳의 미
　　 엔피엔은 손으로 만드는 수제비로 그 크기와 모양
　　 이 일정하다. 맛이 좋고 싼 가격으로 유명하다.

얜징미엔피엔(眼镜儿面片)

주소 西宁市 共和路
특징 미엔피엔 전문점으로, 싱싱한 마늘종과 고기를 사
　　 용하여 향기롭고 씹는 맛이 좋은 음식을 만든다.
　　 구수하며 얼큰한 맛이 일품이다.

싼청스푸(三升食府)

주소 西宁市 古城台 民族歌舞团 옆
특징 양고기 전문점으로 바이티아오(白条)가 특히 맛있
　　 다. 잘 익힌 돼지 수육처럼 고기가 부드럽고 양고
　　 기 특유의 누린내도 나지 않는다.

후즈쇼우쫘양보즈(胡子手抓羊脖子)

주소 西宁市 东关大厦 부근
특징 이름에서 알 수 있듯이 양고기 전문점이다. 매우
　　 특색 있는 가게로 길고 낮은 테이블에 등받이 없
　　 는 긴 나무 걸상을 사용하고 있다. 맥주도 저렴하
　　 며 분식이 매우 맛있다.

양고기를 물에 삶은
바이티아오

경제적인 숙소

▶ 디칸초대소(地坎召待所)

주소 시닝 시 기차역 옆

소개 2인실은 50元, 1인실은 58元. 안전하고 위생적이며, 저렴하고 교통이 편리하여 기본적으로 여행자들에게 필요한 조건을 갖추고 있다. 여관 입구 바로 앞이 버스정류장이며, 오른편으로 시닝 기차역이 있다. 주변의 시닝 버스정류장에는 교통(交通) 여행사가 있는데, 이곳은 '시닝의 여행사 베스트 10'에 드는 곳으로 가장 저렴한 칭하이(青海) 호(湖) 여행 패키지를 제공하고 있다.

▶ 우체국빈관(邮政宾馆)

주소 시닝 기차역 출구에서 왼쪽으로 5분 거리

전화 0971-8133133

소개 3인실 - 26元/침대. 객실에 욕실이 따로 없어, 공용 화장실과 욕실을 사용해야 한다. 위생 상태는 대체로 양호하다.

우체국빈관의 객실

▶ 무슬림빈관(穆斯林宾馆)

주소 青海省 西宁市 七一路 52号

전화 0971-8127551

소개 여럿이서 쓰는 다인 방은 21元이며 공용 세면장에는 온수가 제공된다.

▶ 차오오성저여관(朝圣者旅馆)

주소 西宁 湟中县 塔尔寺 근처

소개 타얼사 관광을 계획하고 있다면 이곳에 묵으면 여러모로 편리하다. 이곳은 협곡 건너 절 맞은편에 있는 새로 지은 여관으로, 사원 입구에서 왼쪽에 위치해 있다.

고급 숙소

▶ 칭하이인롱주점(青海银龙酒店)

등급 ★★★★★

주소 西宁市 黄河路 38号

전화 0971-6166666

소개 호텔 내부에 각기 다른 풍격의 식당 4개를 갖추었을 만큼 규모가 있는 호텔이다. 회의실을 구비하는 등 수준 높은 시설과 서비스를 제공한다.

칭하이인롱 주점

▶ 칭하이성군구초대소(青海省军区招待所)

등급 ★★★★

주소 西宁市 花园北街 18号

전화 0971-6392888

소개 칭하이 성 군구 초대소는 시닝의 중심 번화지인 화위엔베이 거리에 자리 잡고 있다. 위성 텔레비전 등 현대적인 시설을 갖추고 있다.

▶ 칭하이빈관(青海宾馆)

등급 ★★★★

주소 西宁市 黄河路 158号

전화 0971-6144888

소개 칭하이 호텔은 시닝의 중심에 위치해 있다. 이 호텔은 교통이 편리하고 환경이 아름다운 칭하이 제일의 4성급 호텔이다. 호텔에는 각종 스위트

칭하이빈관의 로비

룸과 일반실이 423개가 있으며, 위성 텔레비전의 수신이 가능하고 귀중품 금고와 국제·직통 전화를 사용할 수 있다.

▶ 수보라이옌주점(舒泊来雁酒店)

등급 ★★★

주소 西宁市 五四西路 36号

전화 0971-6320888

소개 칭하이 성 박물관에 근접해 있으며, 국제 서비스 수준을 갖춘 유럽식 비즈니스 호텔이다. 유럽 궁전 스타일로 호화롭게 치장

수보라이옌주점의 객실 모습
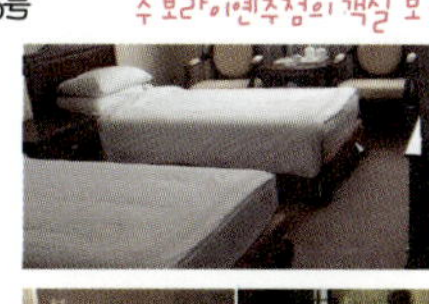

되어 있으며 총 6층으로 되어 있다. 선물용품점, 미용 안마 센터, 세탁 서비스, 비즈니스 센터, 티켓팅과 여행 서비스, 무료 주차장 등이 갖추어져 있다.

Tibet

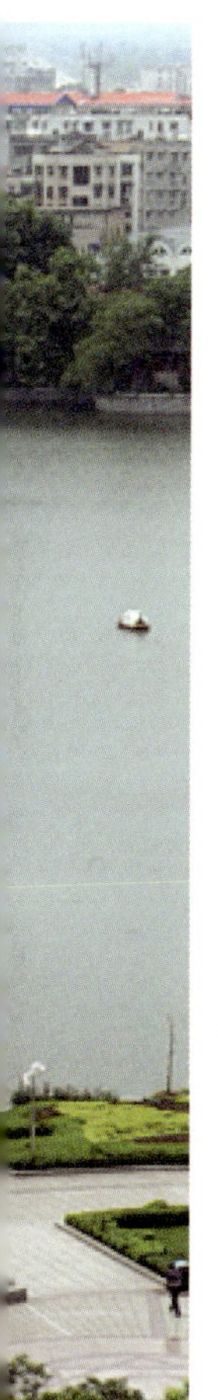

시닝은 작지만 둘러볼 명소가 매우 많은 도시다. 마음 같아서는 이곳의 모든 관광 명소를 둘러보고 싶지만 일정이 빠듯해서 정말 원망스럽다. 베이산얜위北山烟雨는 시닝 팔경西宁八景 중 가장 완벽하게 보존되어 있는 명소다. 수천 년 동안 바람과 비에 깎이고 닳아 다층집이 겹겹이 있는 듯, 또는 큰 탑이 하늘 높이 솟은 듯한 이 기이한 산봉우리는 자연의 조화가 만든 걸작이다.

동관칭쩐대사东关清真大寺 또한 시닝의 명소 중 하나이다. 이슬람 특색이 농후한 이 사원은 수수하면서 고풍스럽고 우아하여, 절로 숙연한 마음이 들게 한다. 대들보와 처마를 채색한 황금색과 청옥색이 눈부시게 빛나는 사원의 예배당은 3,000여 명의 신자들을 동시에 수용할 수 있다고 한다.

시닝에서 가장 끌리는 곳은 바로 칭하이호青海湖다. 이곳은 티베트의 성스러운 호수 세 곳 중 하나로서 하이신 산海心山, 싼콰이스三块石, 니아오다오鸟岛, 하이시산海西山, 사다오沙岛 등 다섯 개의 섬으로 이루어져 있다. 칭하이호는 경관이 빼어나 천국에 비견되기도 하며, 새들의 섬 니아오다오는 이미 널리 알려진 명소이기도 하다.

시닝에서 관광 일정은 주제에 따라 다섯 가지로 세분하여 초원풍경 여행, 생태환경보호 여행, 상고문화 여행, 일곱 빛깔 투족土族마을 여행, 채문도기 고향 여행으로 짜 보았다. 각기 특색을 갖춘 다섯 가지 코스를 모두 경험할 수 있다면 가장 좋을 테지만 시간과 금전적인 '압박'이 따르므로 입맛에 따라 선택하기 바란다.

동관칭쩐대사에서 예배를 보는 신자들

동관칭쩐대사

친절 가이드

❶ 시닝은 주로 후이족(回族)과 티베트족(藏族)으로 이루어진 지역이지만, 표준어는 문제없이 잘 통한다.

❷ 시닝에서 가장 높은 곳은 해발 4,394m이고, 시내 중심부는 해발 2,275m이다. 기압이 낮고 일조시간이 길며 햇살이 강하다. 선글라스, SPF 수치가 15 이상인 선블록 크림, 로션과 립밤을 챙겨야 한다.

❸ 고산병 약을 미처 구입하지 못했다면 이곳에서 훙징티엔(紅景天)을 구입하자. 시닝에서는 쉽게 구입할 수 있으며 대형 약국이라면 반드시 판매할 것이다.

니아오다오를 가득 메운 새들

천혜의 땅 그 설레는 첫 경험 티베트의 관문, 시닝

제1코스
초원 풍경 여행

Tibet

이 코스는 비교적 훌륭하지만 시닝 고대문화의 정수인 타얼사와 동관칭쩐대사를 빼놓아 아쉽다. 하지만 티베트의 드넓은 초원을 마음껏 내달릴 수 있는 초원 여행은 여행자들에게 생명의 아름다움을 몸소 체험하게 해줄 것이다.

내가 체험한 이 코스의 일정은 대강 이러하다. 오전에 시닝에서 출발하여 칭하이후로 가서 르웨日月 산, 다오탕허倒淌河를 유람한다. 칭하이호의 초원과 고원, 호수 주변의 매혹적인 풍경을 감상하고 나서 유람선을 타고 칭하이호를 마음껏 구경한다. 오후에는 중국의 첫 번째 핵무기 연구 제조 기지인 위엔즈청原子城과 대음악가로 칭송받는 왕뤄빈王洛宾이 '재나요원적지방在那遥远的地方(그 머나먼 곳에서)'를 지은 배경인 진인탄金银滩 초원을 방문하고, 도중에 칭하이호의 사다오沙岛를 구경한다.

시닝에서 맞이하는 첫 아침은 파란 하늘과 유난히 신선한 공기가 어우러져 상쾌했다. 이것이 시닝이 내게 준 첫 번째 느낌으로, 편안하고 한가로운 기분에 "푸른 하늘에 흰 구름 나부끼네"라는 오래된 민가를 저절로 흥얼거렸다.

시간이 아직 일러 먼저 아침을 먹었다. 아침식사 장소로 시닝에서 가장 유명한 이슬람 음식점인 칭쩐따시먼찬인청清真大西门餐饮城-西宁市 长江路 120号을 선택했다. 이곳의 특색 요리는 야크 고기와 손국수로, 음식 값은 맛에 비해 저렴했다. 초원 여행을 위해 특히 야크 고기를 많이 먹어 두었다. 좋아하기도 하지만 훌륭한 에너지원이었기 때문이다. 아침식사 후 장거리 버스를 타고 첫 번째 목적지인 르웨 산으로 갔다.

천혜의 땅 그 설레는 첫 경험 티베트의 관문, 시닝

깡치현
먼위엔후이족자치현
G315
니아오다오
칭하이후
사다오
위엔즈청
하이베이
청관쩐
G227
따통후이주차지현
후주투족자치현
칭하이성박물관
베이찬사
시닝
얼랑지엔
G109
르웨산
황쭝현
동관칭쩐대사
타얼사
웨두현
리우완채도박물관
하이난
꿍허현
명소 박물관 산 사찰

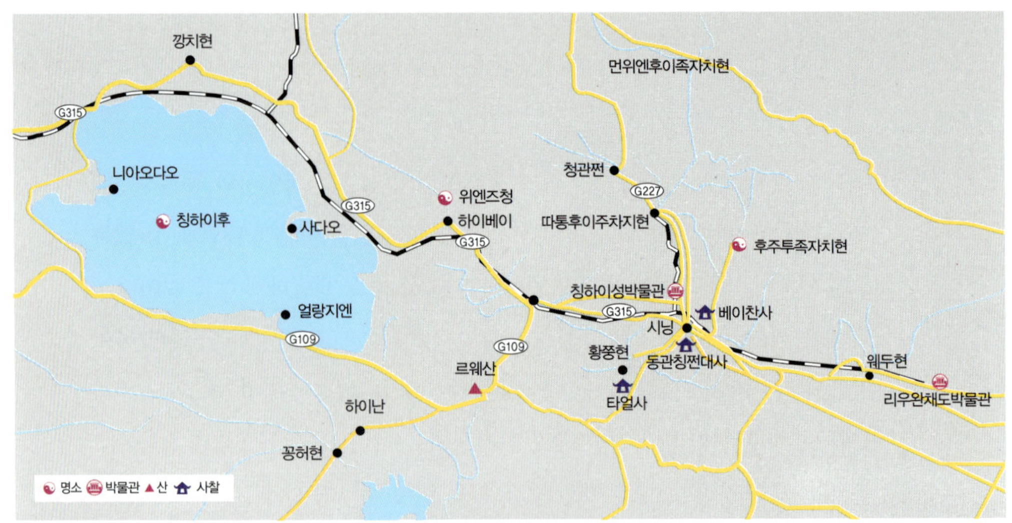

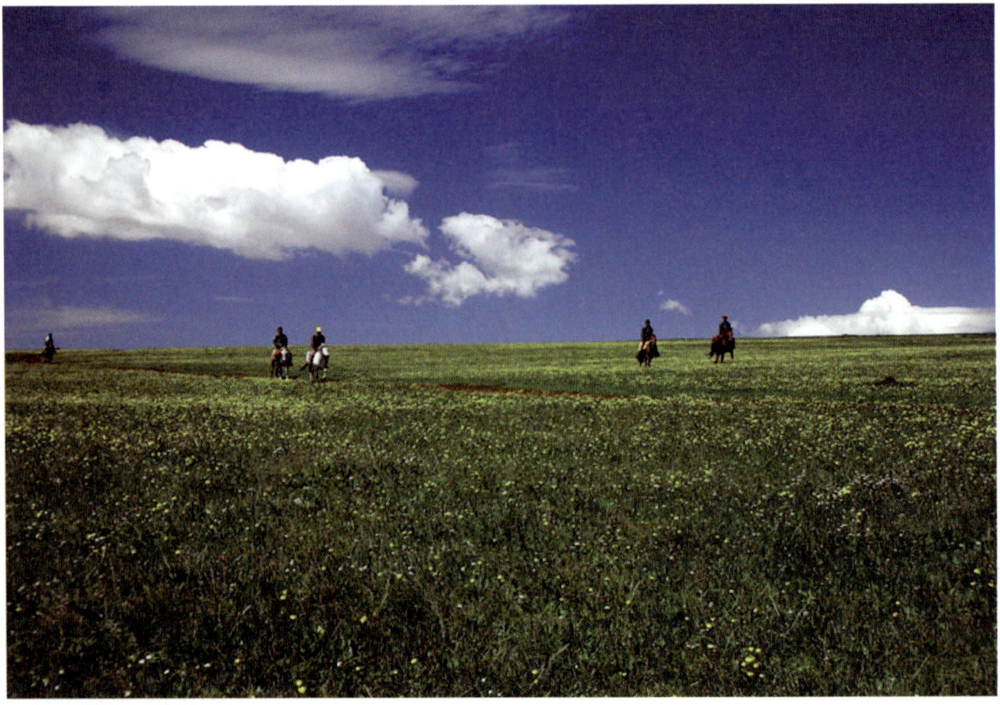

진인탄 초원과 유목민들

문성 공주의 전설을 따라 초원을 거닐다, 르웨 산 · 다오탕허

해발 고도가 계속 높아지자 경치도 말로 표현할 수 없을 만큼 아름다워졌다. 나는 산 가운데에 서서 멀리 온 산천에 가득한 보리와 푸른 잔디, 노란 유채꽃을 바라보았다. 내 주위를 에두른 산들과 풀이 무성하게 자란 초원, 그리고 그 위를 뛰노는 소와 양. 말 그대로 그림 같은 풍경 사이에 몸을 두고 있으니 여기가 천국으로 가는 길처럼 느껴졌다.

르웨 산은 크고 웅장한 산이 아니라, 칭짱 고원靑藏高原에 있는 작은 토산土山이다. 해발 3,520m로, 높지는 않지만 칭짱 고원에 가기 위해서는 반드시 이곳을 거쳐야 하기 때문에 '서해의 병풍', '초원의 관문'이라고 불리기도 했다. 더욱이 르웨 산은 1,500여 년 전에는 당나라와 토번 양국의 경계선이었으며, 그 옛날 문성 공주가 이곳을 거쳐 티베트로 갔기 때문에 아름답고 감동적인 전설이 많이 전해 내려오고 있다.

전설에 따르면 정략결혼으로 티베트로 시집가게 된 문성 공주는 르웨 산을 지나가게 되었다. 이 산을 넘으면 다시는 고향에 돌아갈 수 없으므로 문성 공주는 고개를 돌려 눈물을 흘렸는데 이때 흘린 눈물이 땅에 떨어져 다오탕허가 되었다고 한다.

산꼭대기에 올라 시선이 닿는 곳까지 멀리 내다보니 동쪽 산기슭으로 풍요롭고 아름다운 황쉐이湟水가 보였다. 맑은 시앙허响河의 강물이 굽이굽이 산과 고개를 돌며 주변의 기름진 들판을 흠뻑 적시고, 유목민들의 텐트는 드문드문 퍼져 있었다. 서북쪽에는 큰 파도가 이는 칭하이호가 있는 이곳은 조용한 운치를 풍기는 다오탕허와 함께 모든 사람들이 동경하는 곳이 되었다.

천혜의 땅 그 설레는 첫 경험 티베트의 관문, 시닝

멀리서 바라본 르웨 산

르웨 산을 둘러싼 대자연

고원의 유채꽃밭 ◑ 문성 공주의 눈물 다오탕허

르웨 산에서 40km 떨어진 차한察汗 초원의 다오탕허倒淌河는 전체 길이가 약 40여 킬로미터로, 동에서 서로 흘러 칭하이호로 유입된다. 칭하이호로 흘러드는 다른 한 지류는 굽이쳐 흘러 멀리서 보기에 마치 반짝거리는 리본을 초원에 떨어뜨려 놓은 것 같다. 멀리 남쪽으로는 세차게 흐르는 황허黃河 강과 세상 사람들이 주목하는 롱양샤龙羊峡 협곡이 있다.

르웨 산에는 일日과 월月이라는 두 정자가 있다. 산 사이의 낮은 곳 양쪽을 나누어 정교하고 화려하게 지었다. 일日 정자에는 '문성공주진장기념비文成公主进藏纪念碑'가 있는데, 문성 공주가 토번국으로 시집오게 된 이야기와 그녀가 이룬 역사적인 공적을 기술해 놓았으며 문성 공주가 티베트로 가던 역사적 상황을 재현해 놓은 벽화가 있다. 이외에도 르웨 산에는 여러 가지 볼거리가 있다. 티베트와 중국의 협력을 상징하는 문성 공주의 동상을 비롯하여 당번고도唐蕃古道 비석이 있으며, 르웨 산 곳곳에는 오색의 타르쵸들이 바람에 나부끼고 있다.

르웨 산 일월정

문성 공주 동상

이미 관광지화된 지 오래인 듯 티베트족의 도포와 말을 빌려주면서 사진을 찍어주는 티베트인들을 쉽게 볼 수 있었다. 칼이나 장식품을 파는 상점, 행상들도 많았고 양 볼이 빨갛게 언 티베트 아이가 뛰어와 눈처럼 하얀 새끼 양을 안고 내게 사진을 찍으라고 하기도 했다.

문성 공주와 송첸감포

친절 가이드

1. 교통 : 르웨 산까지 차량 대절 약 400元 정도
2. 입장료 : 르웨 산 15元, 다오탕허 10元
3. 기타 : 다음 코스인 칭하이호에 거의 도착할 때쯤 아름다운 유채꽃밭이 있으나 차에서 내려 사진을 찍으려면 비용을 지불해야 한다. 이곳은 한나절만 햇빛을 쬐도 얼굴이 붉게 타므로 반드시 자외선 차단제를 잘 발라야 한다. 고원의 태양은 매우 위력적이다.

문성 공주의 결혼 이야기 ● 티베트스토리

송첸감포와 문성 공주의 결혼식을 그린 벽화

토번 왕 송첸감포는 당나라와 화친하기 위해 당 태종의 딸인 문성 공주와 결혼하기를 요청했다. 이때 송첸감포는 사신 녹동찬(祿東贊)을 수도 장안에 파견했는데 태종은 두 가지 어려운 문제를 녹동찬에게 냈다.

첫 번째 문제는 새끼가 성장하여 완전히 똑같이 자란 어미와 새끼 말 중에 새끼를 구별하는 문제였다. 초원에서 자란 녹동찬은 이 문제를 쉽게 해결했는데 두 필의 말을 서로 떼어놓고 하루 밤낮을 가둔 후 망아지를 풀어놓아 망아지가 미친 듯이 어미에게 달려가는 것을 보고 새끼를 구별해 냈다.

두 번째 문제는 300명의 여자 중에서 문성 공주를 찾아내도록 하는 것이었다. 총명한 그는 문성 공주가 피부 보호를 위해 만리표향(萬裏飄香)을 사용한다는 것을 알아냈는데 이 향은 무척 귀하여 아무나 쓸 수 없었다. 3일 후 각양각색으로 단장한 300명의 미녀들이 한데 모였다. 미녀들 사이에서 꿀벌 두 마리가 한 여자의 머리 위에서 빙빙 돌고 있는 것을 발견한 녹동찬은 금방 문성 공주를 찾아냈다고 한다.

천혜의 땅 그 설레는 첫 경험 티베트의 관문, 시닝

천국의 물결, 칭하이호

"중국에 만리장성이 있듯이 칭하이에는 칭하이호가 있다"는 말이 있을 만큼 칭하이호는 칭짱 고원의 대표적인 관광 명소다. 시닝에서의 일정은 이곳을 방문한다는 바람에서 시작되었다고 해도 과언이 아닐 만큼 나는 칭하이호를 갈망해 왔다.

호수를 본 첫 느낌은 칭하이호가 호수가 아니라 바다 같다는 것이었다. 멀리서 푸른 베일을 쓰고 있는 칭하이호는 하늘과 맞닿아 있었고, 호수와 하늘 사이에는 대단히 큰 푸른 보석이 고원에 박혀 있는 것 같았다. 가까이 다가서자 맑고 깨끗한 빛이 물에 반짝였고, 멀지 않은 곳에 얼랑지엔二郎劍과 사다오沙岛가 보였다.

우리가 탄 버스는 칭하이호 동쪽 기슭에 멈추었다. 앞쪽을 굽어보니 세상에 이런 곳이 있나 싶을 정도로 눈부신 풍경이 펼쳐져 있었다. 쪽빛의 맑은 하늘과 흰 구름, 멀리 떨어진 짙푸른 산, 금빛으로 빛나는 황금 모래언덕이 푸르게 반짝이는 호수에 거꾸로 비치고 있었다.

칭하이호 ✦ ✦ 하늘과 맞닿은 칭하이호

　나는 풍경 사진을 몇 장 찍고 흥에 겨워 호수로 달려갔다. 3분 거리가 30분으로 여겨질 만큼 황홀한 순간이었다. 공기가 깨끗하여 가시거리가 매우 길었고, 색상 또한 유달리 또렷해서 현실이 아닌 듯한 착각을 주었다. 왜 이곳을 천국이라고 하는지 직접 실감하는 순간이었다.

　목장에 갔을 때는 또 다른 기쁨을 맛보았다. 이곳의 풀은 사람들이 상상하는 것처럼 끝없이 펼쳐져 있지 않고 드문드문 무리를 지어 자라고 있었다. 때문에 중간 중간 마른 땅을 드러내고 있었는데 그 덕분에 여러 야생 동물들을 볼 수 있었다. 따뜻한 햇볕을 쬐던 들쥐와 도마뱀, 야생 토끼가 발소리를 듣고 황급히 굴속으로 숨어버리곤 했다. 줌으로 당겨 이들을 촬영하려고 수차례 시도했지만 아쉽게도 모두 실패하고 말았다. 하지만 마치 내셔널지오그래픽 채널에 직접 들어가 있는 것 같아 매우 환상적이었다.

바다같이 큰 파도가 치는 칭하이호 ◐　　◑ 푸른 산, 노란 꽃, 푸른 바다의 칭하이호

천혜의 땅 그 설레는 첫 경험 티베트의 관문, 시닝

1 초원에 난 들쥐 구멍
2 보랏빛이 상큼한 들꽃
3 수줍음 많은 초원의 소녀
4 호숫가에 세워진 텐트

칭하이호

    칭하이호의 물은 청록색으로, 푸른 보석이 칭하이의 고원에 박혀 있
는 것 같다. 호수의 해발 고도는 3,195m이며, 평균 수심은 19m, 가장 깊은 곳
의 수심은 28m이다. 이곳은 중국에서 가장 큰 담수호로 신비로운 색채가 풍부
한 종교 성지일 뿐 아니라 전 세계 과학자들이 주목하는 거대한 보고寶庫다.
중국 정부는 일찍이 칭하이호를 수차례 현지 조사하여 이곳에 풍부
한 광물 자원이 매장되어 있다는 것과 황어湟鱼를 비롯한 담수어
가 상당히 많이 살고 있다는 것을 발견했다.
칭하이호는 중국 서북지역 최대의 천연어장으로 4, 5월에는 산
란을 위해 물고기떼가 근처 부하허布哈河 입구로 헤엄쳐 와 알을
낳는다. 물고기들은 하구를 빽빽이 메워 호수의 색이 황색으로
변할 정도라고 하는데, 물고기의 헤엄치는 소리 또한 요란하여 소리
만으로도 황어들이 돌아오고 있는 걸 알 수 있다고 한다.

황어

조사에 따르면 호수의 어량은 402억 톤으로 연 생산량이 4,000톤에 달하며, 황
어가 주를 이루는데 큰 것은 무게가 10kg에 달한다고 한다. 칭하이호는 계절에
따라 색색의 아름다운 자태를 보여준다. 여름과 가을에는 산이 푸르고 물이 맑

푸른 바다처럼 넓은 호수, 칭하이호

천혜의 땅 그 설레는 첫 경험 티베트의 관문, 시닝

겨울을 맞은 칭하이호

아, 시원한 바람 같은 상큼함을 선사한다. 이때의 하늘은 유난히 높고 공기는 상쾌하여 물에 비친 주변의 경치는 한 폭의 수채화처럼 아름답다. 논밭의 작물들이 바람에 흔들려 이삭의 물결이 소용돌이치고, 유채꽃은 진한 황금색을 띠며 꽃향기를 사방으로 퍼뜨린다.

겨울에는 칭하이호에 매서운 한파가 찾아온다. 사방의 산들과 초원이 시들어 누렇게 변하지만, 곧 눈이 내리면 온통 새하얗게 변해 동화에 나오는 설국의 비밀 호수처럼 은빛 단장을 한다. 매년 11월 중순부터 기온이 0℃ 이하로 떨어지고 다음해 1월경에는 기온이 최저로 떨어져 호수 전체가 단단하게 얼게 된다. 결빙기는 연평균 108~116일로 가장 짧을 때는 76일, 가장 길 때는 138일이라고 한다. 얼음의 두께는 보통 40cm이며 표면은 대개 평평하지만 맹렬한 광풍으로 종종 균열이 생기기도 한다. 얼음은 3월 중순부터 녹기 시작하며 4월 중순 이후에는 호수의 얼음 덩어리가 완전히 녹는다.

사다오 섬은 칭하이호에서 가장 큰 섬으로 호수의 동북부에 위치하고 있다. 길이는 약 30㎞, 폭 3km로 관광 지구로 지정되어 관광의 목적에 맞도록 개발되었다. 섬 내에는 타이양太阳 호, 위에야月牙 호, 루웨이芦苇 호, 티엔어天鹅 호 같은 담수호가 사방에 분포하여 섬에 다채로움을 더하고 있으며, 금빛·은빛 모래가 서로 반짝이고 청록색의 풀들이 섬을 둘러싸 사막의 오아시스 같은 생동감을 더한다.

사다오는 빼어난 풍경과 함께 잘 갖추어진 오락거리로 관광객을 맞이하는데 샌드 바이크, 사막 지프, 샌드스키 등과 위에야 호의 뱃놀이, 낙타 타기, 백색 야크 구경 등은 이미 널리 알려져 많은 이들이 즐겨 찾는 칭하이호만의 특색이 되었다.

사다오 섬의 모래밭

하이신海心 산은 칭하이호의 또 다른 명소로 예로부터 유명한 말馬 생산지이다. 칭하이호의 중심에서 남쪽으로 치우쳐 있으며 호수 면보다 7.8m가량 더 높다. 이 산에는 오래된 사찰이 있고, 그 속에는 백탑이 있는데 과거에는 속세와 완전히 단절된 지역이었다. 하늘과 물이 맞닿아 있으며, 갈매기가 마음껏 하늘을 가르고 물고기가 뛰어오르는 이곳에 와본다면 선인들이 예찬했던 신선 세계가 어떠했을지 능히 짐작할 수 있을 것이다.

칭하이호 남쪽 얼랑지엔은 길이 10㎞, 폭 600m의 모래땅이다. 그 형상은 마치 긴 검을 칭하이호에 가로로 눕혀놓은 것 같은데 모양이 검과 같다고 하여 붙여

얼랑지엔

자연이 만든 아름다운 풍경화 칭하이호

천혜의 땅 그 설레는 첫 경험 티베트의 관문, 시닝

진 이름이다. 전설에 따르면 손오공과 대결에서 패한 얼랑二郎 신神의 검이 이곳에 떨어져 얼랑지엔이 되었다고 한다.

현재 얼랑지엔에는 새들을 관찰할 수 있는 관조대가 세워져 있다. 매년 3월에서 10월까지 중국의 남방 지역과 동남아시아에서 여러 철새 무리가 이곳을 찾아오는데 여행객들은 관조대에서 얼룩머리 기러기, 황새, 검은목두루미, 황오리 등 10여 종의 진귀한 조류들을 관찰할 수 있다.

친절 가이드

❶ 칭하이호는 아침저녁으로 기온이 낮아 이에 맞는 복장을 준비해야 하며 강수가 집중되는 6, 7월에는 반드시 우산을 준비해야 한다. 비닐 우의를 준비할 수 있다면 가장 좋다.

❷ 칭하이호는 청정 지역으로 모기가 많다. 게다가 이곳의 모기는 크고 독이 지독하므로 모기를 쫓는 약과 바르는 모기약을 준비해야 한다.

❸ 호수 주변에는 티베트 복장에 장신구를 한 여자 아이들이 와서 여행객들과 함께 사진을 찍자고 한다. 이 경우 약간의 비용을 지불해야 한다는 점을 알아두자.

❹ 칭하이호의 황어는 현재 자원 보호를 위해 사적인 포획을 금지하고 있다. 따라서 호숫가에서 판매하는 황어는 불법임을 명심하자.

❺ 칭하이호로 가는 차를 대절하거나 여행사 상품을 이용하지 않는다면 시닝 장거리 버스 정류장에서 장거리 버스를 타고 니아오다오 섬에서 약 50km 떨어진 헤이마허(黑马) 강에 가면 된다. 전부 3~4시간 소요되며 교통비는 30元 전후이다.

❻ 칭하이호 부근에서는 현지인들이 세운 천막에서 숙식을 해결할 수 있다. 양갈비(羊排), 시에창(血肠), 참파(糌粑), 쑤안나이(酸奶) 같은 티베트 음식을 맛볼 수 있으며, 별빛이 하늘 가득한 호반에서 야영하는 것은 너무도 즐거운 일이다.

칭하이호에는 괴물로 추정되는 동물이 목격된 사건이 있었다. 1949년 원통형의 물체가 물가로 다가오다가 긴 목을 물 밖으로 내놓은 채 다시 물속으로 사라져 버린 사건이 있었고, 1987년에는 소 세 마리만 한 회색의 괴물이 발견되기도 했다. 목격자들의 증언에 따르면 플레시오사우루스(Plesiosaurus)처럼 생겼다고 한다.

진인탄 초원, 핵무기 개발지 위엔즈청(原子城)

칭하이호를 떠나 진인탄金银滩 초원으로 가는 길에 피로를 이기지 못한 나는
잠깐씩 잠에 빠져들었다. 차창에 머리를 부딪쳐서 깨어날 때마다 창밖에는
내가 한 번도 보지 못한 녹색 세상이 펼쳐져 있었다.

차는 환후环湖 고속도로를 나는 듯이 달렸다. 몇백 킬로미터나 되는 길에
사람이라고는 나와 차에 탄 사람들뿐 인적이라곤 찾아보기 힘들었다. 말이
마음껏 달릴 수 있을 것 같은 드넓은 평지에 멀리 양과 야크가 점처럼 보였
고, 산등성이의 직선미는 치리엔祁连 산맥의 곡선미와 완벽하게 조화를 이루

유목민의 텐트

천혜의 땅 그 설레는 첫 경험 티베트의 관문, 시닝

고 있었다.

나는 계속 고개를 좌우로 돌리며 어느 한 풍경이라도 놓칠까 봐 안절부절 못했다. 칭하이의 하이베이海北 지역은 티베트족이 모여 사는 구역으로, 넓고 광활한 초원이 끝없이 펼쳐져 있을 뿐 아니라, 상상력과 감상을 무한히 자극하는 곳이기도 하다. 전하는 바에 따르면 중국의 대음악가인 왕뤄빈王洛宾도 풀이 빽빽하게 자라는 하이베이 초원의 아름답고 감동적인 풍경과 티베트 처녀 줘마卓玛와 함께했던 기억을 추억하며 '재나요원적지방在那遥远的地方(그 머나먼 곳에서)'이라는 노래를 지었다고 한다. 이 노래는 티베트 대초원을 중국 전역에 알리는 계기가 되었으며 지금까지도 많은 이들이 이 노래에 반해 티베트행 열차에 몸을 싣는다고 한다. 인터넷(http://sms.netor.com/m/grieve/stores/o/200703/200703m56215snet0r19151924.mp3)에서 '재나요원적지방'을 들을 수 있다.

진인탄 초원에서 유목민 무리의 우두머리로 보이는 남자가 우리에게 나이 차를 한 잔씩 권했다. 식도를 타고 흘러들어온 나이 차의 온기는 곧 온몸에 퍼졌고, 기분마저도 따뜻해졌다. 남자는 우리에게 참파를 권하기도 했는데, 내 손으로 참파를 만든 것은 이때가 처음이었다. 그가 건넨 큰 그릇 안에는 차오미엔炒面이라는 것이 있었는데 바로 쌀보리를 볶은 것이었고, 버터 같은 것은 쑤요우酥油였다. 우리는 그가 하는 대로 그릇의 나이 차를 몇 모금 마시고 반 정도가 남았을 때 쑤요우를 넣고 쌀보리를 조금 넣은 후 오른쪽 다섯 손가락으로 가루를 빚어 섞었다. 어느 정도 반죽이 되었을 때 반죽을 그릇에 눌러 완성했는데, 우리가 만든 참파는 다 제각각이었다.

남자가 우리가 빚은 참파 모양을 보고 미소를 지으며 적당히 잘라 입 안에 넣었다. 그가 맛있게 먹는 모습을 보자 우리는 군침이 흘러 어떤 모양인지는 상관하지도 않고 반죽을 입속에 넣었다. 진한 우유 냄새와 독특하고 상큼한 향이 났으며 부드럽고 담백했다.

중국의 핵무기 개발 요람인 위엔즈청은 상당히 외진 곳에 있었다. 최대한 인적이 드문 곳을 골랐기 때문일 테지만 위엔즈청이 없다면 사람도 없을 법한 곳이었다. 더 이상 사용하지 않기 때문인지 시설은 폐허라고 할 만큼 방치된 상태였으며 벙커와 기타 건축물들이 드문드문 배치되어 있었다. 언뜻 보기에 동서 길이는 1.2Km, 남북은 700m 정도의 연구 시설이었으며 땅속으로 연결된 지하 시설에는 핵무기 개발에 사용했던 각종 설비들이 전시되어 있었다. 전시실에는 모형으로 만든 원폭 구름과 A2923이라고 쓰인 폭탄이 있었는데 사람들에게 가장 인기 있는 전시물이었다. 위엔즈청은 찾아오기가 어려워서 그렇지 흥미로운 곳이었다.

시닝에 돌아오니 밤의 장막이 깃들고 있었다. 기차 시간은 저녁 8시였으므로 약간 시간이 있었다. 나는 시닝에서 마지막 식사를 할 요량으로 모지아가莫家街로 나섰다. 내가 굳이 다시 모지아가로 간 이유는 기차에서 사용할 생필품들을 사야 했기 때문이었다. 근처의 칭바이靑百 슈퍼에서 라면과 약간의 과일을 샀다. 평소 과일을 즐기는 편은 아니었지만 고산 반응에 철저히 대응해야 했기 때문이다.

● 진인탄 초원

마오쩌둥이 "남자는 만리장성에 올라봐야 사나이가 된다"며 장성에 가볼 것을 강조했던 것처럼 중국인들은 중국 대륙의 거친 땅, 서북을 한 번쯤 은 가보라고 추천한다. 보통 칭하이, 외국에서는 티베트로 칭해지는 이곳을 아는 사람들은, 넓은 칭하이 중에서도 진인탄 초원에는 반드시 가볼 것을 권한다.

진인탄 초원은 아름답고 풍요로운 땅으로 황금색과 은백색의 꽃들이 흐드러지게 피는 초원이라서 진인탄이라는 이름을 얻었다. 진인탄 초원은 티베트의 원주민들이 자자손손 번성해 오면서 30여 만 마리의 소와 양을 기르고 있는 전형적인 목축지이다. 이곳의 황금 계절은 7월~9월로 이때는 싱그러운 꽃이 만개하고 온갖 새들이 날아다니는데, 특히 꾀꼬리의 노랫소리는 여행객들을 매료시켜 감상에 젖어들게 한다.

솜뭉치 같은 양들과 짙은 갈색이 뒤섞인 야크가 푸른 언덕에서 한가로이 풀을 뜯고, 때때로 말을 탄 목축민들이 이들 사이를 오간다. 멀리 이어진 산들 사이로 보이는 흰색 텐트들이 그나마 볼 수 있는 사람의 흔적일 만큼 너무도 고요한 땅이다.

진인탄 초원

서부 출신의 음악가 왕뤄빈이 40년대에 이곳에서 지은 '재나요원적지방'은 이곳 진인탄의 아름다움을 노래했고, 전 중국뿐 아니라 해외에까지 널리 알려져 세계인의 이상향이 되었다.

● 위엔즈청

위엔즈청原子城은 중국 제1의 핵무기 연구 제조 기지다. 1950년대 중국 지도자들의 주장으로 수년에 걸친 논의 끝에 이곳 칭하이 성 하이앤海晏 현县에 핵무기 연구소를 건설했다. 넓이는 1,179km²이며 대외적으로는 221창이라고 불린다.
기지는 당시의 정치 지도자였던 마오쩌뚱毛澤東, 저우언라이周恩來 등의 주도로 왕깐창王淦昌, 정지아시엔鄧稼先 등으로 대표되는 신중국 제1세대 과학자들이 건설했다. 전 중국의 과학적 역량이 이곳에 집중되었고, 책임감 넘치는 과학자들의 끊임없는 노력으로 근 10년 만인 1964년 10월 16일에 중국의 첫 번째 원자폭탄이 탄생했다. 아마 낮은 인구 밀도 탓에 이곳을 택한 것 같지만 하필이면 왜 이런 아름다운 곳에 핵무기 연구 시설을 만들었는지는 의문스럽다. 위엔즈청은 자국의 군사력에 자부심을 느끼는 많은 중국인들의 입에 오르내리고 있으며 지금은 많은 외국인 관광객들도 이곳을 찾고 있다.

○ 위엔즈청 내부를 구경하는 관광객들
○ 중국 제1의 핵무기 제조 기지 위엔즈청

천혜의 땅 그 설레는 첫 경험 티베트의 관문, 시닝

시닝에서 보낸 하루 동안 정말 많은 풍경들을 구경했지만 그만큼 피곤하기도 했다. 대부분 차로 이동했지만 높은 고도 탓인지 쉽게 피곤해지는 것도 무시할 수 없었다.

이 코스를 돌면서 교통비와 입장료를 많이 지불하기 때문에 지갑이 얇아지기는 하지만, 만약 좀 여유가 있다면 차를 대절하기 바란다. 운이 좋아 동행을 만난다면 대절비를 분담할 수 있으니 그리 큰 부담이 되지 않을 수도 있다. 나처럼 돈을 아끼려고 버스를 타고, 지나가는 차를 얻어 타다가는 여정이 끝나기도 전에 지쳐 쓰러질지도 모른다.

천막들 사이로 지는 진인탄의 태양

혹 영화 속 주인공처럼 지나가는 차를 얻어 탈 생각이라면 담배 몇 갑을 배낭에 넣어가자. 초원 사람들은 친절하므로 쉽게 친구가 될 수 있을 것이다. 시닝 장거리 버스 정류장에서 칭하이호까지 버스를 이용하고 칭하이호에서 진인탄 초원까지는 택시를 이용하는 것이 여러모로 편리하다.

초원에 버려진 폐허

새끼양을 품에 안은 소년과 칭하이호

르웨 산 ◈ 다오탕허 ◈ 칭하이호 ◈ 니아오다오 섬

Tibet

이 코스는 칭하이호까지는 제1코스와 동일하지만, 오후 일정으로 중국 8대 조류 보호 구역 중 최고로 꼽히는 니아오다오 섬 관람을 넣었다. 니아오다오의 새들을 구경하기에 가장 좋은 시기는 4월에서 7월까지이므로 꼭 기억해 두었다가 여행 일정에 반영하도록 하자. 혹 조류 독감이 문제될 수 있으니 방문 전에 위험 여부를 알아두는 것도 필요하다.

고원을 넘나드는 새들의 낙원, 니아오다오

니아오다오鸟岛는 칭하이호의 서북쪽 귀퉁이에 위치해 있다. 이곳은 호수 탓에 완전히 고립되어 사람들에게 전혀 알려지지 않은 땅이었으나, 하이신海心산이라는 작은 섬에 발 디딜 틈이 없을 정도로 많은 새들이 둥지를 튼다는 소식이 퍼져 세상에 알려졌다. 이 섬이 발견된 것은 이 지역의 민요 때문이었는데 "호수에 들어간 배에는 한 가득 알이 담겨 나온다"는 가사에 흥미를 느낀 과학 시찰단이 탐사 작업 끝에 발견했다고 한다. 섬은 니아오다오라는 이름 외에 단다오蛋岛라고 불리기도 하는데 언제나 새의 알이 도처에 있기 때문에 붙여진 이름이다.

4, 5월이 되면 하늘과 땅 할 것 없이 도처에 새가 가득한데 땅에는 둥지가 널려 있어 발 디딜 틈조차 없는 지경이 된다. 이때 만약 섬에 발을 들여놓으면, 놀라서 경계하는 수많은 새들이 머리 위를 선회하며 위협하고, 온몸에 똥을 떨어뜨리는 탓에 허둥지둥 달아나야 할지도 모른다.

섬은 부하허布哈河 입구에서 북쪽으로 4km 지점에 위치해 있으며, 섬의 동쪽은 크고 서쪽은 좁고 길어서 마치 올챙이 같다. 전체 길이는 1,500m이며

천혜의 땅 그 설레는 첫 경험 티베트의 관문, 시닝

물에 내려앉는 백조 ◑ 니아오다오 섬에는 다양한 새들이 살고 있다

새들의 천국 니아오다오

1978년 동쪽을 제외한 삼 면이 수면 밖으로 드러나 육지와 하나가 되었다.

섬의 경사는 완만하고 표면은 모래흙과 돌로 덮여 있으며 시베리아여귀, 쑥 등이 자생하고 있다. 서남쪽에는 몇 군데에서 샘이 솟아 흐르기도 한다. 매년 3, 4월이 되면 기러기, 오리, 두루미, 갈매기 등의 철새가 남쪽에서 이곳 칭하이호로 날아오며, 장소를 택하여 둥지를 틀기 시작한다.

5, 6월에는 곳곳에 알을 낳고 부하하여 새로운 가족을 이루곤 하는데 새끼들의 울음소리가 대단히 떠들썩하여 수 리 밖까지 울음소리가 퍼지곤 한다. 7, 8월이 되면 어린 새들이 다 자라 하늘은 비행 연습을 하는 새들로 가득해지는데 9월 말이 되면 몇 종의 새를 제외하고는 다시 남아시아로 이주 비행을 떠난다. 겨울을 따뜻하게 보낸 새들은 다음해에 흰 눈이 새하얗게 쌓인 히말라야와 얼음과 눈으로 뒤덮인 쿤룬崑崙 산맥을 넘어 다시 이곳으로 돌

천혜의 땅 그 설레는 첫 경험 티베트의 관문, 시닝

성질이 난폭한 갈매기들 ⓒ 현지에서 애용하게 될 관광용 지프

아온다.

조류 전문가에 따르면 칭하이호에는 10만 마리에 달하는 새들이 있으며 이중 대부분이 0.27km²밖에 되지 않는 올챙이 섬, 니아오다오에 살고 있다고 한다. 얼룩머리기러기, 갈색머리갈매기, 제비갈매기, 갯가마우지, 검은목두루미, 백조, 황오리, 옥대검둥수리 등 20종에 달하는 새들이 니아오다오의 주민이다. 칭하이호는 오염이 없는 청정 구역이며 먹이가 풍부하고 천적이 적어 니아오다오는 과연 '새들의 천국' 이라 불릴 만하다.

친절 가이드

니아오다오에 가는 가장 일반적인 방법은 칭하이호를 여행할 때 들러 가는 일정으로, 차를 대절하는 것이 가장 좋다. 이외에 시닝의 여행사를 방문하여 투어에 참가하면 칭하이호와 니아오다오를 약 130元에 둘러볼 수 있다. 또 다른 방법으로는 시닝 장거리 버스 정류장에서 버스(약 30元)를 타고, 니아오다오로부터 약 50㎞ 되는 곳에 있는 헤이마허(黑馬河)까지 간 후 차를 빌려 니아오다오로 가면 된다. 이런 경우, 시간은 거의 5시간이 걸리지만 교통비는 1인당 70元 전후이다. 니아오다오 같은 교외에서는 카메라 건전지 등 물품 구매가 어려우므로 시닝에서 미리 구매해 두는 것이 좋다.

천혜의 땅 그 설레는 첫 경험 티베트의 관문, 시닝

제3코스
문화를 찾아가는 역사 여행

타얼사 ✧ 동관청쩐대사 ✧ 칭하이 성 박물관 ✧ 베이찬사

Tibet

시닝은 지역적 특성 때문에 오래전부터 불교와 이슬람교가 공존해 왔다. 이 코스에서는 시닝의 이러한 문화적 특성을 보여주는 곳들을 소개한다. 시닝의 최고 사원인 타얼사와 동관칭쩐대사, 칭하이 성 박물관, 베이찬사를 둘러보면 여러 문화가 혼합된 시닝을 이해할 수 있다.

타얼사는 사원 앞에 세워진 8좌의 백탑과 신마神馬로 유명한 곳이며, 이슬람 사원인 동관칭쩐대사는 칭하이 성에서 가장 큰 이슬람 사원으로 10만 명의 신도를 자랑하고 있다. 종교적 믿음과 무관하게 두 곳 모두 엄숙하고 신비한 장소이므로 한 번쯤 방문해 보는 게 좋을 것이다. 이 코스에서 최고의 볼거리는 베이찬사다. 베이찬사는 시닝 8경 중에 한 곳으로, 절벽에 건설된 동굴과 절벽을 깎아 만든 대불은 세계적으로 잘 알려져 있다. 오랜 시간 탓에 그 모습이 많이 훼손되기는 했지만 시닝에서 빼놓을 수 없는 명소임에는 틀림없다.

경건하고 정성스러운 기도, 타얼사

타얼사塔尔寺는 칭하이 성省 시닝 시 동남쪽으로 25㎞ 떨어진 황쭝湟中 현 루사얼진鲁沙尔镇의 서남쪽에 있다. '塔尔寺'라고도 부르는데, 이는 따진와사大金瓦寺 내에 황교黄教의 창시자인 총카파宗喀巴를 기념하기 위해 세운 따인大银 탑이 있기 때문이다. 티베트 전통 불교인 거루파格鲁派의 6대 사원 중 한 곳이다.

타얼사 앞 광장에 들어서면 여덟 개의 흰 탑들을 볼 수 있다. 나는 이 팔보여의탑八宝如意塔을 각종 여행 책자들에서 몇 번이나 보았지만, 현실에서 마주했을 때의 느낌은 전혀 색달라 마음속의 연못에서 작은 물결이 일 듯 가슴이

천혜의 땅 그 설레는 첫 경험 티베트의 관문, 시닝

1 황교의 색채가 가득한 타얼사 2 타얼사 입구 3 멀리서 본 타얼사 4 타얼사의 경번주

설레었다. 전하는 바에 따르면, 이 8개의 탑은 석가모니의 8대 공덕을 기리기 위해 1776년에 지은 것으로, 5.7m²의 탑좌에 높이 6.4m의 탑으로 이루어져 있다. 탑들의 모습은 거의 비슷비슷하며 탑의 몸체에 석회를 바르고 허리 부분은 경전문으로 장식했다.

팔보여의탑의 뒤쪽으로는 층층이 지어진 사원이 있다. 시간의 무게를 알려주는 듯 오래된 사원은 비록 예전처럼 찬란하지는 않지만 은은한 빛을 발산하는 금색 지붕 탓에 멀리서 찾아오는 참배객들도 쉽게 찾을 수 있다.

엄숙한 분위기에 휩싸여 경건하고 정성스러운 마음으로 불당에 들어가자, 안에는 갖가지 훌륭한 물건들이 참배객들을 기다리고 있었다. 아름답게 채색된 불교 물품들과 쑤요우酥油 등불이 계속 빛을 발했고, 쑤요우의 특이한 향이 법당 내부에 가득했다.

쑤요우 등

오체투지를 하는 신자들

　타얼사의 주 불전은 따진와사大金瓦寺로, 면적이 약 450m²이다. 강희康熙 황제 시기 칭하이 멍구군蒙古郡의 왕 어얼더니額尔德尼는 황금 1,300냥을 보시하고, 은 1만 냥으로 지붕을 구리 기와로 바꾸었는데 그 후로 따진와사라 불리게 되었다고 한다. 시아오진와사小金瓦寺는 호법 신전护法神殿이라고 하며 명明 숭정崇禎 4년(1631년)에 건설되었다. 내부의 회랑에는 들소, 양, 곰, 원숭이 등의 표본이 있는데 이것들은 불교에 패배하여 개종된 티베트의 토속 종교들을 상징한다.

　호법 신전의 표본 중에서 백마白馬 표본은 제3대 달라이 라마가 티베트 라싸에서 칭하이의 타얼사까지 타고 온 것이라고 한다. 달라이 라마는 타얼사를 참배한 후 라싸로 돌아가려 했으나 이 백마는 전혀 움직이려는 기색이 없어 이곳에 남겨두었고, 모든 음식을 거부한 이 말은 결국 시름시름 앓다가 죽었다고 한다. 사람들은 이곳의 성스러움을 알아차린 백마가 자신의 무덤을 선택한 것이라 여겼고 나중에는 신마神馬로 모시기도 했다.

1 타얼사에 있는 경전통
2 타얼사의 탕카(길게 내려뜨려 표구해 걸 수 있는 모양의 티베트 불교 회화)
3 대경당
4 시아오진와사는 구석구석 아름답게 장식되어 있다.
5 시아오화사의 불단과 법물들

대경당大經堂은 지붕이 평평하게 건축된 티베트식 목조 건축물이다. 타얼사 건축물 중 규모가 가장 큰 것으로 내부에는 불단이 마련되어 있어 1,000여 명의 승려들이 이곳에 좌선하고 경서를 읽는다. 대경당은 주 건축물답게 황색, 홍색, 남색, 녹색, 흰색의 5색 깃발과 장막으로 장식되어 있고, 진귀한 대형 뚜에이시우 堆绣(천에 수를 놓아 그린 그림)가 불상에 걸려 있다. 전 내의 대형 기둥은 용, 봉황, 꽃구름 등이 그려진 티베트 카펫으로 싸여 있는데 그 화려함이 베이징의 자금성 못지않다.

시아오화사小花寺는 장수불전長壽佛殿이라고도 하는데, 7세 다쑤라마达速喇嘛가 이곳에서 장수경을 읽어 장수불전이라 불리게 되었다. 작은 정원이 있고, 정면에는 유리 기와로 만든 작은 문이 튀어나오게 지어져 영롱하고 특이하다. 사원 내에는 오래된 보리수가 만들어낸 짙은 나무 그늘이 티베트의 강렬한 햇살을 가려주고 있다.

시아오화사 내부에는 30여 좌의 불상들이 있으며, 불단 뒤로 층층이 나무에 새겨진 목각 부조浮彫들은 금색으로 칠해져 있다.

쑤요우화

쑤요우(酥油)는 양이나 야크에서 얻어낸 동물성 기름으로 희고 투명하다. 이 기름은 부드럽고 매끄러워서 각종 염료와 조합하기가 쉬운데 티베트에는 이 기름으로 빚어내는 꽃이 유명하다. 이 꽃이 쑤요우화(酥油花)다. 전하는 바에 따르면, 문성 공주와 송첸감포가 혼인할 때 문성 공주를 수행하던 불교도들이 존경을 표시하기 위해 장안에서부터 가져온 것이라고 한다. 이 쑤요우화는 사원의 불상 앞에 바쳐졌는데, 후에 신앙처럼 굳어져 사원에 쑤요우화를 바치는 것은 티베트의 풍습이 되었다.

천혜의 땅 그 설레는 첫 경험 티베트의 관문, 시닝

이슬람교의 성지, 동관칭쩐대사

시닝의 동관칭쩐대사东关清真大寺는 시닝 시 10만여 명의 이슬람교도들이 참배
하는 이슬람교의 중심지다. 칭하이 성에서 규모가 가장 큰 이슬람 사원으로,
시안西安의 화쥐에사化觉寺, 란저우兰州의 치아오먼사桥门寺, 신장新疆의 아이티
가르칭쩐사艾提卡尔清真寺와 함께 서북의 4대 이슬람 사원으로 손꼽힌다. 시닝
시의 번화가인 동관대로 남쪽에 위치해 있으며 전형적인 중국의 전당殿堂식
건축 풍격에 이슬람 건축 예술의 독특한 멋과 기세가 가미되어 감탄하지 않

이슬람 풍취가 돋보이는 동관칭쩐대사

는 사람이 없을 정도다.

　이곳은 대문, 협문, 환싱루喚醒楼, 예배전 및 글방, 욕실 등으로 이루어져 있다. 대문 분위기는 서양식 3문으로, 중간을 대문으로 하고 좌우를 작은 문으로 했는데, 통일감 있게 조화를 이룬 문 꼭대기에는 사찰의 이름을 새겨 넣었다. 협문은 아치형으로 중문重門, 중오문中五門이라고도 하며 큰 아치형 문 양쪽에는 두 개의 작은 아치형 문이 각각 있다. 세 곳의 문을 지나 약 30m 되는 지점에는 수십 개의 계단 위에 화강암으로 지은 돈대墩臺가 있고, 그 위에 5개의 아치형 문이 우뚝 솟아 있다. 중오문中五門이라고 불리는 이것은 높이가 거의 10m, 폭이 21m나 된다. 중오문의 남북 양측에는 쉬엔리宣礼 탑이 우뚝 솟아 있으며 상서로운 복과 장수를 상징하는 도안은 강렬한 예술적 감동을 선사한다.

예배당 내부

환싱루는 협문 양쪽에 세워져 있는 것으로, 3층에 육각으로 쌓은 뾰족한 지붕의 건축물이다. 높이는 18m이며 협문과 하나가 되어 우뚝 솟아 있다. 예배전은 높이가 1.3m인 기반 위에 세워져 있는데, 면적이 1,000여㎡이며 3,000명의 신도들을 동시에 수용하여 예배를 볼 수 있다고 한다. 예배당 위쪽에는 도금한 불경통이 3개 있다. 이 경통들은 라브랑사拉卜楞寺와 타얼사의 승려가 기증한 것으로, 예배당 내의 18개의 기둥들 또한 요우닝사佑宇寺에서 기증했다. 이렇듯 동관칭쩐대사는 불교와 오랜 유대 관계를 유지해 왔으며, 이슬람교의 중요 명절 때에는 수많은 이슬람교도들이 이곳에 모여 경건하고 성대한 종교 활동을 거행하고 있다.

친절 가이드

❶ 교통 : 모지아가(莫家街)에서 동관칭쩐대사까지는 걸어서 갈 수 있으며 만약 기차역에 있다면 택시로 가는 것이 편하다. 요금은 약 10元이며 버스는 33번이 운행한다.

❷ 입장료 : 10元(옆문으로 들어가면 내지 않아도 된다.)

❸ 기타 : 일반적으로 비 이슬람교도의 참관은 환영받지 못하지만 양해를 얻으면 예배를 참관할 수 있고 사진도 찍을 수 있다. 이슬람교의 예배는 한번 볼 만한 가치가 있으니 동의를 구해 보도록 하자. 이슬람교도들에게 동정은 실례가 될 수 있으니 예배당 주변의 어려워 보이는 사람들에게 돈을 주어서는 안 된다.

서역 문화의 보고(寶庫), 칭하이 성 박물관

칭하이 성 박물관青海省博物馆은 1957년에 건설되었다. 적은 규모로 시작했던 이 박물관은 1986년 9월 군벌 마보방马步芳의 저택으로 이전하였다가 2001년 5월에 지금의 박물관 건물로 이사했다. 칭하이 성 최초의 현대식 대형 박물관이며 1만여 점의 문물을 전시하고 있다. 전람은 크게 '청해사전문명전青海史前文明展', '청해민족문물전青海民族文物展', '장전불교예술전藏传佛教艺术展', '황하원두기석전黄河源头奇石展'의 4개로 구성되어 있다.

박물관에는 구석기 시대의 뗀석기에서부터 상고 시대의 채문도기, 신석

1 칭하이 성 박물관 내부 **2** 칭하이 성 박물관 **3** 칭하이 지역의 종교 예술품

기·청동기 시대의 석기, 골각기骨角器, 동기銅器, 도기陶器는 물론 한漢, 당唐 대의 유물과 대장정 기간 동안 중국 공산당이 칭하이에 남긴 공문서 주머니, 구리 냄비, 군모 등을 전시하고 있다. 전시물 중 특히 관심을 가져야 할 부분은 칭하이 지역의 채문도기로, 신석기와 청동기 시대에 전성기를 맞았던 칭하이는 채문도기가 다량 출토되어 '채문도기의 고향' 이라는 명성을 얻고 있다. 채문도기는 칭하이의 다민족 문화 예술과 종교 문화 예술을 보여주는 중요 부분이라고 한다.

절벽에 건설된 공중 사원, 베이찬사

베이찬사北禅寺는 시닝 시 베이황쉐이北湟水 강변의 베이北山 산에 위치한 사찰이다. 산 이름을 따라 베이산사北山寺라고도 불리며 독특하게도 베이 산의 절벽에 지어져 유명세를 떨치고 있다. 베이찬사는 북위北魏의 역도원酈道元이 쓴 『수경주水經注』에 등장한다. 당시의 문헌에서는 베이 산을 투로우土樓 산이라 했다. 베이찬사는 북위 명제明帝(516~528년) 때 계속된 전쟁을 피해 시닝을 거쳐 간 상인과 승려들에게서 영향을 받아 건설되었다고 한다.

베이찬사는 붉은 노을 모양의 지층을 따라 건설되었다. 이 지층들은 거의 수평으로 뻗은 붉은 사암과 역암 층으로 그 사이사이에는 상대적으로 무른 석고와 유산나트륨 층이 끼어 있다. 오랜 풍화 작용을 받은 연약한 지층은 깎여 들어갔고 이런 지층의 요철을 따라 많은 동굴들이 만들어졌다. 이 동굴들은 9굴 18동九窟十八洞이라고 불리는데 동굴 벽면에는 한족과 장족

베이찬사

절벽을 따라 지어진 베이찬사

의 문화를 반영하는 무수히 많은 불교화가 그려져 있다. 절벽에는 잔도棧道 (험한 벼랑에 나무로 선반처럼 내매어 만든 길)라고 하는 회랑이 건설되어 있는데 이 회랑은 중간 중간 공중에 떠 있다시피하여 쉬엔콩스사懸空師寺라고 불리기도 한다.

베이 산의 유명한 볼거리는 노천금강露天金剛이라고 불리는 거대한 석조 대불大佛이다. 날씨가 맑은 날이면 시내에서도 그 거대한 모습이 보이는데 절벽에 새겨 만든 대불의 모습은 정말 웅장하면서도 이국적이다. 대불은 동쪽과 서쪽에 각기 두 존이 있는데 서로 한쪽 끝이 맞닿아 있고 높이는 약 30m이다. 서쪽의 불상은 아쉽게도 풍화 작용으로 형체를 거의 잃어버렸고, 동쪽 면의 불상은 형체를 간신히 유지하고 있다. 전하는 바에 따르면 이 대불은 위진남북조魏晉南北朝 시기에 건설되었고 산중에서 번쩍인다고 하여 섬불閃佛이라고 불렀다고 한다.

티베트스토리 · 베이 산의 안개비

베이 산의 안개비는 시닝 팔경(西寧八景) 중의 하나다. 베이 산 정상에는 닝쇼우(宁寿) 탑이 있는데 산에 안개가 깔리고 안개비가 부슬부슬 내릴 때면 베이 산의 동굴과 탑, 절이 보일 듯 말 듯하여, 몽환적인 아름다움을 자아내 오랫동안 칭송을 받아왔고, 이 때문에 베이산앤위는 고시(古詩)에서 자주 인용되는 어구가 되었다고 한다.

친절 가이드

❶ 교통 : 베이 산 전용 투어 버스가 운행 중이며 대중 교통수단으로는 10, 19, 20, 80번 버스가 베이찬 사로 운행한다. 절벽에 지어진 9굴 18동(九窟十八洞)은 아쉽게도 안전 문제로 더 이상 개방하지 않으며 일부 구역에서는 안전모를 착용해야 한다.

❷ 입장료 : 5元

베이찬사

풍화로 형체를 잃은 노천금강

제4코스
일곱 빛깔 투족 마을 여행

Tibet

타얼사와 투족풍정원土族风情园을 함께 관광하고자 한다면 타얼사 구경을 11시 이전에 끝마치는 것이 좋다. 그 이유는 투족풍정원에서 특별한 점심 식사를 하기 위해서다. 시닝 시에서 후주互助 현 투족 자치구까지는 차로 1시간 30분이 걸리기 때문에 적어도 10시 30분에는 출발해야 투족의 점심 시간에 맞출 수 있다.

투족의 점심 식사에는 콩궈㤦锅라고 부르는 두툼하고 큰 전병부터, 얇고 바삭한 병餅인 고우지아오니아오狗浇尿, 쌀보리로 만든 펀피粉皮, 쇼우쫘양고기手抓羊肉, 투족풍 각종 야채 요리 등이 제공되는데 이 모든 것이 무료이다. 엄밀히 따지면 입장료에 모두 포함된 것이지만 이들 요리는 평생 한차례 맛보기도 힘든 진귀한 음식임에 틀림없다. 게다가 티베트 지역의 칭커주青稞酒와 나이 차를 무제한 마실 수 있으니 정말 좋은 기회라 할 만하다. 주말이나 토족 명절 기간에 방문하면 화얼花儿 공연도 볼 수 있다.

화얼 공연

칭커주의 고향, 무지개 마을 토족풍정원

칭짱 고원과 황토 고원이 합쳐진 치리엔祁連 산맥 다반达坂 산 기슭에는 칭하이 성의 소수 민족인 토족土族이 살고 있다. 이들은 티베트 전통 불교를 숭상하는 민족으로 한汉족, 회回족, 장藏족 등과 오랜 세월 뒤섞여 살았지만 지금까지도 자신들만의 고유한 전통을 유지하고 있다.

토족 여성들은 홍, 황, 남, 백, 흑, 자, 녹의 일곱 가지 색으로 된 면이나 비단으로 된 긴 소매 옷을 만들어 입었는데, 이 때문에 사람들은 토족 여성들을 '무지개 옷을 입은 사람'이라고 불렀고, 토족 마을도 '무지개 마을'이라고 불렀다.

토족이 거주하는 지역은 예전부터 경치가 빼어나기로 유명한데 지금은 국가급 삼림 공원으로 지정되어 있으며 약수천 폭포, 후러천지胡勒天池, 경천

토족의 룬즈치우 공연

일주擎天一柱, 콩취에 절벽孔雀崖, 야오모 동굴妖魔洞, 시아오싼 협곡小三峽 등과 같
은 명승지가 있다.

　토족풍정원土族风情园은 후주 현의 작은 마을로, 관광객 유치를 목적으로 만
들어진 다른 지역의 민족 마을과는 달리, 자연스레 형성된 토족 마을이다.
때문에 인위적인 모습이 아니라 토족 사람들의 사는 모습이 생생히 드러나
그들의 민간 예술과 문화를 있는 그대로 접할 수 있다. 이곳의 공연자들도
이 마을 사람들인데 토족 아가씨들은 정원에서 안자오安召 춤을 추어 방문객
들을 미소로 반기고, 토족 전통 기예인 룬즈치우轮子秋 연기자들은 새끼줄을
둘러친 좁은 장소에서 재빠른 몸놀림으로 관중을 사로잡는다.

　토족풍정원에서는 혼례 의식을 재현해 보이기도 한다. 보기에는 매우 복
잡하지만 시작부터 끝까지 가무를 하면서 진행되는 의식은 경쾌하고 발랄하

토족의 안자오 춤

천혜의 땅 그 설레는 첫 경험 티베트의 관문, 시닝

1 토족 아가씨가 권하는 석 잔의 술
2 룬즈치우
3 룬즈치우의 그네 타기
4 토족의 자수

토족 사람들은 3(三)을 상서로운 숫자로 여겨, 손님이 오면 말에서 내릴 때 술 석 잔을 권하고, 손님이 잠자러 가면 '모든 것이 뜻대로 이루어지는 술' 석 잔을 올리며, 손님이 떠나려고 말을 탈 때 술 석 잔을 권한다. 혹 토족 사람들이 술을 권하면 이 같은 그들의 습관을 기억하도록 하자.

토족은 아름다움을 매우 좋아하는 민족으로 그들의 자수품은 종류가 매우 많아 허리띠, 앞치마, 양말, 전대 등에 쓰인다. 특히 토족 여성은 항상 자신을 화려하게 치장하는데 7, 8세가 되면 어머니와 언니들에게서 자수 놓는 법을 배우기 시작하고, 국경일이나 경축 집회 때는 자신들의 자수품을 꺼내어 정성스레 단장하여 자수 솜씨를 뽐내곤 한다.

투족의 일곱 빛깔 자수 옷은 독특하고 화려한데 투족 여자들이 그것을 입고 길을 어슬렁거리면 꿀벌과 나비가 떠나지 않고, 옷소매를 뿌리치며 안자오 춤을 추면 하늘의 무지개가 질투한다는 이야기가 있을 정도다.

토족의 의복에 주로 쓰이는 흑, 녹, 황, 금, 백, 홍, 남의 일곱 가지 색상에는 각기 의미가 있다. 검은색은 그리움, 녹색은 생명력, 황색은 풍작에 대한 갈망을 뜻하고, 금색은 사람들에게 행복을 가져다주는 부의 색상이며, 백색은 거룩함과 순결을 대표하고, 홍색은 빛으로서 어둠을 쫓아버리는 태양에 대한 우러름을 표현한다. 남색은 투족의 진솔한 성격을 나타내는 색상으로 쪽빛 하늘과 넓은 대해를 뜻한다.

고대 토족은 농사 기술이 낙후해서 수확량이 많지 않았는데 황소로 밭을 갈기 시작한 이후부터 수확량이 늘어 생활에 여유가 생겼다고 한다. 소를 이용한 경작으로 첫 풍년을 맞은 토족은 추수를 마치고 농작물을 마을로 날랐는데 공교롭게도 마지막 보리를 실은 수레가 도중에 뒤집혔다고 한다. 이때 수레바퀴가 하늘로 튕겨져 나갔는데 두 요정이 나타나 수레바퀴에서 춤을 추며 풍년을 축하하는 노래를 불렀다. 이때부터 사람들은 탈곡을 마친 후 수레바퀴를 뽑아 룬즈치우(輪子秋)라는 놀이를 했는데, 이 놀이를 한 후 1년 동안은 정신이 맑아지고 다리와 허리가 아프지 않는다고 한다.

룬즈치우는 세로로 세운 차축에 바퀴를 고정하고 차축을 가로지른 사다리에 두 명이 매달려 회전하는 놀이로, 그 회전 속도가 빨라지면 공연자들은 고난이도의 묘기를 선보이기도 한다. 룬즈치우에는 우리의 그네와 비슷한 내용도 있다.

다. 물 뿌리기, 장난으로 욕하기, 머리 모양 바꾸기 등의 의식이 있는데 혹 토족 아가씨가 당신을 마음에 들어 한다면 신랑 역할을 하게 되어 함께 노래하고 춤을 추어야 할지도 모른다.

친절 가이드

① 교통 : 시닝 시에서 차를 대절하면 왕복 100元이면 갈 수 있고, 시닝 장거리 버스정류장에서는 15분에 한 대씩 버스가 운행한다. 요금은 약 5元이다.

② 입장료 : 60元(투족 전통 요리 포함)

③ 기념품 : 토족의 기념품으로는 향주머니 뭉치가 있다. 보통 여자 아이들이 주렁주렁 매달고 다니며 판매하는데 겨우 5~10元이다. 이것들은 모두 그들이 직접 바느질한 것으로 세상에 하나뿐인 물건이므로 좋은 기념품이 될 것이다.

④ 주의 : 칭커주는 맛이 좋지만 도수가 48도나 되므로 안전을 위해 많이 마시지 않는 것이 좋다.

미소가 예쁜 티베트 소녀

천혜의 땅 그 설레는 첫 경험 티베트의 관문, 시닝

웨두 취탄사 ✛ 중국 리우완 채도박물관

Tibet

웨두乐都는 시닝 시에서 비교적 멀지만 인생에 다시 오지 않을 여행임을 생각한다면 대단한 거리도 아니다. 중국처럼 드넓은 국가에서 이 정도 거리의 이동은 늘 감수해야 한다. 단, 이 코스는 중화 민족의 도기 문화에 초점이 맞추어져 있으니 일부 여행자들에게는 다소 매력이 떨어질 수도 있겠다.

4천 년 역사의 채문도기는 정교하고 아름다운 고대 예술의 결정체이므로 역사와 문화를 사랑하는 애호가라면 웨두로 여행을 가보는 것도 좋을 것이다. 오전에는 시닝에서 출발하여 '고원의 작은 궁전' 이라 불리는 웨두 취탄사乐都瞿昙寺를 참관하고, 오후에는 중국 리우완 채도박물관에서 칭하이 고원의 유구한 문화와 역사를 알아보도록 한다.

채문도기

천혜의 땅 그 설레는 첫 경험 티베트의 관문, 시닝

오색 벽화가 유명한 웨두 취탄사(乐都瞿昙寺)

취탄사는 똥두^{东都} 현 남산 아래에 위치해 있는, 중국 서북 지역에서 보존 상태가 가장 양호한 명대의 건축 군^群이다. 산수가 어우러진 이곳의 풍경은 우아하고 사찰 주위의 산들에는 수목이 무성하여 사원과 잘 어울린다.

사원 내부의 건축물들은 오랜 세월을 겪은 옛 풍모를 그대로 간직하고 있어 여행객들을 숙연하게 한다. 취탄사에서 100m 정도 떨어진 곳에서부터 끝없는 설산이 펼쳐진다. 산봉우리는 겹겹이 포개져 있고 들쑥날쑥 키 재기를 하는 듯한 흙빛 산들, 꼭대기에는 1년 내내 눈이 쌓여 있다. 맑은 날 멀리서 바라본다면 산들은 은빛 병풍으로, 취탄사는 병풍에 둘러싸인 작은 왕궁으로 보일 것이다. 훌륭한 주변 환경을 가졌음에도 취탄사는 의외로 소박하다. 충분히 웅장하다고 할 규모이지만 지나치게 멋을 내지 않은 외관 때문이리라.

취탄사는 건축물 자체뿐 아니라 내부에 보존된 거대한 채색 벽화로도 유명하다. 티베트 전통 불교를 믿는 장족, 몽골족, 토족들은 이곳을 불교 성지로 숭배하고 있으며, 천 리나 되는 거리를 걸어와 채색 벽화 앞에서 향을 피운다. 이곳은 칭하이 성에서 가장 유명한 야생화 지역이지만 불교가 환하게 꽃을 피운 지역이기도 하다.

취탄사는 사각형의 성루 안에 위치해 있으며, 토성은 '신성^{新城}'이라고 부른다. 절의 대문에서 시작하는 축 위에 금강전^{金刚殿}, 취탄전^{瞿昙殿}, 보광전^{宝光殿}, 융국전^{隆国殿}이 순서대로 배치되어 있다. 그리고 그 양쪽에는 호법전^{护法殿}, 어비정^{御碑亭}, 벽화랑^{壁画廊}, 소경당^{小经堂}, 종고루^{钟鼓楼}, 진살불탑^{镇煞佛塔}이 세워져 있다. 융국전^{隆国殿}은 속칭 대전^{大殿}이라고 하며 취탄사 전체에서 가장 높고 크며 화려한 건축물이다. 면적은 약 900㎡이며 전의 사면에는 밝은 복도가 있고, 넓은 불좌대가 우뚝 솟아 있다. 그 앞에는 월대^{月台}가 튀어나와 있고, 사면은 주사朱沙석으로 된 난간이 세워져 있다.

벽화랑壁画廊의 거대한 채색 벽화는 그 면적이 약 400m²로 취탄사 최고의 예술품이다. 벽화의 소재는 대부분 불교 전설로, 정교한 구성력과 풍부한 상상력이 마음껏 발휘되어 있다. 불교에 대한 깊은 이해로 넓은 공간을 자유자재로 누볐으며, 기법의 능숙함과 형상의 생동감은 수준이 궁극에 달하여, 비록 500여 년의 세월로 색은 바랬으나 여전히 눈부시게 아름답다.

이밖에 취탄사의 또 다른 보물로는 석조 와상臥像인 상배운고象背云鼓가 있으며, 이곳에서 보관 중인 명청明淸 시기의 문화재 또한 다양하여 명 황제가 하사한 어비御碑부터, 당시의 현판과 각종 도장, 상아 염주, 단향목 염주, 석조 불상, 명선덕청동거종明宣德青銅巨鍾 등이 전해 내려오고 있다.

전하는 바에 따르면 취탄사의 창시자인 싼뤄라마三罗喇嘛가 이곳을 처음 방문했을 때 나한罗汉 산에는 하늘을 찌를 듯 고목들이 무성했고, 취탄하瞿昙河의 강물에는 버드나무 그늘이 푸르렀으며 샘물의 푸른빛은 하늘과 이어져 있었다고 한다.

싼뤄는 뛰어난 경치에 마음을 빼앗겨 이곳에 앉아 한참을 쉬었는데 그만 지팡이를 두고 길을 떠났다. 한참 후에야 지팡이 생각이 난 싼뤄는 가던 걸음을 되돌려 이곳으로 되돌아왔는데 지팡이는 이미 물가에 뿌리를 내린 후였다고 한다. 신령하게 여겨진 이 나무는 후에 아들을 낳게 해준다는 고매高禖의 상징으로 여겨져 섬김을 받았다.

친절 가이드

❶ 교통 : 시닝 장거리 버스 정류장에서 웨두 니엔보진(碾伯镇)까지 10元, 웨두 버스 정류장에서 취탄사까지 버스로 왕복 40元이다.

❷ 입장료 : 15元.

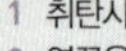

1 취탄사
2 연꽃을 상징하는 석조
3 활짝 피어난 취탄사의 들꽃
4 장수를 상징하는 사슴과 복을 부르는
박쥐

상고시대 채문도기로 유명한 중국 리우완 채도박물관

리우완柳湾 묘지는 웨두乐都 현에서 동쪽 17km 거리에 위치한 리우완柳湾 마을
에 자리하고 있다. 웨두 리우완 묘지乐都柳湾墓地 라고도 하며 현재 중국에서 가
장 규모가 크고 보존 상태가 완전한 원시 씨족사회의 공동 무덤이다.

역사는 약 3,500~4,500년을 거슬러 올라가며 1974년부터 1978년까지 5
년에 걸쳐 발굴되었다. 이 발굴 작업에서 1,700여 기에 달하는 빈부 분화分化
묘, 부부 합장묘, 순장묘 등이 발견되었다.

출토된 문화재 4만여 점 중에는 도기가 1만 7,000여 점, 석기와 골각기가
1,300여 점, 장신구가 1만 8,000여 점으로 이 부장품들은 당시의 농업, 수공
업의 분업과 도기 수공예 제작 기술이 일정한 수준에 도달했음을 보여주고
있다. 묘지 부근에는 리우완 문화 진열실이 세워져 있어 여행객들이 참관할

오랜 역사의 취탄사

전설에 따르면 취탄사에는 물을 피하는
구슬이 있어 홍수가 나지 않고, 불을 막
는 구슬이 있어 불이 가까이 갈 수 없다
고 한다. 실제로 수많은 사원들이 홍수
에 쓸려가고 벼락에 불타버렸지만 취탄
사만큼은 600여 년 동안 단 한차례의 홍
수나 낙뢰 피해가 없었다. 사실 이것은
취탄사의 지리적 특징 때문인데 취탄사
의 최고 건축물인 융국전의 높이는 26m
이지만 취탄사를 둘러싼 봉우리는 약 200m로 떨어지는 벼락을 대신 맞아준다. 또, 주변의
산을 따라 흐르는 두 냇물은 자연 배수구의 역할을 하여 사원을 홍수의 재앙로부터 보호해
준다. 이처럼 취탄사가 오랜 세월 동안 편안하고 근심 없이 유지되어 왔던 것은 창시자인 싼
뤄라마의 지혜 덕분이다.

수 있도록 하고 있다. 리우완 채도박물관은 2만여 점에 달하는 상고 시대의 채문도기를 소장하고 있으며, 주로 마자야오馬家窯 문화의 반산半山, 마창馬厂, 치지아齊家와 신디엔辛店 문화 4가지를 포함하고 있다. 이것들은 신석기 시대 후기부터 청동기 시대까지 번성했던 고원 지역의 채도 예술을 반영하고 있는데 리우완의 채문도기는 조형이 다양하고 솜씨가 정교하며 신비로운 무늬와 장식까지 갖추고 있다. 이 때문에 리우완은 '채문도기의 고향', '채문도기의 왕국'이라는 찬사를 받고 있다.

1 리우완 묘지의 부장품들
2 꼬마 그림이 그려진 박물관 기념품 가게의 도자기
3 리우완 채도박물관의 전시품

❶ 교통 : 웨두에서 리우완까지 버스 요금 왕복 12元. 북쪽으로 300m 걸어가면 중국 리우완 채도박물관이 있다. 시닝으로 돌아오는 버스비는 10元이다.

❷ 입장료 : 25元

❸ 기념품 : 박물관 내부 기념품 상점에서는 칭하이 특색의 채도 공예품 및 칭하이 역사 문화 방면의 서적을 구입할 수 있다. 혹 크기가 큰 물품을 구매했거나 여행 중 파손이 걱정된다면 시닝 시 물품 보관소에 맡기거나 우편으로 발송한다.

❹ 기타 : 아쉬운 하루 일정의 시닝 여행을 끝마쳤다면 저녁 식사 시간 이전에 시닝 역에 도착해야 한다. 기차 시간에 맞추지 못하는 것도 큰일이지만 가능하면 일정을 생각하여 체력도 비축해 두어야 하기 때문이다. 라싸행 열차마다 시간이 다르겠지만 저녁 8시 7분 시닝출발 열차표를 구했다면 식사를 일찍 마치고 여유 있게 열차에 오르도록 하자. 고산 반응을 고려하여 수분을 충분히 섭취하고 일찍 잠자리에 들도록 한다.

멋쟁이 아들과의 외출

걸이 1,388Km, 26시간의 낭만여행이 곧 시작된다.
열차가 움직이기 시작하면 창밖에는 처음 접해보는 새로운 세상이 펼쳐지고,
잠시 후에는 창에서 눈을 떼지 못하는 사람들과 카메라를 내려놓지 못하는
자신을 발견하게 된다. 열차에서의 일 분 일 초가 아까워 잠을 설치지만,
가슴이 계속 쿵쾅대는 것은 티베트의 수도에 가까워지고 있기 때문일 것이다.

칭짱 철도로
하늘 길을 달리다

Tibet

시닝을 즐겁게 구경하고 나서 칭짱 열차에 올랐다. 열차는 밤새 달렸다. 설렘 때문이었는지 몸은 고단했지만 새벽부터 눈이 떠졌다. 가슴은 약간 답답했지만 서늘한 공기가 기분을 상쾌하게 바꾸어 주었고, 무엇보다 좋은 건 나를 제외한 그 누구도 깨어 있지 않다는 사실이었다. 궤도와 바퀴가 부딪치는 소리만 규칙적으로 들려올 뿐 아무 소리도 들리지 않는 '고원의 고요'였다. 창밖은 이미 더 이상 칠흑같이 어둡지 않았고, 곧 또 다른 하루가 시작될 것임을 알려주고 있었다.

갖고 있던 열차 시각표와 시계를 비교해 보았다. 아침 5시 45분, 열차시간이 정확하다면 현재 열차는 더링하德令哈에서 거얼무格尔木로 가는 길을 달리고 있을 것이다. 아직도 하루를 더 기차에서 보낼 수 있다는 생각이 들자 가슴 가득 행복감이 밀려왔다. 내가 타고 있는 N917편은 앞으로 거얼무格尔木, 퉈퉈허沱沱河, 안둬安多, 나취那曲, 당슝当雄 등 몇 개의 기차역을 지나게 된다. 게다가 기차는 친절하게도 역마다 잠시 동안 정차하니까 고원의 햇살을 온몸으로 받아볼 수 있을 것이다.

거얼무역 표지판

고원의 철길을 달리는 하늘열차 낭만여행

G109
난산커우
꺼얼무
간지앙
나츠타이온천
샤오난취안
나츠타이
예니우고우암벽화
위주핑
야오츠
왕쿤
부동취안
추마얼허
G109
우다오량
시우쉐이허
장커동
칭 하 이 성
르아츠취
둬둬허
퉁텐허
양쯔강 발원지
옌스핑
탕구라
부치앙꺼
치암탕
자연보호구
쟈지앙짱부
둬쥐
나 취 지 구
안둬
취나후
G317
디우마
깡시우
나취
시 짱 자 치 구
투오루
구루
라쿠취
냐오마탕
당슝
다징궈
양빠징
양빠징
마상
라싸시
라싸시
포탈라궁
간단쓰
라싸
창주사
르카저지구
용부라캉
양줘용춰
샨난지구
깡시우
4646m
구루
4673m
투오루
4578m
나취
4512m
디우마
4585m
냐오마탕
4502m
당슝
4293m
다징궈
4327m
양빠징
4305m
라싸시
3662m
마상
3924m
라싸
3641m
나둬라
4603
지우즈나
4614
쌍슝림
4770
3640m
4220m
4482m
5000
4000
3000
해발 4000m 이상 지역 960km
11 40 33 37 36 34 40 45 41 18 38 41
2000 1900 1800 1700 1600

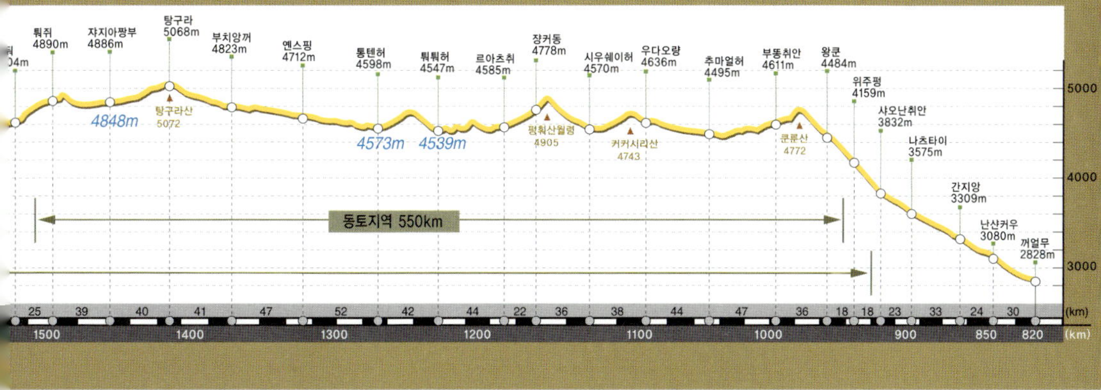

열차를 타고 본 끝없는 고원

퉈쥐
4890m
쟈지아짱부
4886m
탕구라
5068m
부치앙꺼
4823m
엔스핑
4712m
퉁텐허
4598m
퉈퉈허
4547m
르아츠취
4585m
쟝커동
4778m
시우쉐이허
4570m
우다오량
4636m
추마얼허
4495m
부똥취안
4611m
왕쿤
4484m
위주펑
4159m
샤오난취안
3832m
나츠타이
3575m
간지앙
3309m
난샨커우
3080m
꺼얼무
2828m
4848m
탕구라산
5072
4573m
4539m
펑훠산월령
4905
커커시리산
4743
쿤룬산
4772
동토지역 550km
5000
4000
3000
25 39 40 41 47 52 42 44 22 36 38 44 47 36 18 18 23 33 24 30 (km)
1500 1400 1300 1200 1100 1000 900 850 820 (km)

새벽에 도착한 거얼무 역

어제는 저녁 8시 23분에 시닝에서 출발하여 곧 해가 저물어버렸다. 해가 서산으로 지고 난 고원에는 빛 한 점 없었고 볼거리를 잃은 승객들은 모두 침대로 들어가버렸다. 나 역시 간단히 씻고 쓰러져 잤던 것 같다. 어둠 속에서 달린 구간은 아무것도 보지 못했지만 돌아가는 길에는 시간대가 다르니 풍경을 구경할 수 있을 것이다.

동이 틀 무렵 거얼무에 도달했다. 사람들은 저마다 서둘러 사진 찍기에 바빴고 나도 기념사진을 몇 장 남겼다. 20여 분 휴식한 후 다시 출발한 열차는 쿤룬昆仑 산을 지나고 청정 지역인 커커시리可可西里와 탕구라唐古拉 산을 향해 달려갔다. 아침 식사 시간이 한참 지났고, 뱃속은 굶주림으로 아우성쳤으나 나는 창에서 도저히 눈을 뗄 수 없었다.

멀리서는 낮은 구릉 같아 보이는 쿤룬 산 야생 동물의 천국 커커시리

예쁜 사진을 찍고 싶다면 열차가 정차했을 때 열차의 창문을 닦아두도록 하자. 창문의 얼룩을 피해 사진을 찍을 수도 있겠지만 분명 닦아두면 좋을 것이다. 특히 거얼무 이후의 아름다운 구간을 달리다 보면 필자의 조언이 가슴에 와 닿을 것이다. 페이퍼타월이 있다면 좋겠지만 꾀죄죄해지면 어떠랴, 소매로 그냥 닦아도 마냥 행복할 것이다.

쿤룬 산 위의 진주 한 알, 거얼무

아침 7시 15분쯤 내가 탄 열차는 거얼무에 도착해서 약 20분 정도 머물렀다. 승객의 승하차 외에도 기관차를 바꾸고 간단한 정비를 해야 했기 때문이다. 이 무렵의 거얼무는 여름임에도 조금은 추웠고, 막 떠오른 태양의 붉은빛은 궤도를 따라 저 멀리서부터 다가오기 시작했다.

열차가 다시 출발한 후 열차 승무원들이 승객들에게 산소 흡입관을 나누어 주었다.

'이제부터 진짜 고산지대로구나.'

산소는 통로와 침대 머리 부분의 공급기 등에서 나오지만 산소가 부족한 여행객은 공급기에 흡입관을 연결하여 직접 산소를 마실 수 있었다. 열차가 해발 4,767m의 쿤룬 산 입구를 지날 무렵 객차 내에서 "칙, 칙" 하고 산소를 내뿜는 소리가 들리기 시작했다. 나에게는 아직까지 별문제가 없었기 때문에 다행이었지만 옆 칸의 어린 소녀는 괴로움을 호소하고 있었다. 혹시나 싶어 3층의 내 침대로 기어 올라가 고산병 약인 훙징티엔 한 병을 꺼내 마셨다.

열차는 계속 앞으로 나아갔고 산소가 공급되는 소리는 멈추지 않았다. 객차 내에서 흡연을 금한다는 안내 방송이 나왔다. 사실 이 기차는 매우 신식이라서 승무원 자리의 모니터로 객실을 감시할 수 있었는데 혹시 있을지 모를 사고에 대비하는 모양인지 승무원이 한차례 각 객실을 훑어보고 지나갔다.

1 거얼무 일대 약도
2 정차하는 동안 열차를 점검하는 승무원들
3 거얼무에 정차한 N917호

고원의 철길을 달리는 하늘열차 낭만여행

열차가 유난히 큰 다리 하나를 지났는데, 나중에 알고 보니 칭짱 철로에서 가장 높은 다리인 싼차허터 대교三岔河特大桥였다. 싼차허터 대교는 칭하이 성 거얼무 시 나츠타이納赤台 상류에서 15km 떨어져 있다. 이 다리가 건설된 지역은 해발 3,700m이며, 대교의 총 길이는 690.19m, 교각은 모두 20개로 구성되어 있다. 이 교각들 중 17개는 속이 빈 원형 구조물이며 가장 높은 교각의 높이는 50.4m에 달한다.

알아두면 좋은 여행 알짜 TIP   고산병이란?

해발 고도 2,500~3,000m 이상의 산에 올랐을 때 나타나는 증상이다. 높은 곳에서는 기압이 낮아지고, 공기 중의 산소 압력이 감소하여 평소와 다른 몇 가지 증상이 나타난다. 쉽게 피곤해지고 두통, 식욕 부진, 어지러움, 구토 등의 증상이 일어나는데 심한 경우 정신 흥분이나 감각 이상도 나타난다.

고산병 응급 처치 방법

고산 반응을 해소하는 최선의 방법은 저지대로 내려오는 것이다. 하지만 이것이 불가능한 경우 우선은 아스피린 등 두통약을 복용하고 푹 쉬라고 권하고 싶다. 일단 충분히 쉬었다가 라싸에 도착하여 의사를 부르는 것이 가장 좋은 방법이다. 다이아막스(Diamox) 등의 약물이 있긴 하지만 사실상 의사의 처방이 필요한 만큼 섣불리 복용하는 것은 금물이다. 열차의 역무원에게 도움을 청하는 것도 한 방법이다.

● 거얼무

거얼무는 1950년대에 차이다무 분지柴达木盆地 중남부에 건설된 도시다. 지질학적인 그림을 그려본다면 거얼무 시는 유라시아 대륙 중부에 자리하고 있으며, 지세가 다양하고 남서쪽에서 북동쪽으로 경사져 있다. 이 기울어진 산세에 쿤룬 산, 탕구라 산이 포함되어 있으며 웅장하고 높고 험준한 산들이 계속해서 이어져 있다. 때문에 사람들은 이곳을 세계의 지붕이라고 부른다.

끝없이 펼쳐진 눈 덮인 산봉우리들은 하늘에 맞닿아 있고 이리저리 흘러가는 얼음 강물은 고원의 황토 사막을 종횡한다. 곳곳에 얼음물이 고여 이루어진 호수가 분포되어 있는데 이곳 중 하나에서 창강長江(양쯔 강)이 발원하고 있다. 탕구라 산의 최고봉인 거라단동格拉丹东의 설봉은 해발 6,549m로 부근의 모든 설산들을 압도한다.

설산에서 눈을 돌려 바라본 고원의 풍경 또한 색다르다. 이곳의 분지는 모래 언덕의 기복으로 약간의 굴곡이 있으나 지세가 대부분 평탄하고, 소금 호수와 늪, 알칼리성 모래밭이 있다. 그중에서도 차얼한察尔汗 소금 호수는 세계에서 가장 커서 '소금 호수의 왕'으로도 불린다. 원래 이 지역은 작은 풀조차 나지

하늘빛이 아름다운 고원

고원의 철길을 달리는 하늘열차 낭만여행

거얼무 시내의 특색 있는 건물 모습

않는 불모의 땅으로, 밟히는 곳은 전부 단단한 소금 껍질과 소금쩍(버캐)으로 덮여 있다. 이 단단한 소금 껍질 층은 두께가 약 60m에 달하며, 그 밑에는 지하 호수가 있다.

소금으로 이루진 지하 호수는 절묘하고 신비한 모습으로 탄성을 자아낸다. 투명하게 반짝이는 소금쩍은 모양이 다양하고 눈이나 얼음에서는 볼 수 없는 색

지하 호수의 소금 결정

소금 바다 차얼한 염호

138

계곡 아래로 펼쳐진 염전의 모습

다른 결정을 이룬다. 산호보다 신비하고 수정처럼 빛나는 이것은 마치 별들이 모여 이루어진 성좌星座 같기도 하다. 1920년대 이곳의 소금 호수를 탐사한 일본인들은 지평선까지 펼쳐진 은백색의 소금 평야를 보고 "왜 신은 중국에게만 이 같은 축복을 내렸느냐"며 투덜거렸다고 한다.

전설 속의 신산, 쿤룬 산

거얼무 역을 출발한 열차는 고원의 찬 공기 속을 내달렸다. 차창 밖 멀리 솟아 있는 한줄기 산맥은 마치 열차와 나란히 달리는 것처럼 계속 이어져 있었다. 산맥의 기세는 백두산에서나 볼 법하게 우람했고, 거인의 목에 드러난 굵은 동맥처럼 뚜렷한 선으로 강인함을 드러내고 있었다.

풀 한 포기 나무 한 그루 없는 고원의 사막이 계속되다가 눈앞에 커다란 산이 나타났다. 고개를 들어 그 정상을 바라보니 북위北魏의 사학자 최홍崔鴻이 『16국춘추十六國春秋』에서 "해상의 모든 산의 조상"이라 평했던 쿤룬 산이었다. 일정한 거리를 두고 있어 그 크기가 실감나지는 않았으나 칼처럼 매서운 바람을 받으며 그 산자락에서 올려다본다면 분명 그 위대함에 하찮은 자신을 발견하게 될 것이었다.

흰 구름의 일부 같아 보이는 만년 설산

1 쿤룬 산 입구를 알리는 비석
2 열차가 설산에 가까워지면 또 다른 장관이 펼쳐진다.
3 티베트 고원의 명산 위주봉(玉珠峰)
4 비구름에 뒤덮이는 설산, 곧 비나 눈이 내린다.

“하늘을 가로지르고 세상의 중심에 우뚝 솟은 거친 쿤룬”이라고 했던 마오쩌둥의 문장처럼, 확실히 천하를 모조리 지배할 만한 기세가 있었다.

우리가 탄 열차가 쿤룬 산맥 쪽으로 다가가자 햇살의 방향이 바뀌어 설산의 은빛 옷은 또 다른 모습으로 자태를 뽐내었다. 열차 양쪽으로 설산이 더욱 많아져 어떤 것은 마치 지척에 있는 것 같았고, 어떤 것은 너무 멀리 있어 잘 찍은 엽서 속의 사진을 보는 것 같았다. 눈짐작으로 대략 훑어보니 주위에는 해발 5,000m 이상의 설산이 적어도 15좌는 있어 보였다.

동에서 서로 길게 뻗은 산맥은 1년 내내 빙하와 눈이 녹지 않는 ‘쿤룬 6월설’의 기이하고 아름다운 경관을 만들어내고 있었다.

역사와 전설 속에 등장하는 쿤룬 산은 불로불사의 선녀 서왕모西王母가 사는 신성한 땅이다. 서왕모는 쿤룬 산에 커다란 궁궐을 짓고 아름다운 정원에서 기이한 약초와 신성한 동물들을 키웠는데 그녀에게는 불사의 약이 있었다고 한다. 때문에 많은 문헌과 전설에 쿤룬 산이 언급되어 있고 실제로 점술가들이 신비한 초목을 채집하고자 이곳을 방문하기도 했다.

쿤룬 산의 북쪽 기슭에는 신선들이 잔치를 벌이곤 했던 전설의 연못 야오츠瑤池가 있다. 물론 전설 속의 야오츠라는 건 추측이지만 이곳이 쿤룬허昆仑河의 발원지라고 한다.

쿤룬허를 지나는 예니우고우野牛沟에는 진귀한 선사 시대의 문화 유물이 있다. 바로 그 유명한 예니우고우 암벽화로, 강태공姜太公이 이곳에서 오행대도五行大道를 40년간 수련했다고 한다. 부근의 위주봉玉珠峰과 위쉬봉은 대외에 개방되었는데 많은 이들이 이곳을 찾아 순례하고 훈련하는 성지가 되었다. 쿤룬을 오르며 근원에 대한 깨우침을 좇고, 엎으려 절하며 예를 취하는 무리가 100개에 이른다고 한다.

고원의 철길을 달리는 하늘열차 낭만여행

하늘 아래 웅장한 쿤룬 산맥

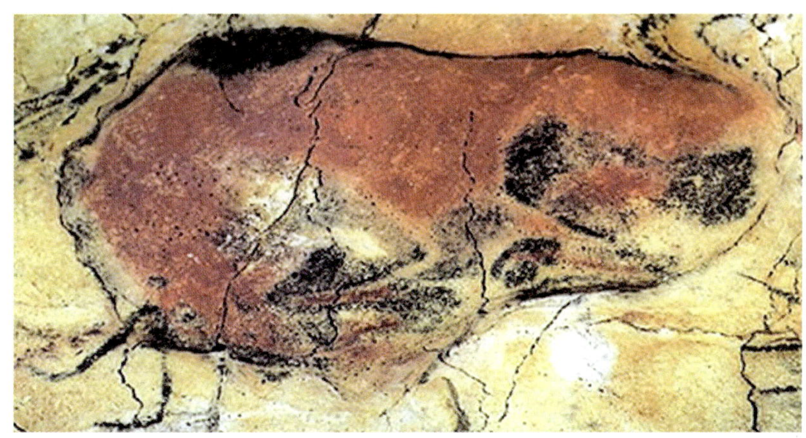

예니우고우(野牛沟)의 암벽화

하늘에 건설된 고가교와 몇몇 터널을 지나 나츠타이納赤台 역에 도착했다. 나츠타이 역에서는 서왕모가 미주를 담갔다는 쿤룬션천昆仑神泉을 볼 수 있었는데, 이것은 1년 사계절 얼지 않는 냉천으로, 예전부터 항상 세차게 흐르는 감천이라고 한다. 이것은 빙설로 덮인 고원 지역에서는 하늘이 내린 은혜라고 할 수 있어 현지 사람들은 '인간 성수'라고 부른다. 이 샘은 의외로 솟아 나오는 구멍이 큰데, 너비가 족히 1m는 되는 것 같다. 1960년대에는 쿤룬션천을 배경으로 영화 〈쿤룬 산의 풀 한 포기昆仑山上一棵草〉가 제작되기도 했다. 이 영화는 쿤룬 산을 지나는 운전사들과 이들의 고달픈 삶, 그리고 그들에게 온정을 베푼 아낙네의 감동적인 이야기를 다루고 있다.

친절 가이드

❶ 열차에 산소가 공급된 후 참을 수 있다면 산소 호흡관을 따로 이용하지 않는 게 좋다. 산소 호흡기에 의존하다 보면 고산 반응에 대한 적응도가 낮아진다. 당장은 힘들더라도 우선은 참아보는 것이 나중을 위해 좋다.

❷ 기차가 거얼무 역을 출발하여 약 2시간이 지나면 쿤룬 산을 볼 수 있다. 그러므로 미리 사진 찍기에 좋은 자리를 차지해 두는 것이 좋다. 좌우의 사진을 모두 찍을 수 있는, 객차가 연결되는 중간 통로를 선택하는 것도 좋은 방안이다. 아, 산소가 조금 부족하긴 하다.

고원의 철길을 달리는 하늘열차 낭만여행

티베트 사람들은 쿤룬션천에 기이한 힘이 있다고 믿어왔다. 그래서 이곳을 신성시하고 엎드려 절하며 경의를 표시하곤 한다. 그러나 티베트를 침공한 중국군은 달랐다. 그들은 티베트의 모든 신앙을 부정하고 사원을 파괴했으며, 쿤룬션천(昆侖神泉)도 일개 샘으로 치부했다. 티베트에 진군한 중국군이 이곳을 지날 때 군인 세 명이 이 샘에서 목욕을 했는데 그들 모두 샘에 빠져 죽었다. 폭이 불과 1m인 샘에서 청년 세 명이 죽은 것이다. 후에 샘물에 함유되어 있는 다량의 초석과 유황이 사인이라고 밝혀졌지만 쿤룬션천에는 정말로 어떤 신비한 힘이 있을지도 모른다.

사계절 청정수가 끊이지 않는 쿤룬션천

티베트 영양이 춤추는 커커시리

기차가 계속 앞으로 나아가 쿤룬 산 터널과 우다오량五道梁을 지났고, 저 멀리 쿤룬 산 입구가 보였다. 이미 커커시리可可西里에 들어온 것이다. 아주 빠르게 달리는 열차 차창 밖으로 보이는 것은 끝없이 넓은 고비 사막으로, 우뚝 솟아 탄성을 자아내게 하던 높은 산들은 멀리 지평선 끝으로 사라졌다. 평탄한 황야 위에 살아 있는 것이라고는 낙타 사료용 풀과 잡초가 전부였고 온통 황량함뿐이었다.

천 리 이내에 사람이 없다는 천 리 무인 지역, 커커시리의 첫 인상은 예상했던 대로 황량 그 자체였다. 커커시리는 몽골어로 '푸른색의 산등성이', '아름다운 소녀'라고 한다. 이 소녀는 해발 4,600m 이상의 고지에 있으며 '세계의 3번째 극지'다.

1 커커시리 자연 보호구
2 칭짱 열차는 공중에 지어진 철길 위를 달린다.
3 철로를 따라 세워진 이 봉들은 해빙으로 인한 지반 붕괴를 막기 위한 것이다.

고원의 철길을 달리는 하늘열차 낭만여행

커커시리의 티베트 영양

풀 뜯는 티베트 영양

황야에 몇 개의 황토색 점이 나타났다. 기차가 가까워짐에 따라 그 몇 개의 점은 갑자기 달리기 시작했고 곧이어 누군가가 "티베트 영양이다!"라고 크게 소리쳤다. 사람들은 다들 카메라를 꺼내 들었다. 내 눈앞의 동물은 진짜 티베트 영양이었다. 고원의 정령이라 불리는 티베트 영양이 지금 기차와 경주하듯 나란히 달리고 있는 것이다.

기차가 커커시리 내지로 깊이 들어가자 티베트 영양, 티베트 야생 당나귀도 점점 많아졌다. 이 녀석들은 기차가 더 이상 두렵지 않은지 기차와 우리의 시선 따위는 아랑곳하지 않고 자기들 볼일을 보고 있었다. 반면 나를 비롯하여 그들을 보는 여행객들은 모두 야생 동물에 대한 호기심이 가득 찬 눈망울을 하고 있었다.

칭짱 열차는 티베트 생태 보호를 위해 몇몇 어려운 선택을 했다. 그중 하나가 '다리로 길을 대신하는 공정'이었다. 이것은 야생동물 보호를 위한 것으로 동물들의 이동로를 철길로 차단하는 것을 막기 위해 길 대신 다리를 건설한 것이다. 칭짱 노선에 유난히 다리가 많은 것도 이 같은 이유 때문이다. 열차에 있는 동안은 미처 깨닫지 못하지만 사실 열차는 여러 구간에서 평지가 아닌 낮은 다리 위를 통과했다.

세계에서 가장 긴 고원의 철교, 칭쉐이허터 대교靑水河特大橋도 이 같은 이유로 건설되었다. 전체 길이가 11.7km인 칭쉐이허터 대교는 칭쉐이허 지역의 오랜 동토凍土 위에 건설되었다. 이곳은 언 땅의 두께가 약 20m에 달하며 얼고 녹기를 반복하여 지반이 불안정한데, 이러한 안정성 문제와 티베트 영양, 티베트 야생 당나귀 등의 보호를 위해 다리를 건설하고 그 위에 철로를 부설했다.

● 커커시리

'무인 지역'의 황량함, 이것이 바로 커커시리다. 이곳은 칭하이 서남부 쿤룬 산의 남측에 위치하며, 낮은 산들과 평지로 이루어져 있다. 이 산들의 상대 고도는 500~700m이며 가장 높은 봉우리는 강자르동봉崗扎日東峰으로 해발 6,136m이다. 4,600m에 달하는 산지 위에는 드문드문 꼭대기에 평평한 빙하가 자라고 있다.

연평균 기온은 영하 8도이고, 연 강수량은 100mm 정도다. 지세가 높고 황량하여 이곳을 처음 찾은 사람들은 기후의 뚜렷한 변화를 쉽게 느낄 수 있다. 바람은 그리 건조하지 않지만 살을 에는 듯 춥고, 약간의 모래가 섞인 바람은 너무 강해서 사람들은 마치 바람에 떠밀려 걷는 듯한 느낌을 갖는다.

바람이 거센 탓에 식물의 개체 수도 적고, 종류 또한 많지 않다. 하지만 여전히 야생 야크와 산양, 야생 당나귀, 긴 뿔양 등이 무리를 이루어 출몰한다. 척박한

인간의 손길이 미치지 않은 땅, 커커시리

야생 동물의 천국 커커시리

커커시리의 들꽃

빙하가 자라는 강자르동봉

환경 때문에 하나하나 더욱 신비한 생명들이 존재하는 커커시리는 바로 동물들의 천국이다.

사람이 살 수 없는 척박한 땅이지만 커커시리에는 티베트 영양이 서식하고 있다. 티베트 영양은 티베트 고유종으로 해발 4,600m 이상의 고원 지대에만 서식하며 고원의 추위에 적응한 그들의 가죽에는 빽빽하게 털이 돋아나 있다. 가죽은 한 장에 무려 3천 만 원으로, 금보다 비싸다고 한다.

영양들은 주로 새벽녘이나 해질 무렵에 먹이를 구하러 다니지만, 먹을 것이 부족한 봄과 겨울에는 먹이를 구하러 다니는 시간이 길어지기 때문에 낮에도 그들이 활동하는 모습을 볼 수 있다.

영양의 생존 수단은 줄행랑이다. 워낙 고원에 사는 터라 천적이 없을 것 같지만 아무튼 건장하게 균형 잡힌 네 다리로 시속 70㎞ 정도로 달린다. 티베트 영양은 국가 일급 보호 동물이지만 가죽 때문에 밀렵이 심해 한때 멸종 위기에 처하기도 했다.

1986년 시짱, 신장(新疆), 칭하이, 3성의 티베트 영양 개체수는 1㎢당 3~5마리였는데 밀렵이 성행한 90년대 초에는, 1㎢당 0.2마리로 개체수가 급감했고, 네 곳의 밀렵 감시소를 설치하여 밀렵꾼들과 전쟁을 벌여온 결과, 현재에는 수가 늘어나 티베트 전역에 약 5만 마리의 영양이 살고 있다고 한다. 사실 외국인들은 티베트 영양에 대해서 잘 알지 못하지만, 2008년 베이징 올림픽의 마스코트로 선정되어 잉잉(迎迎)이라는 이름으로 소개되기도 했다.

티베트처럼 순수한 영양의 눈

2008 베이징 올림픽의 마스코트 중 하나인 티베트 영양, 잉잉

양쯔 강의 발원지, 퉈퉈허

기차가 커커시리를 통과하자 사막 사이로 녹색 풀들이 조금씩 나타나기 시작했다. 잠시 후에는 초원도 나타났고, 가끔씩 사람의 흔적과 함께 작은 호수들도 보였다. 몇몇 산봉우리 뒤로 흰 눈이 쌓인 산봉우리가 보이기 시작했는데, 그것이 바로 유명한 탕구라唐古拉 산이었다. 곧 퉈퉈허沱沱河를 지난다는 방송이 나왔다.

오른쪽 창밖을 내다보자 넓은 사막 위에는 붉은 산골짜기에서 흘러나온 시냇물들이 이리저리 교차하면서 합쳐져 몇 줄기의 큰 시냇물을 이루고

1 퉈퉈허와 탕구라 산
2 고원을 외롭게 흐르는 퉈퉈허
3 봄을 맞은 퉈퉈허

양쯔강의 첫 번째 다리

있었다. 누가 가르쳐주지 않는다면 이 가냘프고 고요한 시냇물이 중화 민족의 젖줄인 창강長江(양쯔강)이라고는 상상하기 어려울 만큼 평범한 모습이었다.

튀튀허는 여기서부터 계속 동쪽으로 흘러 낭지囊极巴陇과 당취当曲, 부취布曲, 둬얼취朵尔曲까지 375km를 흘러가 폭 30m 남짓한 큰 강이 된다. 튀튀허는 거기서부터 퉁톈허通天河라 불리는데 하늘로 통하는 강이라는 뜻이다.

퉁톈허는 위슈짱족 자치주玉树藏族自治州를 지나며 총 길이는 800km 정도이다. 퉁톈허는 탕구라唐古拉 산맥과 쿤룬昆仑 산맥의 경계를 이루는 계곡을 통과하기도 한다. 이곳은 위슈주玉树州의 주소재지에서 얼마 떨어지지 않은 곳으로, 과거에는 시닝과 위슈를 연결하고 칭하이에서 티베트로 가기 위해 반드시 지나야 하는 나루터였다. 이곳의 급류는 거세기로 유명했는데 이곳을 지나야 했던 한汉과 티베트藏의 사자, 승려, 상인들은 늘 이 나루터에서 고생을 하곤 했다. 그 어려움은 『서유기西游记』에서도 소개되고 있다.

고원의 철길을 달리는 하늘열차 낭만여행

티베트 스토리 · 티베트의 강과 땅이 붉은 이유

붉은색의 펑훠산

기차 양쪽의 강물들을 자세히 관찰하면 물이 붉은색을 띠고 있음을 알 수 있다. 흙탕물이겠거니 생각할 수 있으나 광물이 용해되어 있기 때문에 그렇게 보이는 것이다. 이처럼 티베트 고원에는 용해된 광물이 강물 전체의 색을 바꿀 만큼 광물 자원이 풍부하다. 기차에서 보이는 펑훠(风火) 산의 봉우리가 붉은색인 것도 철광 때문이다.

칭짱 열차에서의 식사

어느새 점심때가 되었다. 판매하는 도시락을 슬쩍 보니 소고기였지만 이번에는 식당 칸에서 약간의 사치를 부려보기로 했다. 식당 칸에는 식탁보가 펼쳐져 있고 신선한 장미로 장식되어 있었다. 바에는 질서 정연하게 맥주, 와인, 각종 음료가 진열되어 있고, 식탁마다 티베트 영양 장난감이 놓여 있어서 기분을 명랑하게 해주었다.

점심시간이라 식당 칸에는 많은 사람들이 북적였고, 운 좋게도 조금을 기다린 후 자리를 차지할 수 있었다. 복무원이 가져다준 메뉴에는 일반 가정식인 후이궈로우(回锅肉, 돼지고기 요리), 위샹치에즈(鱼香茄子, 가지 요리) 등과 티베트의 특색 요리인 런션궈샤라(人参果沙拉, 샐러드)와 홍징텐뚠마오니우러우(红景天炖牦牛肉, 야크 고기 요리)도 있었다. 1인분에 홍징텐뚠마오니우러우는 25元, 런션궈샤라는 18元, 쑤안뤄보쓰샤오니우러우(酸萝卜丝烧牛肉, 소고기 요리)는 20元, 위샹치에즈는 15元, 위샹로우쓰(鱼香肉丝, 돼지고기 요리)는 25元이었다.

나는 버드와이저 한 병(10元)과 위샹러우쓰, 그리고 쌀밥(5元)을 주문했다. 자리가 부족해서 나처럼 혼자 여행하는 듯한 스웨덴 청년과 합석하게 되었다. 그는 자신을 Urban(어반)이라 소개했다. 어반은 쌀밥과 요리 한 가지를 주문했는데 요리에 고기가 별로 안 들었다고 불평을 늘어놓았다. 사실 열차의 음식은 가격에 비해 양도 적고 내용도 부실한 편이었기 때문에 나는 어반의 불평에 맞장구를 쳐줬다. 어반은 백인이기 때문에 중국인들로부터 많은 관심과 호의를 받은 듯해 보였는데, 그래서인지 아쉽게도 거만한 구석이 있었고, 그런 태도는 날 빈정상하게 만들기 충분했다. 그와 말을 섞고 싶은 생각이 사라진 나는 식사를 마치고 바로 자리에서 일어섰다. 도시에 살아서 이름이 ‘Urban(도시의)’인지 도시에 살고 싶은 시골출신이라 어반인지는 모르겠지만 밥맛없는 녀석이었다.

깔끔하게 정돈된 식당 칸,
열차마다 인테리어가 다르다.

칭짱 노선 최고봉 탕구라 산(唐古拉山)

열차 앞에서 탕구라 산맥이 자태를 뽐내고 있었다. 산맥의 설봉 하나하나가
우리를 내려다보며 고원의 산, 왕중의 왕으로서 이방인을 주눅 들게 하고 있
었다. 영원히 녹지 않을 산봉우리의 흰 눈은 고원의 햇살을 반사하여 사람들
의 눈을 교란시켰다.

　한참 동안 사진만 찍던 나는 문득 뷰 파인더로 보는 답답함에 카메라를
내려놓았다. 한 번 지나치면 언제 다시 볼지 모를 이 위대한 자연을 두 눈 속
에 직접 담아두고 싶었기 때문이었다.

　푸른빛이 감도는 산 중턱에 두터운 안개 층이 생겼다. 하얀 안개 속에서
비가 쏟아지고 있는지, 아니면 우박이 떨어지는지는 알 수 없었으나 인간의
범접을 허락하지 않는 산신의 경계선 같아 보였다.

　탕구라 산은 티베트어로 '고원의 산'이라는 뜻이며, 당라링^{썍拉岭} 또는 당

◐ 비포장도로를 달려 탕구라 산으로
◑ 탕구라 산 입구

밝은 날의 탕구라 산

탕구라 산은 강수량이 높아 안개가 끼면 반드시 비나 눈이 온다고 한다.

고원의 철길을 달리는 하늘열차 낭만여행

고원의 한가로운 모습

여름이 되면 탕구라 산은 산 아래에서부터 흰 옷을 벗기 시작한다.

봄이 되면 많은 철새들이 히말라야를 넘어 티베트를 방문한다.

라 산當拉山으로도 불린다. 창강長江과 누강怒江의 분수령이기도 하다. 탕구라 산은 해발 5,072m로 칭짱 철도 구간에서 가장 높다. 탕구라 산 정상은 1년 내내 눈이 쌓여 있고 수십 갈래의 빙하수가 계곡을 따라 흐른다. 겨울과 봄은 춥지만 7~8월에는 상대적으로 기온이 높아져 강우량이 풍부해진다. 이 시기에는 일단 구름이 밀려오면 비나 눈이 내리게 되는데 이렇게 생겨난 샘과 냇물 주변에는 야크와 양들이 모여 한가로이 풀을 뜯는다.

색채가 찬란해 그림 같은 치앙탕 초원

열차가 탕구라 산을 넘어 티베트 자치구에 진입하자, 치앙탕羌塘 초원의 푸른 미소가 펼쳐졌다. 이곳에는 맑고 깨끗한 고원의 대초원이 있었다. 먼 곳에 설산이 있었고 흰 구름은 푸른 하늘과 푸른 들 사이에 끼워져 있는 듯했다.

치앙탕은 '북방의 초원' 이란 뜻으로, 이곳의 면적은 티베트의 초원 면적 중 1/2에 해당한다. 풍요롭고 광활한 치앙탕 초원은 이곳을 지나는 소금 상인들의 대오와 아름다운 텐트 사원, 그리고 작은 호수들로 치장되어 있었다. 어느 하나 오염된 곳이 없었고, 소와 양의 무리들은 한가로이 초원을 거닐고 있었다. 매년 7, 8월은 치앙탕 초원의 황금기다. 녹색 가득한 수풀 가운데 하

고원의 철길을 달리는 하늘열차 낭만여행

치앙탕 초원

늘의 별만큼 많은 꽃들이 초원을 뒤덮으면 그 어디에도 뒤지지 않을 장관이 펼쳐진다. 어디선가 티베트의 푸른 고원을 찍은 사진을 보았다면 아마 이곳을 담은 모습일 것이다. 이 초원은 광활하다. 초원의 푸름은 땅 끝까지 연결되어 있고, 이따금씩 나타나는 호수들은 사파이어의 푸른빛을 머금고 있다.

초원의 유목민들은 설봉의 눈이 녹아 이루어진 작은 시내에서 빨래를 하곤 하는데 그들의 노래는 치앙탕 초원을 정겹게 서술하고 있다.

"광활한 치앙탕 초원이여, 당신이 이곳에 익숙해지지 않았을 때 이곳은 텅 빈 황량함뿐이지만, 당신이 이곳에 익숙해졌을 때 이곳은 당신이 사랑하는 고향이 되리라."

160

치앙탕 초원을 달리는 야생마, 한 장의 그림 같다.

치앙탕 초원의 빨래하는 아낙들

고원의 철길을 달리는 하늘열차 낭만여행

티베트의 신비스러운 호수, 춰나호

열차는 안둬安多 현의 성스러운 호수, 춰나호错那湖를 지났다. 열차는 빠르지도 느리지도 않게 달리고 있었고, 호수에서 가장 가까운 곳은 불과 10m 정도에 지나지 않았다. 여행객들은 모두 호수의 아름다움에 놀라 반쯤 입을 벌리고 있었다. 해발 4,000m가 넘는 곳에 위치한 춰나호는 고원 위의 밝은 거울처럼 맑았으며 그 모양은 좁고 길었다. 춰나错那는 티베트어로 '검은 호수'라는 뜻이다. 나는 오염과는 거리가 먼 호수가 왜 검은색과 연관되어 있는지 전혀 추측할 수가 없었다.

춰나호는 칭짱 철도가 지나는 지역에서 가장 유명한 명소 중 하나이다. 이곳에는 전망대가 마련되어 있는데, 고원의 담수호이자 누강怒江의 수원지

❶ 절대 잊혀지지 않을 춰나호의 푸른빛
❷ 안둬 역 간판

춰나호

춰나호의 들꽃

고원의 철길을 달리는 하늘열차 낭만여행

취나호에서 만난 티베트 꼬마 남매

164

인 춰나호를 멀리까지 내려다볼 수 있다. 춰나호의 면적은 약 400km²이며, 해발은 4,650m로 세계에서 가장 높은 곳에 위치한 담수호라고 한다.

푸른 하늘, 흰 구름과 끝없는 초원 아래에서, 여름의 맑고 푸른 춰나호는 특히 아름다워 보인다. 물고기는 푸른 물결 속에서 뛰어 놀고 물오리와 철새는 자유로이 바람의 유희를 즐긴다. 호수에는 먹을거리가 풍부하여 검은목두루미를 비롯한 백조, 물오리, 원앙 등의 야생 동물들이 모여들고, 새파란 풀이 요처럼 깔려 있는 호숫가 풀밭에는 야크들이 모여 있다.

호수에서 멀리 내다보면 줘거션봉卓格神峰이 보이는데 산수가 서로 어울려 웅장한 자태를 뽐낸다. 전하는 바에 의하면 춰나호에는 4개의 작은 섬이 있는데 백조, 흰물오리 등의 철새들이 찾아와 매년 많은 새끼들을 낳는다고 한다. 자자손손 춰나호 주변에서 살아온 티베트 사람들에게 춰나호는 평안과 풍요를 가져다주는 성스러운 호수다.

친절 가이드

호탕하고 친절한 작은 마을, 나취진

춰나호那曲湖를 지나 열차는 치앙탕 초원 위를 달렸고, 멀리 니엔칭탕구라念靑唐古拉 산이 보였다. 산의 양지 바른 곳은 구름 한 점 없이 맑은 푸른색이었지만 반대편은 여전히 얼음과 눈으로 덮여 있었다. 얼마 지나지 않아 빗방울이 차창에 부딪쳐 부서지듯 비가 쏟아지기 시작했다. 비구름은 저 멀리 니엔칭탕구라 산을 뒤덮고 있었고, 몇 줄기 햇볕이 구름 사이로 산 위를 비추어 신비한 색채를 띠고 있었다. 기차에서 보기에도 이곳의 초원이 산 북

1 라싸 전 마지막 역인 나취에 정차한 T27 2 민속놀이를 즐기는 나취진 사람들 3 갑자기 몰려온 초원의 비구름

쪽보다 훨씬 좋다는 것이 분명히 느껴졌다. 탕구라 산의 북쪽은 지세가 높아 춥고 황량한 지역이지만 이곳은 풀이 무성하여 목장과 양떼들을 볼 수 있었다.

기차가 나취 역에 도착했다. 승객 모두 내려도 된다는 방송이 나가기가 무섭게 여행자들은 앞 다투어 역으로 달려 나갔다. 정차 시간이 길지 않았기 때문에 사람들은 서둘러 기념사진을 촬영했고, 나 역시 간단한 음식을 구매하고 사진을 찍었다.

나취那曲는 해발 4,507m로 라싸와 338km 떨어진 거리에 있다. 위치는 티베트 자치구 중부에서 북쪽으로 치우쳐 있고, 북으로는 안둬安多, 녜롱聶榮 현과 이웃해 있다. 서쪽으로는 반꺼班戈와 연이어 있으며 서남으로는 당숑当雄, 동쪽으로는 비루比如, 동남으로는 지아리嘉黎와 이웃해 있다. 이 지역은 고대 수피苏毗족의 통치를 받았고, 토번吐蕃 왕조 건립 후에는 토번에 귀속되었다. 송宋대부터 이 지역은 나취, 양빠징羊八井, 나창那仓, 랑루浪如의 4개 지역으로 구분되어 불렸으며, 1960년 1월에 정식으로 나취那曲라는 명칭을 얻었다.

이 지역은 탕구라 산맥, 녠칭탕구라 산맥과 강디쓰 산맥冈底斯山脉을 품에 안고 있다. 서고동저의 지형에, 고도는 4,500m를 훌쩍 넘고 그 면적은 40만km² 이상이다. 중앙이 드넓고 평탄하며 많은 언덕과 분지에는 강이 가로세로로 흐르고 있다. 이 지역에 인류가 거주한 역사는 매우 오래되어, 이곳을 탐사한 지질학자와 고고학자들은 수많은 타제석기들을 발견했다고 한다.

선택 받은 목초지, 당숑

나취진那曲镇을 지나자 더 왕성하고 물이 풍부한 초원이 나타났다. 고원의 습지 초원이라고 할 만한 이곳은 건강한 풀 때문인지 산 또한 더욱 윤택해 보였다. 초원에는 대대손손 이곳에서 살아왔을 유목민들의 집이 있었다. 비록 고원의 거센 바람을 막기 위해 조금은 낮게 지어졌지만 그들의 온화한 모습은 여행객의 가슴을 따뜻하게 데우기에 충분했다. 이런 집들 주변에는 항상 소와 양, 그리고 말들이 거닐고 있는데 언제 보아도 미소가 절로 지어졌다.

당숑当雄은 티베트어로 '선택받은 목초지'라는 뜻이다. 명明 말 구스칸固始汗은 장족, 후이족, 위구르족 500여 명을 데리고 티베트에 들어왔다. 이에 5

고원의 철길을 달리는 하늘열차 낭만여행

당쑹의 목초지

대 달라이 라마는 그들에게 원하는 주둔지를 선택하게 했는데 구스칸은 지금의 당쑹을 선택했고, 여기서 '선택받은 목초지, 당쑹^{当雄}'이라는 이름이 유래되었다.

당쑹은 처음에는 일곱 가구로 시작했는데, 매 가구마다 성씨가 달랐다고 한다. 이 지역은 수초가 우거졌기 때문에 시캉^{西康}의 리탕^{理塘}, 지아쉬에^{甲学}와 안둬^{安多} 등지에서 많은 유목민들이 이주해 왔다. 그들은 몽골족의 성씨에 따라 8개 부락으로 나누어졌는데, 바로 취카오^{曲考}, 워퉈^{窝托}, 궈차^{果查}, 언궈^{恩果}, 판쟈^{潘加}, 바쟈^{巴家}, 와시우^{娃休}와 쉬뿌^{索布}다. 구스칸은 당쑹을 여름 궁전^{夏宫}의 소재지로 삼아 병사를 파견해 주둔시켰으며, 멍짱^{蒙藏} 연맹이 권력을 쥔 가단 포장^{喝丹颇章} 정권 성립 후에는 그의 증손자 가단^{喝丹}이 2,500명의 군대를 파견하여 승려할거 세력의 반란을 평정하기도 했다. 후에 티베트의 정세가 안정

당숑의 야크 무리

되어 당숑의 몽골 기병은 더 이상 전투에 참가하지 않았으나
군율은 여전히 엄격하여 훈련을 게을리 하지 않았
다고 한다.

　몽골 부대는 초원에서 군마를 방목해 훈
련시키고, 매년 짱력 7월 10일(양력 8월)에 초원
에서 기병 검열식을 거행했다. 당시의 검열식
이 어떠했는지 그 내용과 형식은 알 길 없지
만 그때의 경마 활동은 지금까지 전해 내려오고
있다.

몽골 기병의 모습

고원의 철길을 달리는 하늘열차 낭만여행

싸이마지에의 마술 경연 대회

티베트의 많은 전통 명절 중에서 '다무지런(达木吉仁)', 즉 당슝 싸이마지에(赛马节, 경마절)는 민족과 지역의 특색이 가장 잘 드러나는 대형 행사이다. 매년 짱력 7월 초에 시작해 라싸, 산난(山南), 르카저, 나취 등지에서 수많은 사람들과 기업 인사, 문예 단체가 참가하여 1년에 한 번 성대한 축제를 거행한다.

이때가 되면 사람들은 며칠 전부터 모여들어 당슝 공뚸이탕(当雄贡堆唐) 초원에 천막을 치고 부뚜막을 만들어 머물기 시작한다. 짧은 기간이지만 각양각색의 천막이 쳐지고, 밥 짓는 연기가 천막 위 하늘에 솟아 흰 기둥을 세우며, 맛있는 요리 냄새가 온 초원에 퍼진다. 티베트의 전통 음식과 인정이 넘쳐나는 싸이마지에는 꼭 가볼 만한 티베트 축제다.

하늘 호수, 나무춰

나무춰 물가에 있는 거석과 타르쵸

나무춰纳木错는 세계에서 가장 높은 곳에 위치한 대형 호수로 중국에서도 두 번째로 큰 함수호(염호, 물 1ℓ 당 무기 염류의 양이 500mg 이상인 호수)다. 텅거리해腾格里海, 텅거리호腾格里湖라고도 불린다. 티베트어로 '나무纳木'는 '하늘', '춰错'는 '호수'를 뜻하니까 나무춰는 '하늘 호수'라는 말이다.

티베트에는 성스러운 호수 세 곳이 있는데 나무춰는 그중에서도 최고로

나무춰 방문을 환영하는 듯 나타난 무지개

자연의 아름다움을 느끼게 해주는 나무춰의 경관들

손꼽히는 호수다. 호수 면은 직사각형에 가깝고 동서의 길이는 70km, 남북의 폭은 30km이며, 면적은 1,940km²에 이른다.

나무춰의 원천은 니엔칭탕구라 산과 디低 산 구릉에서 녹아내린 빙설이며, 호수를 따라가다 보면 수많은 크고 작은 강과 시내와 만난다. 그중 비교적 규모가 있는 것으로는 저취则曲, 앙취昂曲, 다얼구짱뿌打尔古藏布, 뤄싸罗萨 등이 있다. 겨울철에는 외부에서 물 유입이 중단되어 수면이 낮아지고, 매년 10월 하순부터 호수는 결빙되기 시작한다. 호수는 다음해 5월까지 약 반 년 동안 결빙되는데 이 시기에 사람들과 동물들은 나무춰 위를 걸어 다닐 수 있다.

나무춰에는 어류 자원이 풍부하다. 바람이 부드러워지는 따뜻한 시기가 되면, 거울같이 맑은 호수면 아래로 무리를 이룬 물고기 떼들이 놀고 있는 것을 볼 수 있다. 호수에는 비늘이 가늘거나 아주 없는 물고기들이 서식하고, 호숫가의 얕은 여울에는 붉은 광동오리, 갈매기, 갯가마우지 등 철새들이 서식하며 여름을 난다. 호수 주변에는 수초가 풍부해서 티베트 북부의 훌륭한 목장 중 하나로 손꼽히고 있으며 호수 내에는 식염, 소다, 유산나트륨 등 자원이 많다.

고원의 철길을 달리는 하늘열차 낭만여행

끝이 보이지 않을 정도로 넓은 나무춰

기차가 세계 최고의 하늘 호수 옆을 지날 때 아름답게 펼쳐진 초원과 기러기, 야크, 티베트영양 등을 볼 수 있었다. 땅거미가 질 때 니엔칭탕구라念青唐古拉 산의 설봉이 호수 면에 비쳐 그야말로 세계에서 가장 고요한 땅인 것만 같았다. 나는 저 호수의 물을 만져볼 기대에 벌써 가슴이 쿵쾅거렸다. 지금은 그저 기차로 호수 옆을 지나가는 나그네에 불과하지만 일정이 허락하는 한 반드시 가보고야 말겠다는 다짐을 했다.

친절 가이드

나무춰에서 2시간 정도 가면 칭짱 열차의 종점인 라싸에 도착한다. 고산 반응에 시달리는 사람들은 나무춰를 보지 못하고 쓰러져 자는 경우가 대부분이다. 하지만 명심해 둘 것은 고산 반응으로 힘들면 힘들수록 기차에서 내릴 준비를 미리 해둬야 한다. 짐을 미리 싸두고 빠뜨린 짐은 없는지 확인을 해둬야 짐을 잃어버리지 않는다.

산에서 내려다본 나무춰

고원의 철길을 달리는 하늘열차 낭만여행

칭짱 열차의 종점
라싸

공사막바지의 라싸역

Tibet

뚸이롱취堆龙曲의 폭이 점점 넓어지더니 나중에는 라싸허拉萨河로 유입되었다. 이 열차의 종착지인 라싸가 목전에 있는 것이다. 열차가 멈춰 서자 사람들은 경쟁하듯 기차에서 뛰어 내렸다.

나는 다른 사람들이 다 내리기를 기다렸다가 천천히 짐을 챙겨 기차에서 내렸다. 사람들이 역을 빠져나가고 천천히 라싸 역을 둘러보았다. 라싸 역은 앞서 들렸던 당쑝 역보다 더 티베트의 풍격이 있었다. 역사는 티베트족의 전통 색채인 붉은색, 흰색, 노란색 벽돌로 지어져 있었다. 비록 한국에서 한참 떨어진 티베트였지만 휴대폰 수신 감도는 괜찮았다. 아, 위대한 로밍폰이여! 숙소에 전화를 걸어 예약을 다시 확인하고 택시를 잡았다. 내가 선택한 숙소, 지르吉日 여관은 고급 호텔은 아니지만 라싸에서 매우 유명한 곳이다.

라싸로 통하는 마지막 터널,
티베트 풍의 장식이 인상적이다.

고원의 철길을 달리는 하늘열차 낭만여행

라싸에는 여관과 호텔이 많으며 가격 등급의 차이 또한 크다. 몇십 元부터 1,000元이 넘는 호화 호텔까지 모두 있어서 선택의 폭이 넓다. 하지만 칭짱 철도 개통 후 많은 외지인들이 라싸로 몰려들기 때문에 미리 예약을 하는 것이 좋다. 그렇지 않으면 낭패를 볼 수도 있기 때문이다.

라싸에는 전 세계 배낭 여행객을 전문으로 하는 여관들이 많다. 그중 제일 유명한 곳은 지르吉日, 야빈관亞賓館, 쉬에위雪域, 빠랑쉬에八朗学로 이곳들은 라싸 4대 여관으로 손꼽힌다. 만약 성수기에 여행객들이 가득하여 이들 여관에 투숙하지 못할 경우에는 기타 비슷한 여관을 선택할 수 있다. 지갑이 두둑하다면 국제적인 고급 호텔을 이용해도 좋을 것이다. 호텔이 편한 것은 말할 것도 없다. 다만 성수기와 비수기의 가격 차이가 클 뿐이다. 비수기에는 300元인 숙소가 성수기에는 보통 1,000元이 넘고, 심지어 2,000元이 넘는 곳도 있다.

지르 여관

여관의 식당

▶ 빠랑쉬에 여관 (八郎学旅馆)

주소 拉萨市 北京东路 74号
전화 0891-632382

전형적인 티베트식 여관으로 1982년에 개업한 유서 깊은 여관이다. 해외의 언론 매체에서 수차례 소개한 적 있으며 인터넷에서도 명성이 대단하다. 티베트식 건축물에 총 106개의 객실이 있으며 이중 20여 칸만 한족식 객실이고 나머지는 모두 티베트 전통 양식 객실이다. 중간의 뜰에는 남녀 외국인들이 많이 들락거리며 정문 반대편 벽에는 메모판이 붙어 있다. 여기에는 작은 쪽지들이 무수히 붙어 있는데 여행 경비를 줄이고자 동행을 찾거나 물건을 매매하자는 쪽지들이 붙어 있어 다양한 정보를 얻을 수 있다. 이 메모판에는 영어, 중국어, 일본어, 한국어 메모까지 있어 여러 국가에서 찾아온 여행자들이 이곳을 이용한다는 사실을 알게 해준다. 이곳은 라싸의 대표적 쇼핑 거리인 빠지아오가(八角街)와 매우 가까우며 24시간 공용 욕실, 짐 보관, 세탁, 자전거 대여, 시내 전화, 인터넷 서비스가 가능하다. 내부에 티베트 식당과 니마톈(尼玛甜)이라는 카페가 있다.

▶ 지르 여관 (吉日旅馆)

주소 拉萨市 北京东路 105号
전화 0891-6323989

티베트와 한족 문화가 결합된 유명한 여관 중 하나다. 빠랑쉬에(八郎学) 여관과 같은 지역에 있으며 숙박료는 빠랑쉬에보다 약간 비싸지만 시설이 약간 낮다. 대체적으로 숙박료는 저렴한 편이고 주

변에 명소가 많아, 관광객들에게 인기가 많은 곳이다. 정문의 게시판에 상당히 많은 여행 정보가 붙어 있으니 어렵지 않게 원하는 정보를 찾을 수 있을 것이다. 70여 개의 객실 중에서 시설이 괜찮은 객실은 성수기에는 135元, 비수기에는 120元이다. 일반 객실은 30元이고, 도미토리는 각 침대마다 25元이다. 여관 자체적으로 내부에 티베트식 식당을 두 곳 운영하고 있으며 거의 매일 티베트 음악이 연주된다. 세탁, 자전거 대여, 우편, 티켓 구매 등의 서비스를 제공한다.

▶ 야뤼셔 (亚旅社)

주소 拉萨市 北京东路 100号
전화 0891-6323496

가장 오래된 티베트식 여관으로, 세계적으로 명성이 자자하여 언제나 외국인들이 크고 작은 짐들을 들고 이곳을 찾아온다. 정문 중앙에는 야크 머리로 장식을 해두었는데 이 때문에 '야크 빈관'이라 불리기도 한다. 얼마 전에 새로이 장식을 하여, 표지판에 자동으로 풍부한 여행 정보를 알려주고 있다. 객실은 62개, 침대는 185개가 있고 호화 특실, 표준 방, 경제 방으로 나뉘며 성수기에는 객실 요금이 35~270元, 비수기에는 20~200元이다. 내부에는 비즈니스 센터가 있어 타자, 복사, 팩스 발송이 가능하며 인터넷, 자전거 대여, 여행 가이드 등의 서비스가 제공된다. 티베트식 식당은 호화롭게 장식되어 있으며 티베트 전통 음식과 중식, 양식이 가능하다.

▶ 쉬에위빈관 (雪域宾馆)

주소 拉萨市 藏医院路 4号
전화 0891-6323687

이곳은 라싸 중심의 조캉 사원(大昭寺) 앞 길가에 있다. 여관 옥상에서 아름다운 장관인 포탈라궁(布达拉宫)과 라싸 전경을 감상할 수 있다. 여관의 규모는 약간 작은 편이어서 표준 방 18칸, 디럭스룸 2칸 그리고

약간의 도미토리를 갖추고 있다. 표준 방은 120~280元이며 도미토리는 침대당 30~80元이다. 여관 정문 앞 광장에서 각종 장거리 여행 차량과 택시, 삼륜차를 잡을 수 있어 교통이 비교적 편리하며 이 때문인지 이곳 역시 많은 외국인들이 찾고 있다. 입지가 매우 좋으니 이곳을 꼭 들러보자.

▶ 라싸판디엔

주소 拉萨市 民族路 1号
전화 0891-6832221
등급 ★★★★

라싸판디엔(拉萨饭店)은 국제적인 수준을 갖추고 있는 라싸 유일의 4성급 외국 호텔이다. 교통이 편리하여 택시를 타고 10분이면 아름다운 포탈라궁에 도착할 수 있다. 티베트식 객실은 물론 일반 객실을 포함하여 총 458칸, 800개의 침대를 보유하고 있다. 일류 호텔답게 냉장고와 미니 배(bar), 금고를 구비하고 있으며 필요에 따라 산소를 흡입할 수 있는 설비가 제공된다. 단인 방과 표준 방 모두 920元, 디럭스룸은 1,580元이다.

▶ 시짱궈지지우디엔

주소 拉萨市 民族南路 1号
전화 0891-6832888
등급 ★★★★
홈페이지 www.gjdjd.com

시짱궈지지우디엔(西藏国际大酒店)은 높이 49.8m, 총 11층의 호텔이다. 세계에서 가장 높은 곳에 건축된 4성 호텔로, '세계의 용마루' 로서 눈과 고원의 상징성을 지닌 건축이 특징이다. 창가에 기대어 바라보면 공기가 맑은 탓인지 도시 구석구석까지 볼 수 있다. 식당은 특별히 훌륭한 상하이(上海)식 강남 요리와 매운 쓰촨

(四川) 요리를 비롯해 티베트 정통 요리 등을 제공한다. 무도회장, 노래방, 헬스클럽, 건강관리 센터, 실내 수영장, 미용실, 사우나 등의 시설이 있다.

▶ 라싸스지지우디엔(拉萨世纪酒店)

주소 拉萨市 德吉南路입구
전화 0891-6929888
등급 ★★★★

이곳은 라싸 시 중심에 위치한 5,000㎡의 4성 호텔이다. 2005년 4월에 개업했으며 51개 객실을 호화롭게 꾸며놓았다. 객실에서 강변의 풍경을 감상할 수 있으며 대형 회의실은 물론 갖가지 서비스 시설을 갖추고 있다. 숙박료는 표준 방의 경우 980元을 고시하고 있으나 인터넷에서 예약할 경우 300元이면 가능하다.

▶ 라싸지띠샹우지우디엔

주소 拉萨市 民族北路 9号
전화 0891-86633028
등급 ★★★

라싸지띠샹우지우디엔(拉萨极地商务酒店)은 호텔, 비즈

니스 센터, 사우나, 카페가 하나로 모여 있는 준 4성급 비즈니스호텔이다. 보통 표준 방 40칸을 비롯해 총 64칸의 객실을 보유하고 있다. 비즈니스 룸에서 인터넷을 무료로 사용할 수 있으며 호텔의 훼이위엔(徽苑) 카페는 독특한 실내 장식으로 유명하다. 20㎡의 보통 표준 방은 568元을 고시해 놓았으나 인터넷에서 예약하면 340元이면 묵을 수 있다. 홈페이지가 없으니 예약 대행사를 이용해야 한다. 예약 대행사 홈페이지는 www.book-hotel.cn이다.

▶ 뚠구빈관

주소 拉萨市 北京中路 冲赛康夏莎苏19号
전화 0891-6322555
등급 ★★★

뚠구빈관(敦固宾馆)은 중외 합작으로 건설된 3성급 호텔이다. 조캉 사원에서 불과 100m 거리에 있으며 교통은 물론 쇼핑하기에도 위치가 좋다. 호텔은 3,580㎡의 티베트식의 건물로 한족보다는 티베트 아가씨들이 복무원으로 근무하고 있다. 숙박비는 450元 정도다.

▶ 린시아판디엔

주소 拉萨市 寺底路 4号
전화 0891-6901222
등급 ★★

린시아판디엔(临夏饭店)은 2성급 호텔이다. 호화로운 호텔이라기보다는 일반 객실 50여 칸을 갖춘 중급 호텔로 숙박비는 200~480元 정도다. 약간 오래된 듯하지만 호텔로서의 면모를 잘 갖추고 있다. 투숙객에 한하여 내부 식당에서 아침 식사를 제공한다. 시 중심에서 약간 벗어나 있지만 라싸 시 자체가 워낙 작아서 어디나 10元의 택시 요금으로 갈 수 있으니 크게 걱정하지 않아도 된다.

고원의 철길을 달리는 하늘열차 낭만여행

우연히 마주친 티베트 자전거 여행자, 언제나 부럽다.

중형 버스

중형 버스는 라싸 시의 주요 교통수단으로 요금은 거리에 관계없이 일률적으로 2元이다. 버스 노선은 대부분 짱의원藏医院을 중앙역으로 삼고 있다. 조캉 사원 광장 앞, 뚜오썬거로朱森格路와 위튀로宇拓路의 경계에 위치해 있다.

버스

라싸 시에는 시내버스가 많지 않다. 북쪽 교외에서 써라사色拉寺에 가려면 위튀로宇拓路 서쪽 역에서 5번 버스를 타면 된다. 1인당 2元엔. 서쪽 교외의 저빵사哲蚌寺에 가려면 베이징쭝로北京中路 동쪽에서 3번 버스를 타면 된다. 버스비 3元. 동쪽 교외의 간단사甘丹寺에 가려면 다쯔达孜 현으로 가는 중형 버스를 타면 된다. 버스비는 4元이다.

삼륜차

삼륜차는 베이징에서와 마찬가지로 시내 곳곳에서 볼 수 있다. 손을 흔들어 부를 수 있고, 보통은 시내만 운행한다. 1대에 2명이 탈 수 있으며, 차비는 대략 3~5元이다. 삼륜차에 오르기 전에 목적지와 가격을 흥정하고 타야 뒤탈이 없다.

택시

라싸의 택시는 모두 푸른색의 산타나 차종이다. 예전에는 미터기가 달려 있지 않아 라싸 시내의 경우 일률적으로 10元을 받았다. 지금은 미터기가 있지만 시내 요금은 예전과 같이 10元을 넘지 않기 때문에 많은 운전기사들이 미터기를 사용하지 않는다. 그러므로 시내를 약간 벗어나는 경우에는 먼저 가격 흥정을 해야 한다.

◐ 삼륜차 번호판
◑ 라싸의 삼륜차

자전거

여행사와 여관에서 자전거를 대여할 수 있다. 보통 1시간에 2元, 1일 대여에 20元이다. 고산 반응이 전혀 없는 여행자라면 자전거를 빌려 타는 것이 여러모로 편리하고 좋다. 하지만 약간이라도 고산 반응이 있다면 절대 타지 말기를 당부하고 싶다. 고산 반응이 있는 사람은 안정을 취해야 한다. 자전거를 빌릴 때는 잠금 장치를 잘 확인하고 가능하면 자전거 주차장에 맡겨두고 관광을 해야 분실을 막을 수 있다.

🏠 친절 가이드

기차역에서 라싸 시내까지 택시를 이용(40元)할 수도 있지만, 91번 버스를 타면 1元으로 갈 수 있다. 열차 도착 후에는 버스를 타려는 사람이 넘쳐나므로 역을 구경하며 약간의 시간을 보내면 한가한 버스를 탈 수 있다. 버스는 5분 간격으로 있다. 혹 돌아가는 기차표를 사두지 않았다면 만일에 대비해서 역에 있을 때 구입해 두도록 하자. 고원에서는 감기에 잘 걸리므로 첫날은 가급적 샤워를 하지 않는 것이 좋다.

라싸 외곽 여행을 위한 자동차 대절(빠오처, 包車) 요금표

노선		왕복(km)	10인승/元	6인승/元	2인승/元	1인승/元
라싸(拉萨) ···▶	나취(那曲)	720	480	800	1480	2800
라싸(拉萨) ···▶	당숑(当雄)	440	300	500	980	1800
라싸(拉萨) ···▶	저당(泽当)	400	280	460	840	1600
라싸(拉萨) ···▶	양빠징(羊八井)	220	160	280	450	900
라싸(拉萨) ···▶	짱왕묘(藏王墓)	60	60	80	120	260
라싸(拉萨) ···▶	나무춰(纳木错)	560	760	760	1080	2600
라싸(拉萨) ···▶	르카저(日喀则)	680	480	780	1380	2760
라싸(拉萨) ···▶	린즈(林芝)	900	620	960	1800	3600
저당(泽当) ···▶	쌍예사(桑耶寺)	70	70	90	140	300
르카저(日喀则) ···▶	싸지아사(萨迦寺)	360	240	400	760	1500

●이 요금표는 여행사에서 운영하는 부분 노선의 요금표이므로 개인이 운영하는 차량을 이용할 때, 이 요금표를 참조하면 유용할 것이다.

4부

라싸

티베트 여행의 절정

속속들이 유람하자
라싸의 두 가지 여행코스

Tibet

라싸에는 매년 수천 명의 불교 신도들이 찾아온다. 천 리도 더 떨어진 시골에서부터 세 걸음마다 절을 한 번씩 하며 참배하러 오는데, 이렇게 몇 년씩 걸려서라도 라싸에 오는 것은 그들 일생의 최대 염원이라고 한다.

라싸에 도착한 후 수많은 사원들을 참관하고 참배하러 온 많은 신도들을 보며 나는 티베트인들의 깊은 불교 정신을 느낄 수 있었다. 불상 앞에 서면 나 또한 그들처럼 스스로 합장을 하고, 머리 위로 두 손을 치켜들어 가볍게 이마와 입, 가슴에 손을 댄다(이것은 마음과 입, 의식의 통일을 나타낸다). 그러면 마음이 안정되고 잡념도 사라진다. 설령 당신이 불교 신자가 아니라 할지라도 이 신성한 종교적 분위기에 빠져든다면 세속의 가치들은 잠시나마 먼지와 같이 사라질 것이다.

라싸는 티베트어로 '성지', '피안佛地(이승의 번뇌를 해탈하여 열반의 세계에 도달하는 일, 또는 그 경지)'을 뜻한다. 불교 신도들의 눈에 라싸가 어떻게 보일지 짐작할 수 있는 신성한 이름이다.

라싸는 해발 3,658m에 위치해 있으며 1,300년 이상의 오랜 역사를 가진 문화의 도시이다. 티베트 중부에 위치해 있으며 연간 일조량이 3,000시간 이상이어서 '일광 도시日光城市'라는 평도 듣고 있다. 라싸의 연 평균 강수량은 200~510mm이고 6~9월에, 특히 밤에 집중적으로 비가 내린다. 연중 최고 기온은 섭씨 28℃이고, 최저 기온은 영하 14℃이다. 상대적으로 기후가 따뜻하고 습윤한 3~10월이 라싸 여행에 적절한 시기이다. '5.1절'이 본격적인 티베트 여행 시즌의 시작이라고 한다면 '10.1 국경절'은 여행의 최절정기라고 하겠다.

티베트 여행의 절정 라싸

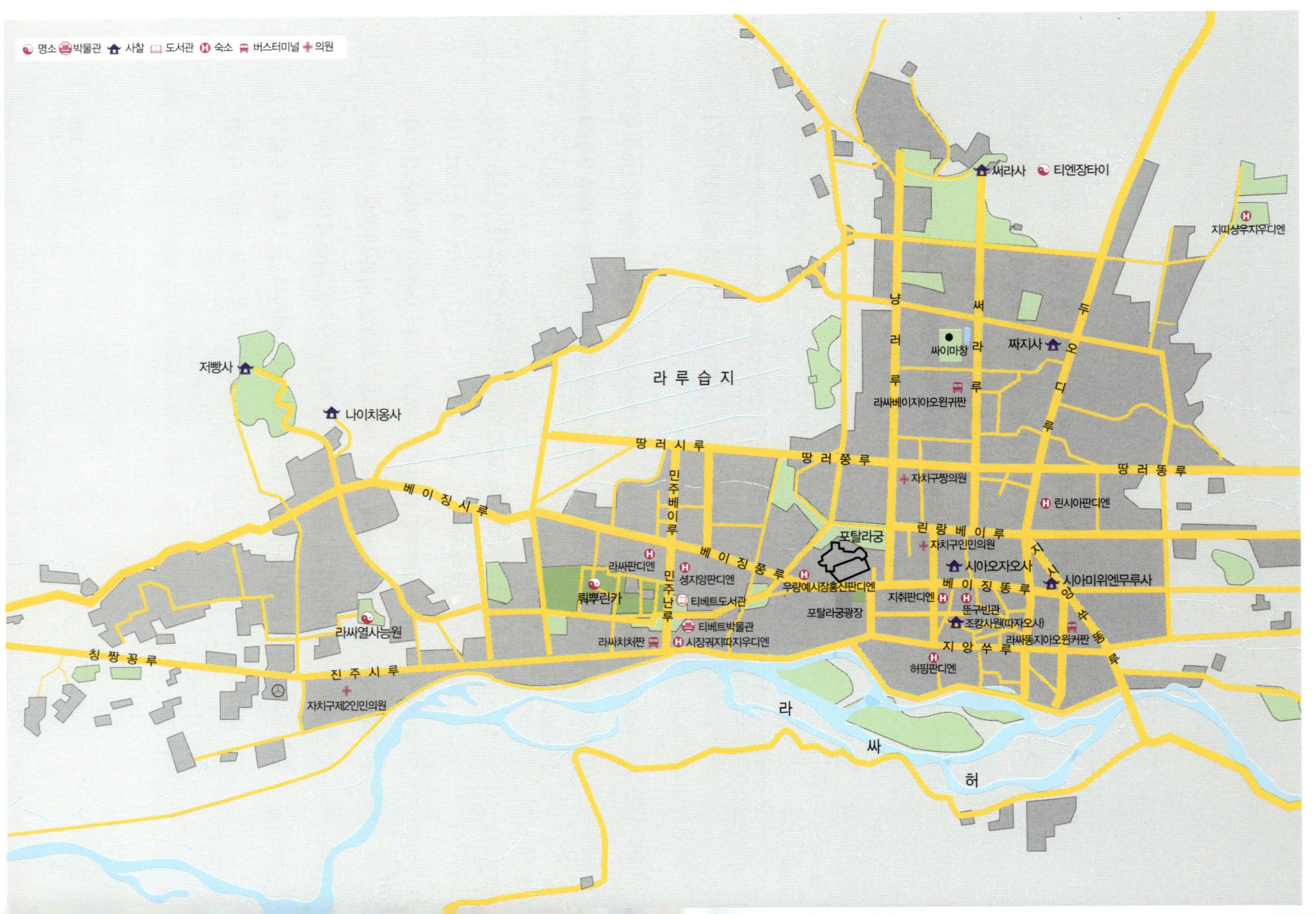
명소 박물관 사찰 도서관 숙소 버스터미널 의원
써라사
티엔장타이
지따샹우지우디엔
냥 러 러 루
써 두 디 루
오
싸이마창
짜지사
라싸베이지아오원궈짠
저빵사
라 루 습 지
나이치옹사
땅 러 시 루
땅 러 쭝 루
땅 러 똥 루
자치구짱의원
린시아판디엔
민 주 베 이 루
린 랑 베 이 루
베 이 징 시 루
포탈라궁
자치구인민의원
베 이 징 쭝 루
시아오자오사
시아미위엔무루사
라싸판디엔
성지양판디엔
민 주 난 루
티베트도서관
우량예시장훙산판디엔
지취판디엔
베 이 징 똥 루
지 앙 쑤 우
뤼뿌린카
티베트박물관
포탈라궁광장
뚠구빈관
조캉사원(따자오사)
라싸열사능원
라싸치처짠
시장궈지따지우디엔
라싸똥지아오원커짠
진 주 시 루
지 양 쑤 루
청 짱 꽁 루
허핑판디엔
자치구제2인민의원
라
싸
허

라싸에서의 여행은 크게 포탈라궁, 써라사, 뤄뿌린카를 하나로 묶어 제1
코스로 하고, 저빵사, 조캉 사원, 빠지아오지에를 제2코스로 잡았다. 이렇게
분류한 것은 여행지의 성격과 방문 시 쌓일 피로도, 그리고 교통 상황을 고
려한 것인데 포탈라궁은 하루 전날 예약이 필요한 곳이므로 제2코스를 먼저
돌아보는 것이 좋다. 두 코스 모두 라싸 최고의 명소들로만 구성되어 있으니
놓쳐서는 안 될 것이다.

라싸 시 베이징 중로(北京中路)

제1코스
티베트 왕실의 고귀함 속으로

Tibet

처음 티베트에 가는 여행객에게 일깨워주고 싶은 건 기나긴 여정을 위해서 격한 감정이나 무리한 여행 일정은 자제하라는 것이다. 처음 고원 지대에 도착하면 꼭 휴식 시간을 가져야 하고 장거리 이동은 삼가야 한다. 나 역시 이를 고려해서 라싸의 첫 일정은 위치가 가까운 몇몇 관광지를 골라 계획을 세웠다. 그 일정은 다음과 같다.

오전 8시 정도에 숙소에서 나와 포탈라궁에 도착하여 오전 중에 관광을 하고, 관람이 끝나면 근처에서 식사를 하거나 숙소로 돌아가 휴식을 취한다. 또 오후 2시 정도에 써라사로 출발하여 명나라 황제 주체朱棣가 보낸 백단목白壇木 18나한상 및 영락永乐 18년의 대장경, 1만여 점의 불상을 1시간 정도에 걸쳐 관람한다. 관람을 마친 다음 차로 라싸 서쪽 강변에 있는 달라이 라마의 여름 궁전 뤄뿌린카로 이동하여 구경한 후 저녁 식사는 위저로宇柘路

세계인의 성지 포탈라궁
포탈라궁 광장의 화평해방기념비(和平解放紀念碑)

포탈라궁에서 내려다본 라싸

오랜 시간의 흔적이 묻어나는 써라사

뤄뿌린카의 아름다운 풍경

부근의 펑니우疯牛 식당에서 티베트족의 춤과 노래를 즐기며 뷔페식 식사를 한다.

친절 가이드

❶ 고원 여행에는 안정된 마음이 중요하며 가능한 가볍고 느리게 움직여야 한다.
❷ 배불리 먹거나 빨리 먹는 것은 고산 반응에 나쁜 영향을 끼친다.
❸ 배낭은 최대한 가볍게 꾸린다.

190

꿈의 성지 포탈라궁

내가 머문 지르 여관은 포탈라궁布达拉宫 부근에 위치해 있어 도로를 따라 1㎞ 정도 걸으니 바로 포탈라궁에 도착할 수 있었다. 포탈라궁까지 가는 도중에 지나친 라싸의 건물들은 거의 대부분 낮고 작아 고층 건물들은 별로 없었다. 길에는 불그스름한 피부와 뺨의 고산 지역 사람들이 많았으며 티베트족 특유의 화려한 색채의 건물들을 쉽게 볼 수 있었다.

도중에 차림이 아주 예쁜 티베트족 아가씨 둘을 만났다. 땅에 닿을 만큼 긴 장포를 입고 세련된 선글라스를 낀 그들은 발걸음이 가벼워 나풀거렸다. 말을 걸어보니 그녀들도 포탈라궁으로 가는 중이었다. 여행객의 포탈라궁 입장료는 100元인데 티베트 현지인들은 2元이라고 한다. 이 아가씨들은 라싸 현지인이고 셀 수 없을 정도로 포탈라궁에 갔으며, 일이 잘 풀리지 않거나 심지어는 나쁜 꿈만 꾸어도 포탈라궁에 간다고 한다. 포탈라궁이 티베트인의 마음속에서 어떠한 존재인지 실감할 수 있었다.

포탈라궁으로 가는 길

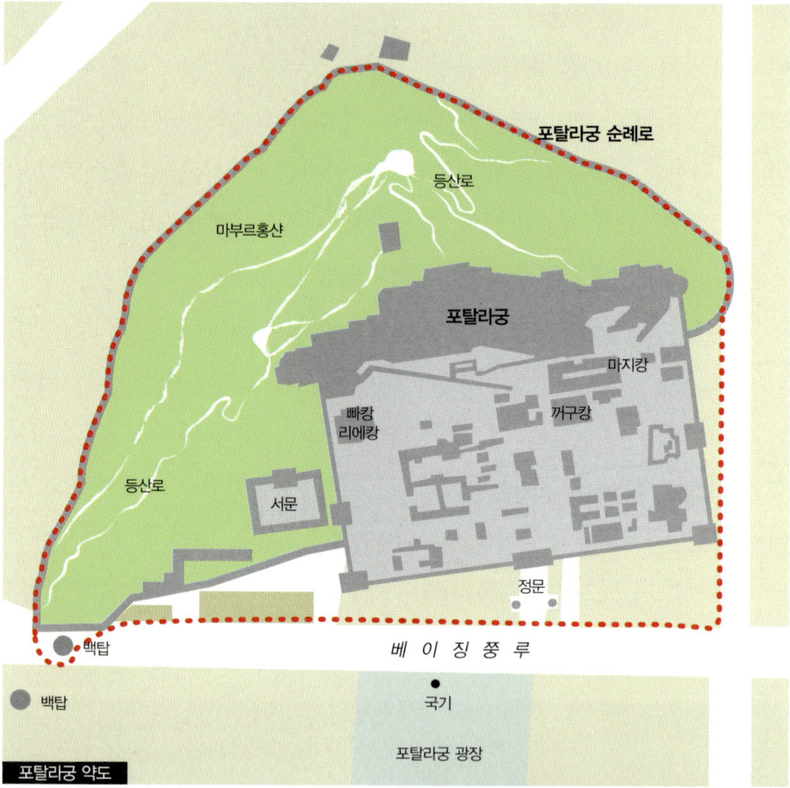

고원의 성궁(聖宮) 포탈라궁

경전통을 돌리는 라마

● 포탈라궁

토번국의 왕이었던 송첸감포는 라싸를 수도로 삼은 후에 라싸의 붉은 산에 올라 경전을 외우고 기도를 했다. 이 산을 뿌다라布達拉라고 했는데 뿌다라는 범어梵語(산스크리트어)의 보탈라普陀羅 혹은 보타普陀의 음역어로서 관음보살이 살던 곳을 의미한다.

서기 641년 송첸감포는 당나라의 문성 공주를 부인으로 맞이했다. 그는 공주를 위해 포탈라궁을 세웠는데 당시의 포탈라궁은 9층으로, 999개의 방이 있었다. 산 위의 수행실을 포함하면 총 1,000개의 방이 있었던 것이다. 하지만 시간이 지남에 따라 포탈라궁은 전쟁과 화재 같은 재난을 겪었고, 법왕동法王洞과 주궁전인 파바라캉帕巴拉康만 남게 되었다고 한다.

지금의 포탈라궁은 17세기에 다시 지어졌다. 면적은 41헥타르, 건물의 높이는 117.19m의 13층으로 이루어져 있다. 해발 3,700m에 위치한 세계에서 가장 높은 궁전이다. 티베트의 정치와 종교가 합쳐진 최고의 건축물로 송첸감포 이후 9명의 티베트 왕과 10명의 달라이 라마가 살았다.

포탈라궁은 크게 백궁白宮과 홍궁紅宮으로 나누어진다. 백궁은 1645년부터 8년간 지어졌는데, 송첸감포 시절부터 있어 왔던 관인당觀音堂을 중심으로 하여 동서 방향으로 뻗어 있다. 온통 흰색으로 칠해져 있어서 '바이궁'이라 불리고 있다. 백궁은 7층으로 이루어져 있고, 4층 중앙에는 춰친샤措欽夏가 있다. 춰친샤는 38개의 기둥이 받치고 있는 면적 717㎡의 건축물로 포탈라궁에서 가장 큰 전당이다. 역대 달라이 라마들은 이곳에서 계승 의식을 행하고, 종교 행사와 정치 활동을 주관했다.

백궁과 홍궁으로 이루어진 포탈라궁 ●
포탈라궁 입구의 석사자 ●

백궁의 가장 높은 층은 달라이 라마의 겨울 궁전으로 채광이 아주 좋도록 건설되었다. 온종일 햇볕이 가득하여 일광전日光殿이라고도 불리는데 내부에는 금과 옥으로 만들어진 그릇들이 가득하다.

홍궁은 1690년에 지어졌다. 당시 청나라의 황제 강희康熙는 특별히 한족, 만주족, 몽골족으로 구성된 100여 명의 장인들을 티베트로 파견해 포탈라궁을 증축하도록 했다. 홍궁의 주요 건축물로는 각종 불당과 달라이 라마의 영탑(영혼탑, 사리탑)이 있다. 5대, 7대에서 13대까지 총 8좌의 달라이 라마 영탑이 있는데, 그중 5대 달라이 라마의 영탑이 가장 크고 화려하다.

5대 달라이 라마의 영탑은 높이가 14.86m로 전당 내에서 가장 높은 경탑임은 물론 탑의 몸체는 금으로 둘러싸여 있고, 보석들로 장식되어 있다. 이 경탑은 금 11만 냥과 그 수를 셀 수조차 없을 만큼 많은 보석으로 장식했는데 티베트 사람들은 이 영탑이 세계의 절반에 해당하는 가치를 가지고 있다고 하여 '짱무예시아藏目葉下'라고 한다.

홍궁 중 가장 큰 전당은 서대전西大殿인 스시핑취司西平措로 면적은 725m²이다. 건물의 정중앙 위쪽에는 청의 건륭 황제가 하사한 통련초지涌蓮初地 편액이 걸려 있으며, 강희 황제가 선물한 대형 비단 휘장 한 쌍도 포탈라궁의 진귀한 보물로서 자리하고 있다. 슈성산지에전殊勝三界殿은 홍궁에서 가장 높은 전당으로, 한쪽 편에 있는 경서꽂이에는 옹정擁正 황제가 7대 달라이 라마에게 보내온 베이징北京판 경서 『단주이丹珠爾』가 꽂혀 있다.

홍궁의 가장 서쪽은 13대 달라이 라마의 영탑전인데, 높이는 14m이고 전당 내의 제단은 20만여 개의 진주 묶음으로 만들어져 있다고 하니 과연 포탈라궁은

1 5대 달라이 라마의 영탑
2 포탈라궁의 문손잡이
3 새어 들어오는 빛으로 더욱 신비로운 포탈라궁

포탈라궁의 화장실, 들여다보면 바닥이 끝도 없다.　민요의 음률에 맞추어 전통적인 방법으로 바닥을 다지는 모습

티베트의 보고라 할 만하다. 달라이 라마는 홍궁을 종교 활동 장소로 사용했고, 백궁에서는 개인적인 시간을 보내거나 정치적인 업무를 보았다. 백궁이 준공된 5대 달라이 라마 때부터 티베트의 큰 스승 달라이 라마는 줄곧 포탈라궁에 머물렀는데 이 때문에 포탈라궁은 라마와 신도들이 떠받드는 성지가 되었다.

포탈라궁의 문물은 그 수량과 다양한 종류로 사람들을 놀라게 한다. 포탈라궁에 보존되어 있는 수많은 역사 문물과 공예품은 티베트 박물관이라 칭할 수 있을 정도로 풍부하며, 그중 인물의 모습이 살아 움직이는 듯한 약 5만㎡짜리 벽화는 포탈라궁에서 제일가는 보물이라 할 수 있다.

포탈라궁의 벽화는 종교 이야기, 민간 풍속, 인물 전기, 역사 사건의 4가지로 분류할 수 있다. 벽화에는 포탈라궁이 건설되는 모습이 생동감 있게 기록되어

베이징을 방문한 13대 달라이 라마의 행차 모습　숙연함을 불러일으키는 불상의 모습

1 포탈라궁의 불상들 2 포탈라궁 백궁 3 포탈라궁으로 오르는 계단 4 연못에 비친 포탈라궁

있으며, 문성 공주가 티베트로 오는 벽화에는 7세기 한족과 티베트족의 우호 관계가 잘 나타나 있다. 서대전 한쪽 벽에는 1652년 5대 달라이 라마가 베이징에 가서 순치順治 황제를 알현하는 장면이 있고, 13대 달라이 라마 영탑전에는 13대 달라이 라마가 수도에 가서 광서光緖 황제와 자희慈禧 태후를 알현하는 장면도 있다.

포탈라궁은 산에 기대어 지어졌다. 산의 남쪽 비탈을 따라 시작된 백궁은 구불구불 산세의 흐름에 맞추어 정상까지 이어진다. 돌과 나무로 지어진 포탈라궁은 아랫부분은 넓고 상부는 좁으며, 도금 기와로 지붕을 덮었다. 빈틈없이 지어진 이 위대한 구조물을 산 밑에서 올려다보면 웅장하게 우뚝 솟은 모습에서 그 거대함을 더욱 잘 느낄 수 있다.

성벽은 화강암을 쌓아 올렸고 순백의 백궁은 홍궁을 보호하듯 감싸고 있다. 푸른 하늘과 맞닿은 포탈라궁은 특히 더 장대해 보여 마치 성결과 장엄의 화신인 듯 느껴진다. 포탈라궁은 돌과 나무를 조합하는 티베트의 전통 건축 방식과 한족의 아치형 구조 등을 결합하여 지었다. 황금 지붕과 천정의 무늬는 티베트 건축 특징을 그대로 반영했으며 겹겹이 차단된 정원과 굽이굽이 이어진 회랑은 적지적소에 잘 배치되어 있다. 특히 포탈라궁은 주요 건축물과 부수 건축물의 구별을 분명히 했는데, 전체적인 조화 속에 주요 건축물이 돋보이면서 종속 건축물과 일체감을 형성해 독특한 조형미를 선사한다.

포탈라궁은 경사가 심한 산에 지어진 탓에 지세가 가지런하지 못하다. 이 때문에 층계를 많이 만들 수밖에 없었는데 이 같은 불규칙함이 포탈라궁에 아름다

포탈라궁 내부를 밝히는 쑤요우 등(燈)

운 리듬감을 주어 더욱 특별한 건축물이 된 것 같다. 지그재그로 굽은 복도와 어지럽게 배열된 건물들, 공간의 변화를 예측할 수 없는 이곳은 언제 와도 신비한 세상이다.

🛈 친절 가이드

❶ 교통 : 운행 버스 97, 103, 104, 109번

❷ 개방 시간 : 07:30~16:00(매일 개방)

❸ 입장료 : 30元(내부 관람표 100元), 1일 2,300명으로 관람객 수 제한

❹ 전화 : 0891-6822896

❺ 개인적으로 표를 사려면, 반드시 하루 전에 포탈라궁의 서문에서 입장권을 살 수 있는 구표증(购票证)을 받아야 한다. 구표증이 있어도 정해진 시간에 입장해야 하며 포탈라궁 정상을 향해 한참을 걸어 올라간 후에야 입장권을 사게 된다.

서문의 구표증 발급처(12시에 발급)

거짓말로 포탈라궁 표를 구하다

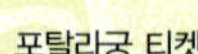

포탈라궁 티켓

나는 미처 구표증을 준비하지 못했다. 그래서 약간의 편법을 써서 포탈라궁을 관람했는데 우선 입구에서 기다렸다가 왁자지껄 소란스런 중국인 단체 여행객들이 입장할 때 함께 묻어서 입구를 통과했다(본의 아니게 입장료 30元 절약). 그러고는 구불구불 포탈라궁으로 이어진 길을 따라 올라갔다. 문을 몇 개쯤 지나서 매표소가 나타났는데 구표증이 없었던 나는 표를 구매할 수도 입장할 수도 없는 처지였다. 그래서 매표소에 가서 약간 억울한 표정을 지으며 "가이드를 잃어버렸어요"라고 말하고 표를 줄 수 있느냐고 물었다. 매표원은 처음에는 표를 판매할 수 없으니 돌아가라고 했으나 "내가 가이드 없이 여기를 어떻게 혼자 왔겠으며, 빨리 일행을 쫓아가지 않으면 이 넓은 곳에서 어떻게 그들을 찾느냐?"고 하소연하며 난처한 듯 말하자 매표원은 좌우를 한 번 살피고 내던지듯 표를 내주었다. 나름 설득력도 있었고 매표원도 귀찮았던 것 같다.

거루파의 3대 사원, 써라사(色拉寺)

포탈라궁에서 나와 궁 서쪽에 있는 쉬에션궁짱찬팅雪神宮藏餐厅에서 티베트 지방의 정통 요리를 먹었다. 비록 가격이 좀 비싸긴 했지만 티베트에서 티베트 음식을 먹어보는 것은 충분히 가치 있는 일이었다. 식사를 마치자 시간은 2시에 가까워져 있었다. 나는 아무렇게나 주저앉아 휴식을 취했다. 우연

써라사 입구

치 않게 티베트 청년과 말을 섞게 되었는데 청년은 티베트 북부에서 왔다고 했다. 그도 나처럼 중국어에 서툴렀지만 오히려 그게 더 좋았다. 청년의 겉모습과 표정은 투박했지만, 얼굴에는 친절한 기색이 가득 감돌았다.

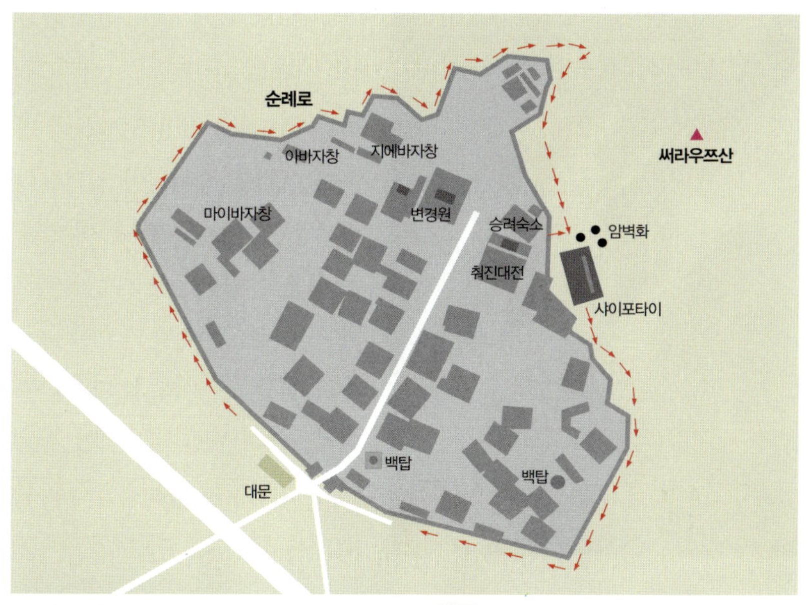

써라사의 담장에 핀 들꽃

써라사의 전통 축제

나는 청년과 가볍게 이런저런 이야기를 나눈 후 자리를 털고 일어나 써라사 色拉寺로 향했다.

혼자 하는 여행은 외롭기 마련이지만 새로운 사람들과 쉽게 접촉하게 되어 나쁘지만은 않다. 산 밑에서 올려다본 써라사의 겉모습은 포탈라궁처럼 눈길을 확 끌지는 않았다.

써라사의 모습

써라사는 굽고 좁은 길을 따라 올라가는데 산 중턱에는 양 몇 마리가 뛰어놀고 있었다. 양들은 몇 가지 색깔로 장식되어 있었는데 방생양放生羊이라고 한다. 이 양들은 일종의 제물로 산 채로 풀어놓아 바쳐지는 활제活祭의 제물이다. 주로 산신, 전쟁신, 불신에게 바쳐지는데 사람들은 이러한 양들을 절대 해치는 일없이 스스로 살다가 죽도록 내버려둔다고 한다.

● 써라사

써라사色拉寺는 티베트 전통 불교인 거루파格魯派 사원의 하나로, 간단사甘丹寺, 저빵사哲蚌寺와 함께 3대 사원으로 손꼽힌다. 써라우쯔色拉鳥孜 산의 남쪽 기슭에 위치해 있으며 써라(들장미)가 만개한 곳에 지어졌다고 하여 '써라사'란 이름을 얻었다.

명 영락 7년(1409년) 총카파宗喀巴의 제자인 잠첸추제·샤카에셰釋欽却傑·釋迦益西는 총카파의 사자 신분으로 베이징에 가서 불교를 전파했다. 그는 다자법왕大慈法王에 봉해졌고 나중에는 국사國師로 책봉되었는데 티베트로 돌아올 때 황제가 하사한 수많은 선물들을 가지고 돌아왔다. 금으로 쓴 대반야경, 주사로 쓴 대장경, 백단白檀나무로 깎은 16존자불상16尊者佛像, 금으로 그려진 석가모니 권축화卷軸畫 등이 그것이다. 샤카에셰는 이 선물들과 귀족들의 원조를 받아 1419년에 써라사를 지었고 원래 명칭은 써라따성사色拉大乘寺 였다고 한다.

1 산기슭에 지어진 써라사 **2** 위에서 내려다본 써라사의 경당 내부
3 마니경통을 돌리는 승려와 낮잠을 청하는 개

써라사의 입구부터 산중턱까지에는 수많은 마니경통瑪尼經筒이 놓여 있다. 그 개수가 얼마나 되는지는 알 수 없으나 손으로 돌리는 것, 수력으로 돌리는 것, 증기로 돌리는 것 등 참 다양하다. 티베트의 모든 사원에는 마니경통이 있는데 적게는 수십 개, 많게는 수천 개가 있다. 마니경통의 외부는 천, 비단, 양피로 싸여 있고, 어떤 것은 나무나 동으로 만든 것도 있다. 표면에는 '옴마니밧메훔' 여섯 자 진언이 적혀 있고, 그 안에는 경전이 들어 있다. 티베트 불교에 따르면 마니경통을 한 번 돌리는 것은 통 안의 경전을 한 번 읽은 것과 같다고 하며, 이렇게 공덕을 쌓을 수 있다고 한다.

써라사는 아바자창阿巴紮倉, 마이바자창麥巴紮倉, 지에바자창結巴紮倉이라고 하는 세 곳의 주요 자창紮倉(경전을 학습하는 곳)과 취친 대전措欽大殿으로 구성되어 있다. 취친 대전은 일반 사찰의 대웅보전에 해당하는 것으로 써라사에서 가장 큰 건축물이다.

1709년 구스칸固始汗의 후손인 라짱칸拉藏汗의 원조로 지어졌으며 5,000명의 승려가 동시에 경전을 욀 수 있다고 한다. 108개의 대들보로 이루어진 이 건물에서 가장 이목을 잡아끄는 것은 입구 벽면의 〈생사윤회도生死輪回圖〉이다. 불교의 세계관으로 중생이 겪게 되는 삶과 죽음, 끊임없이 쉬지 못하는 윤회의 과정을 묘사하고 있다.

중생은 자신이 지은 선과 악의 무게에 따라 다음 생을 살게 되는데 〈생사윤회도〉에는 이 같은 과정이 잘 나타나 있다. 윤회도의 바깥쪽에는 육도중생인 천

육자진언이 새겨진 바위들

도天道, 인도人道, 아수라도阿休羅道, 생축도牲畜道, 지옥도地獄道, 아귀도餓鬼道가 그려져 있다. 그 중심에는 몇 가지 동물들이 그려져 있는데 매, 뱀, 돼지는 각각 탐욕, 어리석음, 분노를 상징하여 중생들의 번뇌가 시작되는 근원임을 설명하고 있다.

써라사 안에는 불상과 탕카, 경서, 법기, 경번經幡(경문을 적어놓은 깃발) 등과 같은 소중한 문화재와 민족 공예품들이 있다. 그중에서 샤카에셰의 화려한 자수상은 길이 109㎝, 넓이 64cm로, 500년이 넘도록 벽에 걸려 있었지만 여전히 뚜렷한 색상을 보존하고 있다. 또한 금을 녹여 글을 썼다는 경서 『감주이甘珠爾』와 『단주이丹珠爾』도 써라사만의 귀중한 보물이다. 그밖에도 써라사에는 티베트 본토에서 만든 수만 개의 금동불상과, 인도에서 온 수많은 황동불상이 있다. 이것들은 엄청난 예술 가치를 지닌 공예품으로 찬란한 티베트 종교 예술을 보여주고 있다.

불상 중 가장 유명한 것은 마두명왕馬頭明王상이다. 마두명왕은 분노의 화신으로 불리는데 써라사 지에자창의 호법신이다. 마두명왕은 써라사 지에자창의 창시자인 뤄주인친洛珠仁欽의 아버지가 믿었던 신으로, 그의 아버지가 죽기 전에 후에 업적을 남기려면 마두명왕을 믿어야 한다고 하여 이 신상神像을 만들었다고 한다.

써라사의 벽화

장식이 화려한 써라사 대문

써라사에는 써라뺑친色拉崩欽이라는 명절이 있다. 이날에는 써라사에만 있는 유명한 금강저(도르제라고도 하는 법기, 인드라신의 무기라고 한다)로 가지加持라는 의식을 행한다. 전하는 바에 따르면 15세기 말 인도에서 금강저 하나가 전해졌는데, 후에 지에바자창의 주지 스님이 짱력藏歷 12월 27일에 호법신전에 바쳤다고 한다. 과거에는 매 12월 27일 아침마다 지에바자창의 '법집행자' 가 이 금강저를 포탈라궁의 달라이 라마에게 전했고, 달라이 라마는 이 금강저로 가지加持한 후 다시 써라사로 돌려보냈다고 한다. 이때 지에바자창의 주지住持는 금강저로 사원의 모든 승려와 신도들의 머리를 두드리며 가지加持 의식을 행했으며 부처, 보살, 호법신이 이들을 보호하도록 기원했다고 한다. 이 풍습은 지금까지도 이어져 매년 티베트력 12월 27일에는 수많은 신도들이 써라사를 찾고 있다.

써라사에는 '변경辯經' 이라는 독특한 볼거리가 있다. 오후 3시부터 붉은 옷을 입은 승려들은 수풀이 무성한 뒤뜰에 앉아 변론을 준비한다. 변경은 승려들의 중요한 학습 방법으로 문답을 통해서 불교에 대한 이해와 사고 변별력을 증진시키는 방법이다. 변론은 굉장히 격렬하여 여기저기서 손뼉 소리와 고함치는 소리가 들리며, 구경하는 여행객들 또한 이 모습을 놓치지 않기 위해 연방 카메라 셔터를 눌러댄다.

변경에는 몇 가지 규칙이 있으며, 그 내용과 방법이 매우 체계적이다. 변경원辯

1 써라사 변경원(辯經院)에 모인 승려들
2 상대를 조롱하는 듯한 변경 모습
3 도올 선생과 닮은 승려
4 격파를 연상케 하는 변경 모습

經院 안의 승려들은 각기 다른 과목과 제재를 가진 조로 나누어 앉는다. 변론의 제재는 학년에 맞는 주제와 내용을 선택하게 되는데, 처음 불경을 공부하는 신승은 초급반에 속하여 변론을 배우게 된다. 승려들은 승급할 때마다 자리를 옮겨 앉게 되는데 처음에는 사원의 좌측 아래에서 시작하며 학습의 전 과정이 끝나갈수록 처음 입문했을 때의 자리에 가까워지며, 원위치로 돌아오면 모든 제재로 변론을 마친 것이라고 한다.

변경에는 몇 가지 다른 방식이 있다. 일대일 또는 여럿 대 여럿의 방식을 취하는데 대답하는 쪽은 땅에 앉고, 질문하는 쪽은 서서 큰소리를 질러 질문을 한다. 질문하는 사람은 여러 손동작을 보이며 심지어 몸을 밀고 부딪치기도 한다. 때로는 상대를 조롱하는 표정을 짓기도 하고, 염주를 돌리거나 상체를 앞뒤로 움직이는 등 큰 목소리와 동작으로 상대방의 사고를 방해한다. 주변의 승려들은 쌍방의 표현을 보면서 갈채와 야유를 번갈아가며 퍼붓는데 언뜻 보기에 우스워 보일 수도 있다. 하지만 이들의 행동은 엄격한 교법의 테두리 안에 있는 것으로 동작 하나하나에는 불교 교리가 숨어 있는 것이라고 한다. 예를 들어 손뼉을 칠 때 한쪽 손을 밑으로 누르는 것은 3악도를 가둔다는 의미이며, 다른 한쪽 손으로 위를 향하는 것은 중생이 고난을 탈피하는 의미를 담고 있다고 한다. 대답하는 쪽은 상대방의 각종 동작과 조롱에 현혹되지 말고 냉정하게 불법에 근거하여 논리적으로 답해야 하며, 만약 한 주제에서 패하게 되면 승모를 벗어야 하고 다음 변론에서 승리를 해야 다시 쓸 수 있다고 한다.

친절 가이드

1. 교통 : 포탈라궁 앞 베이징 중로(北京中路)에서 5번 중형 버스를 타면 사원 앞까지 도착한다(2元). 포탈라 궁에서 택시를 타면 써라사까지는 10元이면 된다.
2. 개방 시간 : 09:00~18:30
3. 입장료 : 55元(버스에서 내려 길을 따라 몇백 미터 걸어 올라가면 사원 입구가 나온다. 그러나 이곳으로 들어가지 말고 벽을 따라 오른쪽으로 돌아 모퉁이에서 꺾어 들어가면 담 중간에 작은 문으로 그냥 들어갈 수 있다. 입장료 55元 절약 가능.)
4. 변경은 주말을 제외한 평일 오후 3시~5시에 볼 수 있다.

새에게 육신을 먹이로 주는 천장(티엔장) ● 티베트스토리

천장대

티엔장타이 | 써라사 뒤에는 라싸 시의 유일한 티엔장타이(天葬台)가 있다. 산 위에 있어서 올라가기에는 고생스럽지만 운이 좋으면 이른 아침에 천장을 볼 수 있다. 천장은 사람의 시체를 잘게 부수어 새들이 먹도록 하는 것으로 우리에게는 조장(鳥葬)으로 더 잘 알려져 있다. 연기를 피워 새들을 부르고 시체를 잘라 나누어 주면 독수리와 까마귀들이 시체를 먹어 치운다고 한다. 티베트 정부는 여행자의 천장 관람과 사진 촬영을 금하고 있다. 하지만 꽤 많은 여행자들이 몰래 티엔장타이에 올라가 보았다고 하니 사람이 없는 때를 골라 올라가 봄도 나쁘지 않을 듯하다.

설역(雪域)의 빼어난 조경림, 뤄뿌린카

써라사에서 바로 택시를 탈까 했으나 마침 5번 중형 버스가 나타나 버스를 타고 베이징 중로로 돌아왔다. 베이징 중로에서는 인력거를 탔는데 라싸 거의 모든 지역을 5元이면 갈 수 있을 만큼 싸다.

삼륜차로 뤄뿌린카罗布林卡로 가면서 거리의 풍경을 구경했다. 이미 중국화가 많이 진전되어 아쉬움이 많았지만 하늘색과 햇살만큼은 중국화가 되지 않는지 너무나 찬란했다. 10분 정도 달려 민주로民族路를 지나고 오른쪽으로 돌자 뤄뿌린카의 대문이 나타났다. 내가 뤄뿌린카에 도착했을 때는 이미 4시가 지나 있었다. 11시에 티베트 극 공연이 있다는 사실을 알았다면 일정을

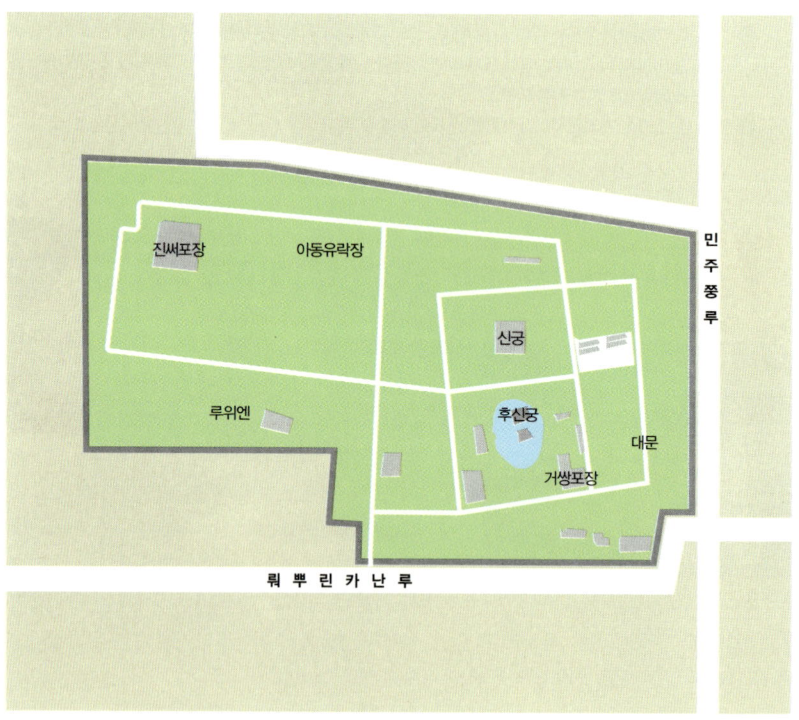

조정했을 텐데 이곳에 와서야 알았다. 표를 파는 사람에게 물으니 떠들썩하니 볼 만한 공연이라는데 놓쳐서 아쉽다.

하늘로 훤칠하게 솟은 고목들이 만들어내는 초록 그늘 속에서 티베트인들이 한가롭게 오후를 즐기고 있었다. 먼지가 앉아 쉽게 지저분해 보이지만 화려함만은 잃지 않은 티베트의 전통 복장을 한 사람들이 삼삼오오 모여 앉아 있었다. 사람들은 작은 가림막을 치거나 돗자리를 깔고 앉아 술이나 쑤요우酥油 차를 마시고 있었고, 기타를 치거나 민가를 부르는 등 무척 한가하면서도 유쾌해 보였다.

뤄뿌린카

뤄뿌린카 대문

티베트 가면극

삼륜차를 타고 뤄뿌린카로 가는 길

뤄뿌린카

뤄뿌린카羅布林卡는 티베트어로 '보배 같은 공원'이라는 뜻이다. 달라이 라마가 여름휴가를 보내던 여름 궁전으로 전체 면적은 36만㎡이며 거쌍포장格桑頗章, 진써포장金色頗章, 다덩밍지우포장達登明久頗章을 중심으로 374칸의 방이 있다.

린카林卡는 인공으로 건설된 조경림造景林이라는 뜻으로 대부분 승관僧官이나 관청에 속해 있다. 때문에 대부분 승려나 귀족, 고급 관리들만 린카에서 여름을 보낼 수 있었는데 지금은 누구나 이용할 수 있는 만인의 공원으로 대부분 개방되었다. 뤄뿌린카는 이러한 린카 중에서 가장 규모가 큰 것으로 역대 달라이 라마들은 여름과 가을 두 계절을 이곳 달라이샤궁達賴夏宮에서 머물곤 했다.

뤄뿌린카는 7대 달라이 라마 거쌍지아춰格桑嘉措가 정권을 잡고 있던 1740년대에 지어지기 시작했다. 당시 이 일대는 숲이었고, 라싸허拉薩河의 지류가 흐르고 있었다. 7대 달라이 라마는 다리에 지병이 있어 자주 이곳을 찾아 샘물로 목욕을 했는데, 이 소식을 전해들은 당시의 청 정부는 티베트에 주재하던 관리에게 명하여 달라이 라마를 위한 장막들을 건설토록 했다. 후에 7대 달라이 라마가 이곳에 자주 오자 청나라 대신은 그를 위해 우야오포장烏堯頗章, 즉 량팅궁凉亭宮을 세웠다. 이것이 뤄뿌린카의 시작이었다.

1751년 달라이 라마는 우야오포장 동쪽에 자신의 이름에서 딴 3층 궁전인 거쌍포장格桑頗章을 세웠고, 1755년에는 거쌍포장궁格桑頗章宮을 세웠다. 후에 달라

신궁의 분수대

화려한 모습의 뤄뿌린카

뤄뿌린카 최고의 명소 후신궁(湖心宮)

뤄뿌린카는 왕의 영역인 만큼 매우 화려하게 지어졌다.

이 라마는 청나라 황제의 허가를 받아 매년 여름 거쌍포장에서 정무를 보았고, 뤄뿌린카는 점점 휴양지에서 정치와 종교 활동을 위한 여름 궁전으로 기능하게 되었다.

7대 이후의 달라이 라마들은 매년 짱력 3월 18일부터 9, 10월까지 뤄뿌린카에서 보냈으며, 성인이 되어 스스로 정치를 행하기 이전인 달라이 라마는 1년 내내 이곳에서 경전과 학문을 공부했다.

8대 달라이 라마는 기존의 건축물에 더하여 챠바이캉恰白康, 캉송스룬康松司倫, 취란曲然을 건설했고, 오래된 연못을 호수로 확장했다. 호수에는 한족의 건축양식을 따라 롱왕묘龍王廟와 후신궁湖心宮을 지었으며 호수 양편에는 돌다리를 세웠다. 1922년 13대 달라이 라마는 뤄뿌린카의 서부에 진써린카金色林卡와 3층으로 된 진써포장金色頗章을 지었고, 1954년 14대 달라이 라마는 북부에 새로운 궁을 지어 현재의 뤄뿌린카를 완성했다.

신궁(新宮)

거쌍포장의 티베트식 입구

신궁(新宮)의 석가모니와 8제자도

한가로움이 묻어나는 풍경

뤄뿌린카에서 펼쳐지는 쉬에뚠절의 티베트 전통극

뤄뿌린카는 각 방향에 있는 입구 중 동문을 정문으로 삼고 있으며 캉쏭스룬康
松思輪이 가장 주목을 끄는 누각이다. 이것은 원래 작은 정자였으나, 나중에 희
극을 관람하는 누각으로 개건되었다. 동쪽 편에는 희극 공연을 위한 넓은 공
터가 있으며, 그 옆에는 샤뿌뗀라캉夏布甸拉康이라고 하는 종교 의식 거행 장소
가 있다.

신궁新宮은 뤄뿌린카의 이름난 건축물이다. 신궁 내에는 생동감 넘치는 많은
벽화가 있는데 그중에서 북전北殿의 서쪽 경당에 있는 벽화는 아주 특별하다.
보리수 아래의 석가모니와 8대 제자가 표현되어 있는 이 벽화에는 평온한 얼
굴의 석가모니 주변으로 8대 제자의 모습이 그려져 있다.

신궁 남전南殿의 벽화는 서쪽 벽에서 북쪽 벽을 따라 동쪽 벽까지 이어져 있다.
이 연이어진 벽화는 티베트의 역사를 표현하고 있는데 티베트족의 기원에서
부터 토번 왕조의 흥망, 846년부터 1391년에 이르는 티베트 불교의 재부흥기,
가땅噶當 · 까쥐噶擧(카규) · 싸지아薩加(샤카) · 거루格魯(겔룩)파의 발생, 1대 달라
이 라마 껀떵주根登竹巴의 출가에서 14대 달라이 라마 단쩡지아춰丹增嘉措의
베이징으로의 회귀까지 총 301폭의 장면이 담겨 있다.

뤄뿌린카는 포탈라궁이나 조캉 사원大昭寺만큼 볼거리가 풍부하지는 않다. 하
지만 주변이 아름답고 티베트식 조경이 어떠한지 구경할 수 있는 좋은 기회다.
특히 쉬에뚠절雪頓節에는 정통 티베트 공연뿐 아니라 풍성한 티베트 명절 체험
이 가능하니 일정을 조정해서라도 와볼 만한 가치가 있다. 쉬에뚠절을 맞은 뤄
뿌린카에는 여행객이 줄을 잇고, 노랫소리와 웃음소리가 끊이지 않는다.

① 교통 : 써라사에서 택시로 뤄뿌린카까지 약 16元, 삼륜차로는 5元이다.

② 개방 시간 : 월요일~토요일은 9:00~12:00, 오후 15:00~18:00(11시에 티베트 극 공연이 있다)

③ 입장료 : 60元(8월 23~29일 쉬에뚠절(雪頓节)에는 무료)

④ 휴가 기간이나 명절에는 성대한 행사가 개최되므로 놓치지 말자.

포탈라궁 앞에서 기념사진을 촬영하는 티베트 승려

티베트 불교의 성스러움 속으로

Tibet

라싸에는 포탈라궁뿐 아니라 꼭 가봐야 할 곳이 몇 군데 더 있다. 일단 포탈라궁과 써라사, 뤄뿌린카를 하루 코스로 묶어 관람했는데 이곳 외에도 수많은 성지 순례자들이 갈망하는 조캉 사원大昭寺(따자오사)과 세계에서 가장 큰 사원인 저빵사哲蚌寺도 빼놓아서는 안 되는 곳이다. 게다가 라싸의 쇼핑 천국이며 문화 거리인 빠지아오지에八角街(바코르) 역시 라싸에 왔다면 반드시 들렀다 가야 하는 코스이다.

친절 가이드

❶ 일부 명소는 거리도 멀고, 직통 열차도 없기 때문에 어쩔 수 없이 차를 대절해야 하는 경우가 생긴다. 이 경우 여관의 게시판 등에서 동행자를 찾아보도록 하고, 차는 가급적 새 차를 골라야 고장으로 고생하지 않는다.

❷ 라싸 외의 지역은 기후의 변덕이 심해 낮과 밤의 일교차가 매우 크며, 별 조짐도 없이 비가 쏟아지곤 한다. 때문에 우산과 우의, 두툼한 옷가지를 준비해야 한다.

❸ 티베트는 매우 넓은 지역이다. 그러므로 어느 코스를 선택하더라도 차로 이동하는 시간이 매우 길다. 따라서 배낭 가득하게 음식과 물을 챙겨 가야 한다.

❹ 샨난(山南) 지역의 봄, 가을 두 계절은 모래 바람이 매우 심하다. 가능하다면 선글라스 보다는 방풍 안경을 준비하고 마스크를 잊지 않도록 한다.

세계 최대의 사원 저빵사

저빵사

1 새벽의 조캉 사원 2 빠지아오지에 3 조캉 사원 앞 광장

세계에서 가장 큰 사원, 저빵사

아침을 먹고 5번 버스를 탔다. 버스는 얼마 지나지 않아 산기슭에 도착했고, 올려다본 저빵사는 멀리서 나를 기다리고 있었다. 과연 보기 드물게 엄청난 규모라는 것을 멀리서도 한눈에 알아볼 수 있었다. 삼륜차를 잡아타고 드문드문 거리를 두고 떨어져 있는 티베트 촌락들을 지나갔다. 큰소리로 노래를 한 곡 부르자 운전사가 이게 무슨 소린가 돌아본다. 10여 분쯤 올라가자 운전사는 땀범벅이 되었고 저빵사가 내 눈앞에 있었다. 문 안으로 들어서자 기세가 당당한 사원 건물들이 나타났다. 조금씩 안으로 들어갈수록 새 건물들이 끊임없이 나타났고, 여기가 끝인가 싶으면 모퉁이에 또 다른 통로가 보였다.

내가 주 전(殿)으로 들어갔을 때는 마침 라마승들이 경전을 읽고 있었다.

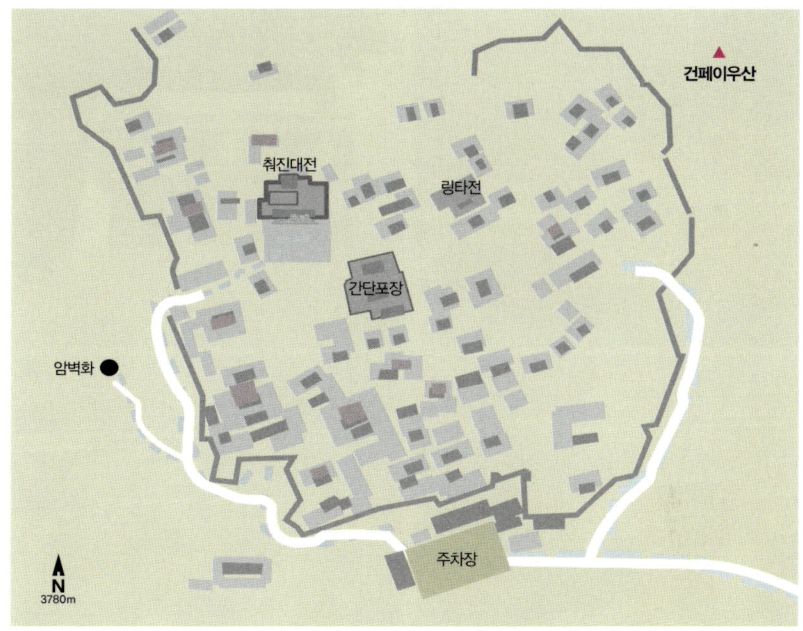

저빵사 약도

입구 앞에는 승려들이 벗어놓은 신발들이 어지럽게 놓여 있었다. 참관자들은 안으로 들어가 모퉁이에 서서 승려들이 경전을 읽는 모습을 볼 수 있는데 사진 촬영은 엄격히 금지되어 있었다. 수백 명의 라마승들은 질서 정연하게 줄을 맞추어 앉아 경전을 읽었는데, 그 많은 사람들의 목소리가 하나가 되자 웅장한 느낌을 주었다.

정오가 되니 누가 신호를 보냈는지 알 수 없었지만 경전을 읽던 라마승들이 일제히 읽는 것을 멈추고, 빠른 속도로 신전 밖으로 사라졌다. 어지럽게 쌓여 있던 신발들도 주인을 따라 종적을 감추어 버렸다. 회오리바람처럼 사라진 승려들은 곧 다시 자신의 자리로 돌아왔는데, 이들의 손에는 죽 그릇과 만토우饅头가 약간 들려 있었다. 하하, 점심시간이었구나.

1 산기슭에서 올려다본 저빵사
2 흰색과 검정색으로 채색된 저빵사
3 경전을 읽는 저빵사 승려들
4 저빵사의 영화를 보여주는 폐허
5 무시무시한 불상
6 저빵사의 마니차(주안징통)

저빵사

저빵사는 라싸에서 서쪽으로 10km 정도 떨어진 건페이우根培鳥 산에 자리하고 있다. 해발고도는 3,800m이며 산의 형세를 따라 지어졌다. 총 면적은 20만㎡이며, 사원 내에는 7개의 승원僧院이 있다.

이 절은 티베트의 전통 불교인 거루파格魯派의 3대 사원이며 전 세계에서 가장 큰 사원으로, 중국의 티베트 침공 이전에는 1만여 명의 승려가 수행하기도 했다. 저빵사는 거루파의 창시자인 총카파宗喀巴의 제자 지앙양취지에자시반단絳央曲傑紮西班丹이 명明 영락永樂 14년(1416)에 건설했다. 당시에는 바이떵저빵사白登哲蚌寺라 불렸는데 후에 저빵사哲蚌寺로 개명했다. 바이떵白登은 티베트어로 '상서롭고 엄숙하다'는 뜻이며, 저벙哲蚌은 '쌀을 쌓아올린다'는 뜻이다. 저빵사哲蚌寺는 창건 후 빠르게 성장하여 거루파 최대 사원이 되었으며, 1464년에 승원을 짓고 불교 경전을 가르치기 시작했다.

취친 대전措欽大殿은 저빵사의 중심 건축물로 4,500여㎡를 차지하는 대경당이다. 180여 개의 기둥으로 지어졌으며 무려 1만 명의 승려들이 모여 경전을 읽을 수 있다. 4층의 주 전에는 석가모니의 불상이 있으며, 양쪽에는 13개의 은으로 된 탑이 있다. 측면에 붙어 있는 건물은 나한당羅漢堂으로 안에는 나한상과 저빵사의 주요 대활불大活佛들의 보신상報身像이 있다. 취진 대전 옆에는 티베트에서 가장 큰 주방이 세워져 있다. 저빵사의 전성기에는 1만여 명에 달하는 승려들이 이곳에서 식사를 했는데, 매일 승려들이 마실 쑤요우 차와 음식을 준비했으니 그 규모가 어마어마했음을 짐작할 수 있다. 당시에 사용하던 큰 솥 4개는 계단 다섯 개를 올라가야 했을 정도로 컸다고 한다.

아바 자창

바위에 그린 불교 벽화

간단포장#刑頻章은 달라이 라마가 저빵사에서 사용했던 침궁이다. 간단포장은 저빵사의 열 번째 주지승이었던 2대 달라이 라마가 1530년에 지은 것으로 모두 7층으로 되어 있다. 전, 중, 후 3개 건물로 이루어져 있으며 달라이 라마는 주로 7층에 묵었다. 7층에는 쥐마전卓瑪殿과 호법신전護法神殿이 있는데 그 안에는 소녀의 미라가 있다. 전하는 바로는 소녀는 원래 단빠린트巴林이라는 한 농부의 딸인데 마녀로 몰려 사형을 당했고, 시체는 바람에 말려 천녀신상天女神像으로 만들었다고 한다.

저빵사에는 원래 경전을 학습하는 장소인 자창紥倉이 7개 있었다. 그러나 사찰의 규모가 줄어들면서 나중에는 4개의 사원으로 합쳐졌다. 이 사원들은 궈망果芒, 뤄써린洛色林, 더양德央, 아바阿巴로 나뉘는데, 그중 뤄써린 자창洛色林紥倉의 규모가 제일 크다고 한다.

뤄써린 자창의 주 경당은 면적이 1,100㎡이며 108개의 원형 나무 기둥을 세워 건설되었다. 5,000명의 승려들이 동시에 경서를 읽을 수 있으며, 후전은 챵바불强巴佛에게 공양하는 챵바라캉强巴拉康이다.

궈망 자창果芒紥倉은 102개의 나무 기둥으로 조성된 약 1,000㎡의 중앙 건축물이 있으며, 그 내부에는 지바라캉吉巴拉康, 민주라캉敏主拉康과 쥐마라캉卓瑪拉康이 세워져 있다. 더양 자창德央紥倉의 주 경당은 56개의 둥근 나무 기둥으로 조성되었고, 면적은 500㎡ 정도다. 모든 빈곤을 없애 행복을 가져다준다는 웨이써챵바불維色强巴佛을 모시고 있다.

아바 자창阿巴紥倉에서 모시는 불상은 9개의 머리와 34개의 팔이 달린, 마귀와 두려움을 물리치는 금강상이다. 이것은 황교 밀종黃敎迷宗의 3대 본존本尊 중 하나로 대법왕 총카파가 직접 만든 것이라고 한다.

친절 가이드

1. 개방 시간 : 9:00~17:00
2. 입장료 : 45元
3. 교통 : 라싸 시내에서 택시를 타면 경비는 대략 20元, 걷기 싫다면 꼭 저빵사 입구에 내려달라고 하자. 둬쌍거로(朵桑格路)나 라싸 영화관 맞은편에서 5번 중형 버스를 타면 산기슭에 내려준다. 차비는 3元이며 산기슭에서 중형 버스나 트랙터를 이용해 저빵사까지 가야 한다. 요금은 1元을 받는데 걸어서 올라가게 되면 대략 30분 정도 걸린다.
4. 저빵사는 일요일을 제외하고 매일 14시 30분~16시 30분이 승려들이 변경(辯經)을 하는 시간이다.
5. 일요일은 승려들의 휴일이므로 일요일에 방문하면 구경거리가 줄어든다.

저빵쉬에뚠 ● 티 베 트 스 토 리

저빵쉬에뚠 행사

티베트에는 쉬에뚠절(雪頓節)이라고 하여 대불 쬐기(曬大佛, 불상이 그려진 큰 그림을 걸어두는 행사), 티베트극 공연(唱藏戲), 린카 산책의 3가지 행사가 있다. 저빵사에도 이 같은 행사가 있는데 짱력으로 6월 30일에 저빵쉬에뚠(哲蚌雪頓) 행사를 거행한다. 이날이 되면 승려들은 건페이우즈(根培烏孜) 산에 높이 30m, 너비 20m의 거대한 석가모니 불상을 걸어놓는데, 불교 신자들은 앞 다투어 이 불상을 참배하고 복을 빈다. 신도들은 제일 경건하고 정성스러운 방식으로 부처에게 엎드려 예를 취하는데, 산길 위로 참관객들이 끊임없이 이어진다.

나찰녀의 심장에 건설된 조캉 사원

유명한 라마 니마츠런尼瑪次仁은 "라싸에 가서 조캉 사원大昭寺에 가지 않는 것은 라싸에 가지 않은 것과 같다"고 말했다. 이렇듯 조캉 사원은 포탈라궁만큼 의미 깊은 곳으로 수많은 신도들이 험난한 여정을 거쳐 오체투지를 하며 이곳을 방문한다.

나는 조캉 사원을 오후에 방문했는데 그 이유는 조캉 사원이 서쪽을 향해 지어졌기 때문이다. 오전에는 역광이 심해 사진이 잘 나오지 않는 반면, 오후의 석양을 받으면 사원의 모습이 더욱 아름다울 것이었다.

나는 점심을 먹고 슬슬 걸어 조캉 사원 앞의 광장에 이르렀다. 몇몇 사람들이 절을 하면서 조캉 사원으로 향하고 있었는데, 그중 한 명은 다리가 불편한 앳된 소년이었다. 소년을 보자 코끝이 찡해지고 눈물이 났다. 내가 어찌할 바를 몰라 잠자코 서 있자 티베트 사람들이 소년을 격려해 주며 지나갔다. 나는 소년에 대한 예의로 컬러가 아닌 흑백 사진을 한 컷 찍었다. 그는 빠지아

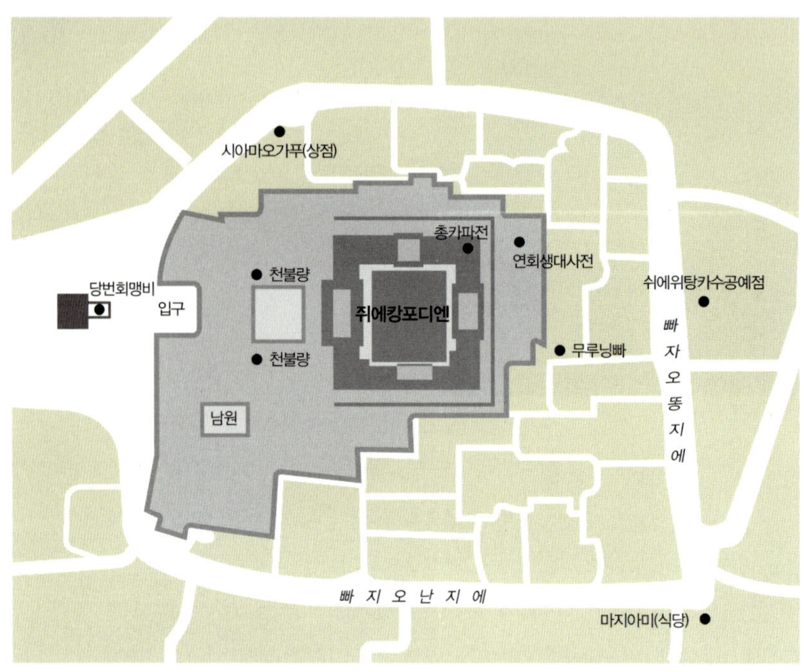

오지에八角街의 흥청거리는 사람들과는 분명 다른 세상에 살고 있었다.

조캉 사원의 거대한 문을 넘어 안으로 들어갔다. 절 안 곳곳에는 경건하고 정성스럽게 예불을 드리는 신도들이 많았다. 벽 아래 수많은 쑤요우 등酥油燈이 타고 있었다. 조캉 사원에는 다른 조명 시설이 없는 듯 사원 내부는 자연 채광과 쑤요우 등의 불빛에만 의존하고 있었다. 공기 중에는 쑤요우 향이 가득했으며 많은 티베트 사람들이 경문을 외우면서 가져온 쑤요우를 쑤요우 등에 넣었다. 수많은 전당과 어두운 통로를 지나 조캉 사원의 꼭대기에 올랐다. 해는 서쪽으로 천천히 지고 있었고, 조캉 사원의 정상을 장식한 금색의 신록神鹿과 법륜法輪은 햇빛을 받아 더욱 거룩하게 빛났다. 멀지 않은 곳에 포탈라 궁布達拉宮이 보였고, 궁 역시 석양 속에서 빛을 발하고 있었다.

1 석양빛을 받아 노랗게 물들기 시작한 조캉 사원
2 쑤요우 등을 피워 불공을 드리는 사람들
3 조캉 사원에서 절하는 사람들
4 다리가 불편함에도 오체투지로 조캉 사원을 찾은 소년
5 마니차를 돌리는 순례자

● 조캉 사원

조캉 사원은 토번 왕 송첸감포가 지은 건축물이다. 송첸감포는 당의 문성 공주 외에도 인도의 브리쿠티 공주를 아내로 맞이했는데, 그녀의 반지가 빠진 호수에 사원을 짓겠다고 약속했고 호수를 메워 조캉 사원을 건설했다. 송첸감포는 천 마리의 흰 산양白山羊을 동원해서 흙을 나르고 사원을 지었다. 지형을 살펴보면 이 호수의 위치는 티베트를 지배하는 나찰녀羅刹女의 심장 위치라고 하는데, 나찰녀의 힘을 누르고자 호수를 완전히 메우고 사원을 건설했다고 한다.

티베트 박물관에 가보면 오래된 탕카唐卡 한 점이 있다. 이는 문성 공주가 추측한 토번의 지형으로, 나찰녀의 심장이 지금의 조캉 사원의 위치임을 알 수 있다. 조캉 사원은 '주라캉祖拉康', '쥐에캉覺康'이라고도 불린다. 이 이름은 각각 경당과 석가모니를 뜻하는데 석가모니를 뜻하는 이유는 이곳에 존귀한 석가모니 불상이 있기 때문이다. 문성 공주가 장안에서 가지고 온 불상으로 12세의 석가모니를 똑같은 크기로 만든 불교계 최고의 불상인 것이다. 이 불상은 고대 인도에서 중국으로 유입되었고, 다시 문성 공주가 티베트로 가져온 것으로 처음에는 시아오자오사小昭寺에 모셔졌다고 한다. 티베트의 신도들은 이 불상을 보는 것과 석가모니를 만나는 것을 동일하게 여기기 때문에 이 불상에 참배하는 것을 일생의 염원으로 삼는다.

조캉 사원 앞의 작은 광장에는 담으로 둘러싸인 두 개의 비석이 있다. 남쪽의 하나는 유명한 당번회맹비唐藩會盟碑로 높이는 3.42m, 너비는 0.82m, 두께는 0.35m이다. 당唐 장경長慶 3년(823년)에 티베트 문자와 중국 문자로 만들어졌

조캉 사원

불경을 외는 조캉 사원의 승려들

222

1 사원 처마를 장식한 신비의 동물상 2 사원의 정상에서 포탈라궁 사진을 찍는 외국인 관광객들
3 화려하게 장식된 조캉 사원의 문 4 조캉 사원 정상의 황금 장식물 5 조캉 사원 승려들의 변경 모습

으며, 당과 토번이 화합하여 적이 되지 않고, 군사를 일으키지 않는다는 평화 조약 내용이 기록되어 있다. 비석 옆에는 버드나무 한 그루가 있는데 문성 공주가 직접 키우던 것이라고 하여, '공주 버드나무' 라고도 불린다.

조캉 사원을 찾은 신도들은 빠지아오지에八角街를 시계 방향으로 돈다. 이것은 일종의 성지 순례인데 석가모니 상을 중심으로 형성된 내·중·외권 중 중권中圈을 도는 것이다. 이 것을 빠쿼八廓라고 하는데, 내권을 도는 것은 낭쿼囊廓라고 하며 가장 외곽을 도는 린쿼林廓는 조캉 사원, 야오왕藥王 산, 포탈라궁, 시아오자오사小昭寺를 도는 것을 말한다.

친절 가이드

1. 개방 시간 : 09:00 ~ 17:00
2. 입장료 : 50元(입장권은 며칠간 재사용이 가능하다. 입장료를 아끼려면 이른 아침이나 저녁때 신자들 사이에 끼어 들어가면 된다.)
3. 조캉 사원 내부는 매우 어두워 사진 찍을 때 삼각대가 필요하다.

조캉 사원 입장권

티베트 최고의 문화거리, 빠지아오지에

조캉 사원을 감싸고 있는 길, 빠지아오지에 八角街. 바코르라고도 한다.

빠지아오지에八角街는 라싸에서 가장 오래된 거리다. 티베트인들은 성지 주변을 시계 방향으로 돌면서 순례하는데 빠지아오지에는 라싸 최고의 사원인 조캉 사원의 순례 길에 속한다. 조캉 사원을 성지 순례의 최종 목적지로 삼고 라싸에 온 이들은 빠지아오지에를 빼놓지 않고 돈다. 빠랑지에八廊街라고도 하는 이 길은 티베트 사람들에게는 '성스러운 길'로 통한다. 지금도 여전히 많은 사람들이 빠지아오지에를 돌며 불심을 키우지만, 사실 순례자들보다는 여행자들이 더 많다. 각자 생김새도 다르고 사용하는 언어도 다른 이들은 이곳의 무수히 많은 식당과 상점들에서 쇼핑을 한다. 이곳에서 티베트 여행의 기념품을 구입하는 것이다. 점점 퇴색해 가는 빛이 역력하지만 아직까지 빠지아오지에에는 티베트 민족의 특색이 가득하며, 그들의 숨결이 살아 숨 쉬고 있다. 돌로 쌓은 티베트 건물 한 채, 한 채는 비록 간판들에 점점 가려져가고 있지만 대체로 본래의 모습을 간직하고 있다.

빠지아오지에 주변에는 많은 역사적 흔적들이 남아 있다. 환싱로環形路에는 쥐에야다진覺牙達金이라는 꽤 높은 대법 기둥이 서 있는데, 여기서 티베트 소녀들

● 야크 머리로 만든 장식품
● 라마승과 반갑게 대화를 나누는 티베트 주민

이 만 16세가 되었을 때 성년식을 거행한다고 한다.

빠지아오베이지에八角北街 24호에는 취지에포장曲結頗章이라 불리는 평범한 2층 높이의 낮은 건물 한 채가 있다. 이것은 법왕궁法王宮이라고도 불리는데 송첸 감포가 자신을 위해 지은 소박한 행궁으로 빠지아오지에의 첫 번째 건물이라고 한다. 법왕궁에서 나와 앞으로 곧장 가면 하얀색의 시앙 탑香塔이 있다. 이 작은 탑은 재물신을 위해 향을 피우는 곳인데, 이곳에 향을 피우면 재물신이 상인들을 보살펴준다고 한다.

빠지아오지에의 건물들에는 상점들이 거의 입주해 있다. 이곳에서 판매되는 물품은 셀 수 없을 정도로 많은데 종교와 관련된 상품으로는 탕카, 불상, 주안징통轉經筒(마니차), 쑤요우 등酥油燈, 경번 깃발經幡旗, 경문, 염주 등이 있고, 생활용품으로는 푸루氆氌(야크 털로 짠 모포), 피낭皮囊(가죽 부대), 마쥐馬具(마구), 비옌후鼻煙壺(코담배 통), 후워리엔火鐮(화도), 티베트 이불, 티베트 신발, 티베트 칼, 티베트 모자, 쑤요우酥油, 쑤요우 통酥油桶, 나무 그릇, 칭커주青稞酒, 티엔 차甜茶, 나이짜奶渣(우유 부스러기), 펑간로우風幹肉 등이 있다.

이 물건들은 약 1,000m의 빠지아오지에에 가득한데 천천히 구경한다면 도무지 몇 시간이 걸릴지 상상조차 어려울 정도다.

✔ 민속 공예품
✔ 재물신을 위해 향을 피우는 시앙 탑

● 시아마오가뿌(夏帽嘎布)

빠지아오베이지에八角北街 27호에 위치한 유명한 공예품 상점이다. 네팔인 빠쑤란나巴蘇然納가 1920년대에 개업했으며 처음에는 양모를 판매했다고 한다. 그러다가 나중에는 티베트 각지에서 생산된 양모를 네팔의 사탕과 포목으로 바꾸는 장사를 했고, 양모 세탁 공장을 세우기도 했다. 지금은 제3대가 운영하고 있으며 네팔에서 가져온 불상, 불교용품 등을 판매하고 있다.

● 쉬에위탕카수공예점(雪域唐卡手工艺店)

빠지아오똥지에八角東街에 위치한 수공예점이다. 탕카 예술가인 츠단랑지에次旦朗傑가 1996년에 개업했다고 한다. 중국 이외에도 미국, 일본, 싱가포르 등지의 불교 신자들이 끊임없이 이곳에서 탕카를 주문하며, 탕카를 배우려고 이곳을 찾는 사람들에게는 나이와 국적을 불문하고 학비를 받지 않는다고 한다.

티베트 불교를 소재로 한 탕카

친절 가이드

① 거리이므로 당연히 참관 시간이 따로 정해져 있지 않다. 아직까지는 강도를 당했다거나 하는 소리를 들어보지는 못했지만 늦은 시간에 어두운 골목길을 돌아다니는 것은 좋지 않으니 주의하도록 한다.
② 빠지아오지에는 오후 6시 이후에는 일용품을 주로 판매하는 장이 열린다.
③ 현지 전통을 존중해서 빠지아오지에를 시계 방향으로 구경하자.

아쉽지만 우선 알아둘 것은 빠지아오지에에서 판매되는 물건들은 대부분 가짜라는 사실이다. 세계 각지에서 몰려온 여행객들의 지갑을 열기 위해 한족들이 가짜를 유통시키고 있기 때문이다. 사실 여행자들은 가짜와 진짜를 구별할 수가 없는데, 가격이 비싸다고 무조건 진품이라고 믿을 수도 없는 상황이다. 따라서 가짜라는 생각을 전제로 기념품을 고르기 바란다.

● 뤼쏭석

뤼쏭석綠松石은 세계에서 가장 오래된 옥玉의 한 종류이다. 예부터 동양과 서양에서 꾸준하게 사랑을 받아왔으며 중국에서는 '사대 명옥四大名玉'의 하나로 꼽는 보석이다. 청淸대에는 '하늘의 보석'으로 칭송되기도 했다. 부와 권력의 상징이며 몸을 지켜주는 부적으로 사용된다.

뤼쏭석, 산호석을 꿰어 만든 장신구

● 티엔주

티엔주天珠는 '티엔앤주天眼珠'라고도 하며 티베트, 부탄 등 히말라야 부근 지역에서 생산되는 매우 희귀한 보석이다. 성분은 옥과 비슷한데 옥보다 훨씬 강도가 높아 가공이 어렵고 그만큼 귀하다고 한다.

티엔주는 5천 년이 넘는 오랜 역사를 가지고 있으며, 가공에 따라 흑, 백, 갈색 등을 띤다. 무늬가 많을수록 가치가 높으며 몸에 지니면 복을 부를 뿐 아니라 혈액 순환이 좋아져 여러 질병을 예방할 수 있다고 한다.

티엔주

● 티베트 칼

티베트 칼藏刀은 르카저日喀則에서 5~60km 떨어진 마을에서 만든다. 그곳 사람들은 모두 티베트 칼을 손수 제작하는데 장식은 소박하고 모양이 투박하다. 가격은 크기에 따라 50~200元이다. 사실 빠지아오지에서 파는 티베트 칼은 대부분 기계로 만든 장식용 칼이다. 이 칼들은 본래의 색을 잃어버릴 정도로 화려한 것이 특징이다. 르카저에 갈 기회가 있다면 르카저

칼에 새겨진 티베트 무늬

단쩡 여관(旦增旅館) 맞은편의 시장에서 구입하고, 기회가 없다면 이곳에서 작은 것을 사도록 한다.

● **주안징통(转经桶, 마니차)**

사원에서 보았던 커다란 전경통의 축소판으로 손에 들고 돌리는 것이다. 가능한 한 순동으로 고르고 시계 방향으로 돌렸을 때 제대로 회전하는지 꼭 확인해 보아야 한다. 또한 전경통의 윗부분을 뜯어서 내부에 경문이 들어 있는지 여부도 확인해야 한다. 경문이 없다면 마니차가 아니다.

휴대용 마니차

● **짱시앙통(藏香桶)**

티베트 사람들이 향을 피우는 기구다. 주로 인도에서 수공예로 제작된 것이 중국으로 넘어온 것이며 색상은 담갈색을 띤다. 보통 상하로 나누어져 있는데 아래 칸에는 향을 두고, 위에는 뒤집어 연 뚜껑에 향을 가로로 꽂아 불을 붙인다. 이런 상자들은 향을 피우지 않아도 좋은 기념품이 될 수 있고 가격도 10~20元으로 저렴하다.

빠지아오지에의 노점 상인들은 한족이건 티베트족이건 단지 노련한 장사꾼일 뿐이다. 그들은 한눈에 외국인임을 알 수 있는 당신에게 반드시 바가지를 씌우려 할 것이다. 어디서나 마찬가지지만 절대 충동구매는 삼가야 한다. 일단 거리를 한번 둘러본 후 대략적인 가격이 마음속에 형성되면 그때부터는 모질게 깎아라. 대개 상인이 부른 가격의 50%로 흥정하라고들 하는데 나름 괜찮은 방법이다. 다만 스스로 생각하기에 합당한 가격이라면 서로 얼굴 붉히지 않는 선에서 구매하는 것이 좋다.

티베트 상인들은 매일 첫 번째 물건을 사는 사람과 마지막에 물건을 사는 사람에게 약간의 특혜를 주는 습관이 있다. 그날의 첫 번째 구매자와 거래가 성사되면 받은 돈으로 물건을 가볍게 툭툭 터는데, 이렇게 함으로써 재물과 복이 들어온다고 믿는다.

1 티베트 색이 물씬 풍기는 공예품들
2 여행자들의 큰 관심을 잡아끄는 티베트 칼들

라싸에서 이것만은 꼭 먹어보자

라싸에 와서 가장 먹고 싶었던 것은 당연히 티베트 음식이었다. 소고기, 양고기, 참파, 쑤요우 차는 식탁에 늘 오른다고 할 만큼 일상화된 음식이고, 이외에 쑤안나이, 짱빠오즈藏包子, 칭커주, 시엔나이鮮奶(일반 우유), 티엔 차甜茶, 칭 차淸茶 등이 있다. 티베트 요리는 소, 양, 돼지, 닭 등의 육류와 감자와 무를 위주로 한 채소가 주재료가 되며 쌀, 밀가루, 쌀보리를 주식으로 한다. 기후 탓인지 이곳 사람들은 야채보다는 육류를 주로 소비하며, 조미료는 맵고 신맛이 강하며 향료를 많이 쓰는 편이다. 음식이 자극적인 것은 아마도 고기에서 나는 노린내를 없애기 위한 탓인 듯하다.

내가 아는 라싸의 음식점 중에서 정통 티베트 음식을 맛보기에 최고의 장소는 포탈라궁 서쪽에 위치한 쉬에션궁짱찬관雪神宮藏餐館이다. 이곳에는 소고기 육회뿐 아니라 쇼우쭤양고기手抓羊肉, 양갈비튀김, 관쉬에창灌血肠(선지 순대) 등의 요리를 제공한다. 빠지아오지에八角街 동남편의 마지아미玛吉阿米도 티베트 음식으로 유명한 곳이다. 라싸에는 식당들이 밀집해 형성된 미식가美食街(음식 거리)가 있다. 이 미식 거리는 더지로德吉路에 있는데 전국 각지의 유명한 요리와 간식거리가 팔리고 있다. 이곳에서 판매되는 음식의 종류는 생각보다 훨씬 많은데, 중국 음식은 물론 서양 음식과 인도, 네팔 음식까지 있다. 더지로 외에 서양 음식점은 베이징로北京路에서도 많이 찾아볼 수 있으며, 많은 여관의 부속 식당들도 양식을 제공한다.

빠랑쉬에 여관八廊学旅馆의 식당에서 나오는 양식이 괜찮은 것으로 알려져 있으며, 베이메이콰이찬디엔北美快餐店이라는 서양식 패스트푸드점의 요리도 나름 괜찮은 편이다. 쉬에위찬팅雪域餐厅의 네팔 음식도 유명한데 이곳은 외국인 여행객이 많아 메뉴판을 티베트어, 중국어, 영어로 표기해 두었다.

즐거운 식사 시간

눈이 즐거운 티베트 요리

관쉬에창(灌血肠, 선지 순대)

▶ 티엔차

티엔 차(甜茶)는 홍차와 우유를 섞고 설탕을 넣은 나이 차(奶茶)이다. 티베트인들이 가장 즐겨 마시는 음료로 라싸, 샨난(山南), 르카쪄(日喀则) 등지에서 많이 마신다. 라싸의 크고

작은 골목에는 셀 수 없이 많은 찻집이 있는데 이들이 판매하는 티엔 차는 한 잔에 고작 3마오(毛)이다. 광밍 상디엔차관(光明商店茶馆)은 쉬에위(雪域) 여관의 맞은편에 있는 찻집이다. 이곳의 티엔 차는 라싸에서 가장 맛있다고 알려져 있는데, 아궁이에서 끓여진 차는 맛이 진하고 달지도 않아 쉽게 질리지 않는다. 이곳에 오는 손님의 99%는 대부분 티베트 남성들이며 1%가 나 같은 여행객이다. 좁은 골목 사이로 테이블과 의자가 놓여 있고, 어두컴컴한 불빛 아래에 중국식 저고리를 입은 아주머니는 알루미늄 주전자를 들고 바쁘게 돌아다니면서, 빈 잔이 보이면 가득 따른 후에 손님이 테이블에 올려놓은 돈을 주머니에 넣고 간다. 티엔 차를 잔으로 팔지 않는 찻집으로 거밍차관(革命茶馆)이 있다. 이 집은 차를 통으로만 팔기 때문에 최소 한 통을 시켜야 하는데 한 통에는 네 잔의 티엔 차가 들어간다. 가게 이름이 중국적이어서 이것저것 물어보았는데 다른 곳과는 달리 정부 기관이나 교육 부문에 종사하는 티베트인들이 주로 찾는 찻집이라고 한다.

▶ 칭커주

칭커주(青稞酒)는 티베트어로 챵(羌)이라 하며 티베트 고원에서 자라는 칭커(青稞)라는 곡식으로 만든 술이다. 칭커주는 티베트 사람들이 가장 좋아하는 술로 명절이나 결혼, 생일 등

의 행사에는 절대 빠지지 않는다. 라싸의 시장에서는 티베트 사람들이 빚은 콜라병 크기의 칭커주를 2元에 살 수 있다. 어딘가 그럴 듯한 곳에서 한잔 마시기를 바란다면 빠지아오지에(八角街)의 강라메이두오(冈拉梅朵)가 좋다. 이곳은 예술적으로 꾸며놓은 화랑식 술집인데 큰 잔에 칭커주를 따라 3元에 판매한다. 칭커주는 생각보다 도수가 낮아 꽤 마셔도 취하지 않으며 티베트 사람들은 음료처럼 수시로 마신다.

▶ 쑤요우 차

쑤요우 차(酥油茶)는 찐 주안 차(砖茶)와 야크의 버터를 섞은 후 소금을 넣어 끓인 차이다. 한 여행자의 추천으로 깡지(剛呰) 찻집에 갔는데, 그곳의 쑤요우 차는 내 입맛에 아주 잘 맞아 느끼하거나 떫은맛이 거의 없었다. 깡지는 조캉 사원(大昭寺)의 맞은편 보행로 입구에 있으며 2층으로 되어 있다.

이곳에는 많은 종류의 차들을 파는데 2층은 옥외로 나갈 수 있어 차를 마시며 포탈라궁을 볼 수 있다.

▶ 참파

참파(粑)는 티베트 사람들의 주요 양식이다. 원료에 따라 쌀보리, 완두, 귀리 참파로 나뉜다. 티베트 사람들은 곡식의 가루를 야크의 젖이나 물로 반죽하여 그때그때 직접 손으로

예쁘게 빚어놓은 참파

참파를 빚어 먹는다. 산에서 방목을 하거나, 외지로 여행을 나갈 때는 꼭 참파를 가지고 가는데 어디서든 그릇만 있으면 만들어 먹을 수 있다. 라싸에 오면 꼭 먹어봐야 한다.

▶ 런션구어판

런션구어판(人参果饭)은 티베트어로는 줘마저쓰(卓玛折丝)라고 한다. 쌀, 인삼, 쑤요우, 설탕 등을 넣고 쪄낸 밥으로 최고의 건강식이다. 티베트 특색이 잘 나타나는 음식이다.

▶ 쑤안나이

쑤안나이(酸奶)는 라싸에서 맛봐야 할 필수 음식 중 하나이다. 이것은 티베트식 쑤안나이(요구르트)로 어디서나 쉽게 구매할 수 있다. 매점이나 길거리의 노점에서도 팔며, 뿌연 유리병에

든 것은 2元, 광천수 병에 든 것은 3元이다. 기본적으로 설탕은 들어 있지 않고, 매우 시며 걸쭉하다. 티베트 사람들은 설탕을 섞어 먹거나 과일을 넣어 쑤안나이 샐러드를 만들어 먹기도 한다.

라싸에서 소문난 식당들

티베트 양식으로 화려하게 장식된 식당에서의 식사

야크 고기를 넣어 만든
니우러우미엔(牛肉面)

🔹 쉬에션궁짱스찬관(雪神宮藏式餐馆)

주소 포탈라궁 광장 양쪽
전화 0891-6003803
특징 라싸에서 가장 고급인 티베트식 정통 음식점이다.
성로우지양(生肉醬), 관쉬에창(灌血肠), 쟈양바(炸羊
扒) 등 티베트 본고장 음식을 요리한다.

🔹 쉬에위찬팅(雪域餐厅)

주소 藏医院路 4号
전화 0891-6323687
특징 인도인이 경영하는 식당이다. 티베트와 서양음식
이 있으며, 가격은 중간 정도다. 외국인을 주요 고
객으로 상대하므로 서비스가 좋은 편이다.

🔹 만자이판관(满斋饭馆)

주소 八廓南街 满斋酒店 1楼
전화 0891-6329645
특징 중식, 양식, 네팔 그리고 티베트 음식을 제공한다.
중국어와 영어 메뉴판이 있으며 포탈라궁과 조캉
사원을 볼 수 있다. 호텔에 있는데도 가격이 저렴
하며 무료 배달까지 한다.

🔹 라단추팡(拉旦厨房)

주소 北京东路 106号(야빈관(亚宾馆) 오른편)
전화 0891-6331241
특징 중식, 양식, 티베트 음식 등 간단한 요리를 위주
로 한다. 티베트식 고기만두와 카레라이스가 유
명하다. 외국인이 관리하기 때문인지 외국인 여
행객들이 많으며 내부에서는 차를 마시면서 카드
놀이도 할 수 있다. 저녁때 2층 테라스에서 식사
하면 티베트의 석양 속에서 낭만적인 식사를 할
수 있다.

🔹 펑니우짱스찬팅(疯牛藏式餐厅)

주소 北京东路 지르 여관(吉日旅馆) 내부
전화 0891-6336845
특징 지르 여관 내부에 있는 식당이다. 매일 티베트식
뷔페를 즐길 수 있으며 두 차례 티베트족의 노래
와 춤 공연을 관람할 수 있다. 외국인 여행객들에

게 인기가 많아 성수기에는 하루 전에 예약을 해
야 할 정도다.

▶ 위빠오즈(玉包子)

주소 北京中路 181号
전화 0891-6816159
특징 24시간 영업을 하는 간식 전문점이다. 100여 가지
의 간식거리가 있으며 시내 전 지역을 무료로 배
달한다. 맛은 물론이거니와 값도 싸고 양도 많다.

▶ 샨동지아오즈디엔(山东饺子店)

주소 娘热路 民航菜市场 맞은편
특징 교자 전문점으로 물만두가 반 근에 4元이다. 라싸
시에서 가장 오래된 산동 교자점으로, 맛도 좋고
값도 저렴하다. 시내 지역은 무료로 배달한다.

먹음직스러운 샨동 교자

▶ 야시장

티엔하이예스(天海夜市)는 민주베이로(民族北路)에서 열
린다. 저녁이 되면 많은 사람들이 몰려들며 가격도 저렴
하여 인기가 많다. 각종 셀프 샤브샤브가 한 사람당
10~15元이다.
칭니엔로예스(青年路夜市)는 저녁 8시 이후에 칭니엔로
에서 열린다. 각종 숯불고기, 작은 훠궈(火锅, 샤브샤브
용 그릇)에서 셀프로 먹는 샤브샤브, 꼬치 등 간식거리
가 굉장히 많다. 쓰촨(四川)과 서북 지방의 맛을 골고루
즐길 수 있다.

🔆 친절 가이드
라싸의 PC방 | 라싸에서 가장 전송 속도가
빠른 PC방(网吧)은 베이징로(北京路) 우체
국 앞의 100짜오왕빠(100兆网吧)이다. 한
국통신처럼 중국의 전신(电信) 기관에서
운영한다고 하는데 시간당 5元이다. 빠랑
쉬에(八郎学) 맞은편의 캉리왕빠(康利网吧)
도 괜찮다. 여기도 보통은 시간당 5元이지
만 직원과 약간만 친해지면 4元으로 깎아
주기도 한다. 속도도 나름 빠른 편이다.

세계의 술꾼들은 이곳으로

하루의 일정을 마치고 그 지역의 바에 앉아 시간을 보내는 것은 매우 괜찮은 일이다. 카메라의 액정으로 그날 찍은 사진들을 돌려보거나 노트북으로 옮겨 정리하면서 맥주를 홀짝이는 맛은 여행지에서만 느낄 수 있는 큰 낭만이다. 많은 술집들이 빠랑가八廓街(빠지아오지에) 일대에 모여 있는데 워낙 외국인들이 많기 때문에 버드와이저, 하이네켄 같은 유명 맥주는 물론 이 지역에서 생산된 라싸 맥주, 칭커 맥주도 있고, 고원 쑤안나이酸奶, 외제 커피, 인도 티엔 차, 쑤요우 차 등도 마실 수 있다. 빠랑가의 술집에서는 보통 라싸 맥주가 7~10元 정도이며, 가장 싼 곳은 6元을 받기도 한다. 라싸의 술집에서 위스키를 마시는 사람은 상대적으로 적은 편이다. 일부 외국인들이나 지역의 부자 상인들로 보이는 사람들이 주문할 뿐 대부분 맥주를 마신다. 아마도 가격도 비싸고 고산병도 걱정되기 때문에 과음을 피하는 듯하다. 대신 신티엔(新天) 포도주는 상대적으로 대중적인 사랑을 받고 있다. 중국산이라 가격이 싸고, 도수 또한 높지 않아 많은 여행자들이 가볍게 마시고는 한다. 나는 원래 지르 여관의 펑니우瘋牛찬팅에 가려고 했다. 티베트 음식과 맥주를 즐기면서 티베트 공연에 흠뻑 취해보려 했던 것이다. 하지만 내가 갔을 때는 이미 자리가 하나도 없는 상태였다. 그래서 발걸음을 돌려 빠지아오지에의 마지아미玛吉阿米에 들어갔다. 황색의 작은 건물에는 깨끗하고 밝은 유리가 길 쪽으로 나 있고, 촛불이 켜져 있어 마음을 따사롭게 했다. 계단을 따라 올라간 2층에는 PC방, 음식점, 그리고 술집이 있었다. 문을 열고 들어선 마지아미에는 티베트식 가구들과 정교한 그림이 있었고, 바닥에는 수공예 카펫이 깔려 있었다. 소박하면서 거칠어 보이는 도기와 벽에 걸린 기타, 불상을 그린 벽걸이 그림 등은 내가 티베트에 있다는 사실을 다시 상기시켜 주었다.

나는 자리에 앉아 스테이크와 맥주를 주문하고 주위를 둘러보았다. 주위에는 삼삼오오 여행객들이 모여 앉아 자신의 여정과 경험들을 이야기하고 있었다. 주펑珠峰에 가려고 계획을 세우는 사람들, 흥이 다하지 않은 듯 오늘 다녀온 하늘 호수 나무취纳木错에 대해 떠드는 사람들, 연인인 듯 얼굴을 맞대고 디지털카메라로 사진을 보는 사람들, 모두 행복해 보였다. 한쪽에는 나와 같은 나 홀로 여행객이 있었는데 뭔가를 적는 데 몰두하고 있었다. 자세히 보니 테이블 위에는 다 쓴 엽서가 몇 장 놓여 있었는데 가족이나 친구들에게 티베트에서의 즐거운 심정을 전하려는 듯했다. 나는 왠지 사람들과 말을 섞고 싶지 않아 조용히 있었지만 이런 곳에서는 쉽게 친구를 사귈 수 있으니 아무에게나 말을 걸어보는 것도 좋을 것이다. 티베트에서는 누구나 신산성호神山聖湖의 동행자가 될 수 있다.

▶ 마지아미(玛吉阿米)

마지아미의 간판

마지아미는 빠지아오지에(八角街)의 조캉 사원(大昭寺, 따자오사)을 둘러싼 순례로 동남쪽 구석에 위치한 노란 외벽의 3층 건물이다. 이 집은 여행객들 사이에서 매우 유명한 곳으로 입구 위에는 나무로 조각한 소녀의 두상이 있다. 이 두상은 몇 개의 선으로 소녀의 아름다움을 잘 묘사했는데, 이곳에서 시작된 아름다운 이야기를 기리기 위한 것이라고 한다.

마지아미는 티베트어로 '시집가지 않은 소녀'란 뜻이다. 6대 달라이 라마 창양지아춰(倉央嘉措)는 걸출한 지도자일 뿐 아니라 유명한 낭만 시인이기도 했는데, 그는 밤마다 궁을 빠져나와 이곳에서 마지아미라는 소녀와 만나곤 했다. 그가 마지아미와 동쪽 산에 올라 지은 유명한 시구가 마지아미의 메뉴판 첫 페이지에 기록되어 있다.

"동쪽의 높디높은 산봉우리에 밝은 달의 하얀 얼굴이 떠오를 때마다 내 마음 속에는 마지아미의 웃음 띤 얼굴이 떠오른다."

마지아미에는 여행객을 위한 방명록이 몇 권 있다. 매 페이지마다 이런저런 언어들로 빽빽하게 적혀 있는데 대부분이 티베트에 어떻게 왔고, 느낌이 어떻고 하는 그런 이야기들이지만 왠지 명작을 읽는 듯한 느낌이 든다. 마지아미는 언제나 많은 여행객들로 북적인다.

▶ 강라메이두오(岗拉梅朵)

주소 北京东路 127号

강라메이두오는 한족 미술가가 개업한 술집이다. 빠지아오지에(八角街) 부근에 위치하고 있으며 도로 하나를 사이에 두고 두니야(度尼亚) 식당과 비스듬히 마주하고 있다. 간판에

강라메이두오 내부

는 티베트어, 중국어, 영어로 '강라메이두오 술집'이라고 쓰여 있는데 '강라메이두오'는 티베트어로 설연화(雪蓮花)라고 한다. 이곳은 향기로운 술과 맛좋은 음식 외에도 라싸의 문화를 판매하고 있다. 술집 내부에는 티베트를 제재로 한 유화나 수채화 작품들이 걸려 있는데, 이것들은 모두 판매되는 것들이다. 라싸에서 전문적으로 혹은 취미로 그려진 작품들

을 이곳의 주인이 가져다 파는 것으로 주인은 판매 수익의 일부를 수수료로 챙긴다고 한다.

▶ 베이빠오커찬바(背包客餐吧)

베이징 중로(北京中路)에 있으며, 빠랑쉐에(八郎学) 여관에서 약 10m 거리에 있다. 티베트에 여행을 왔다가 이곳의 매력에 푹 빠진 중국인이 개업한 곳이라고 한다. 티베트식 소고기 병(餠)이 2元에 판매되고 있는데, 탕을 추가하면 8元으로 굉장히 맛좋은 세트 메뉴를 먹을 수 있다. 이밖에 쑤안나이는

한 그릇에 5元으로 약간 비싼 듯하나 보는 앞에서 직접 만들어주며, 닭고기를 볶아 만든 지쓰차오미엔(鸡丝炒面)은 누구나 즐겨 먹을 만하다.

이곳에는 한 가지 재미난 특징이 있는데 무임금 아르바이트생을 모집하는 것이다. 임금은 없지만 하루에 두 끼를 먹여주고, 인터넷을 할 수 있으며, 한가할 때는 손님과 수다를 떨 수도 있다. 대신 손님을 접대하고 청소를 도와주어야 하는데 티베트에서의 일정이 한가하거나, 혹 지금 사는 세계가 마음에 들지 않는다면 이런 곳에 오랫동안 눌러 앉아 있어도 좋을 것이다.

▶ DUNYA 술집

주소 北京东路 100号

네덜란드인 프레드와 그의 친구 크리스가 운영하는 곳이다. 전 세계를 떠돌아다니던 이들은 라싸를 종착역으로 삼아 '온 세계'를 뜻하는 DUNYA를 상호로 하여 개업했다고 한다.

긴 머리에 긴 수염을 한 사장은 물론, 주방장과 종업원 모두 외국인으로 인테리어에 많은 공을 들였으며 음식 또한 수준급이다. 금빛의 가게 입구는 해질녘이면 눈부시게 빛나곤 하는데 고흐의 '해바라기'처럼 온통 황금색이 된다. DUNYA는 라싸에서는 보기 힘든 기묘한 분위기를 띠는데 어느 때는 상하이 헝산로(衡山路)에 와 있는 것 같고, 어느 때는 베이징의 싼리툰에 와 있는 것 같기도 하다.

발길이 닿지 않아 더욱 매력적인 라싸 외곽 여행

미지의 땅으로 여겨지던 티베트에는 우리가 미처 몰랐던 많은 것들이 있다. 이제야 우리의 눈과 귀에 닿아 알려지게 된 이러한 장소들은, 아직도 우리의 발길을 쉽게 허락하지는 않는다. 사람의 발길이 적어 더욱 매력적인 티베트 오지여행, 더 도전적인 만큼 더 큰 만족을 선사해 줄 것이다.

속속들이 구경하자
라싸 외곽여행 5코스

Tibet

티베트로 오는 여정과 티베트의 수도인 라싸를 둘러보고 티베트의 화려한 모습을 보았다면 이제부터 소개하는 부분은 자연 그대로 티베트의 순수하고 생생한 모습이 살아 있는 여행지다. 여기서 소개하는 티베트의 오지를 여행하면 아마도 여러분은 많은 감동과 함께 세상의 아름다움을 발견하게 될 것이다.

티베트 외곽 지역 여행은 크게 다섯 개의 코스로 구성하였다. 라싸에서 가장 가까우면서도 티베트 초원의 전형을 보여주는 짱베이 초원과 양빠징, 그리고 나무춰 호수를 제1코스로 하였고, 티베트 역사와 종교가 찬란하게 꽃을 피운 얄롱창포 강 일대에 위치한 짱왕묘, 융부라캉, 창주사 그리고 린즈 관광구를 제2코스로 잡았다.

제3코스는 지방의 불교 사원인 바이쥐사, 짜스룬뿌사, 시아루사를 중심으로 호수와 설산에서 흘러내리는 얼음 계곡을 다루었으며, 제4코스로는 세계의 지붕인 에베레스트로 향하는 여정을 담았다.

마지막으로 제5코스는 티베트의 서쪽에 있었던 신비의 구거 왕국과 티베트인들의 신산인 깡런뽀치와 성스러운 호수 등을 여행 경로로 잡아 여정을 완성하였다.

발길이 닿지 않아 더욱 매력적인 라싸 외곽 여행

제1코스
가장 가까이에서 느끼는 티베트의 자연

짱베이 초원 ◆ 양빠징 ◆ 나무춰

Tibet

칭짱 고속도로를 따라 고원의 자연으로 나서면 짱베이藏北 초원의 절경이 펼쳐진다. 고원의 바람은 직접 내 뺨에 와 부딪치고, 싱그러운 풀냄새를 맡을 수 있다. 기차를 타고 지나치기만 했던 그 풍광 속에 내가 들어가 좀더 가까이 야크와 '고원의 정령'인 티베트 영양을 볼 수 있는 것이다.

짱베이 초원, 양빠징, 나무춰는 라싸에서 그리 먼 곳은 아니다. 하지만 일반 교통편이 없기 때문에 차를 대절해야 하는데 1,500元을 혼자 부담하기에는 너무 큰돈이다. 그래서 야뤼셔亞旅社와 빠랑쉬에 여관八朗學旅館의 게시판을 뒤졌는데 다행히 동행할 사람들을 찾을 수 있었다. 빠랑쉬에 여관에서 만난 이들은 중국 대학생들로 그들은 이미 차비도 1,200元으로 흥정까지 해둔 상태였다. 내 몫인 240元만 지불하면 그만이었다. 대신 여행 코스에 대한 선택권은 없었다.

우리는 아침 6시에 빠랑쉬에 여관을 떠났다. 한참을 달릴 때까지도 사방은 어두웠다. 나는 잠시 잠을 청했는데 눈을 떴을 때는 이미 고원의 고속도

시간이 멈춘 듯한 짱베이 초원

양빠징 노천 온천

발길이 닿지 않아 더욱 매력적인 라싸 외곽 여행

로를 달리고 있었다. 창을 열어도 먼지 하나 없는 그런 깨끗한 공기가 들어왔다. 길을 따라 붉은 꽃들이 피어 있었고, 풀은 신선했으며 풍경은 그림 같았다.

티베트인들의 성대한 축제가 벌어지는 짱베이 초원

티베트 지역은 크게 네 지역으로 구분된다. 동서로 뻗은 서남부의 깡디쓰 Kailas, 岡底斯 산맥을 중심으로 그 이북을 짱베이藏北 고원, 그 이남을 짱난곡지藏

242

1 짱베이 초원의 평화로운 모습
2 싸이마지에의 티베트 소녀
3 길에서 만난 유목민과 양떼

南谷地로 구분하는데 짱베이 고원은 약 1천만 년 전에 융기한 해발 고도 5,000m에 달하는 고지대다. 이 지대에 쿤룬 산맥과 탕구라 산맥이 뻗어 있으며 티베트 전체 면적의 2/3에 해당하는 광활한 지역이다. 광활한 초원 지대가 형성되어 있으며 완만한 분지와 구릉 그리고 나무춰와 같은 몇몇의 거대 호수들이 있다.

티베트 사람들은 짱베이 초원 지대에서 유목 생활을 하며 매년 8월 나취那曲, 당숑當雄 등지에서 성대한 싸이마지에賽馬節를 거행한다. 이 기간에는 경마, 마술馬術 시합과 활쏘기 등 전통 경기가 치러지고 티베트식 역도, 줄다리기, 돌 옮기기, 티베트 패션쇼 등 다양한 행사가 진행된다. 현지의 유목민

발길이 닿지 않아 더욱 매력적인 라싸 외곽 여행

들은 싸이마지에 기간에 화려한 텐트를 치고 모닥불을 피우며 흥겨운 궈주앙^{鍋莊} 춤과 노래로 이 성대한 축제를 즐긴다.

이 코스에서 짱베이 초원은 양빠징과 나무춰로 가는 여정이지 목적지가 아니다. 비록 차를 대절했더라도 대개 운전기사들은 중도에 차를 세우려고 하지 않으니 운전기사와 친목을 쌓아 중간 중간 원하는 곳에 세우도록 하는 재치가 필요하다. 운전기사들은 십중팔구 흡연자이므로 담배를 권하며 휴식을 유도해 보자.

티베트의 노천 온천, 양빠징

차가 분지의 동남쪽, 짱부취^{藏布曲} 강 옆에 도착했을 때 운전기사가 차를 멈추고 우리에게 말했다.

"이곳은 양빠징^{羊八井}의 팔경^{八景} 중 하나입니다. 짱부취 강은 산에서 흘러 내려온 얼음과 눈이 녹아 이루어지는데, 이곳을 지날 때 강바닥에서 뿜어져 나오는 열기에 의해 물이 끓습니다. 이곳을 지나던 물고기도 익어버려서 수면에 떠오르면 새와 짐승들의 맛있는 먹이가 됩니다. 만터우를 가져왔다면 쪄먹을 수도 있었을 텐데, 없으니 그냥 가도록 하겠습니다."

운전기사의 간단한 설명 후 차가 다시 출발했다. 차는 얼마 지나지 않아 분지의 서남쪽 길옆에 다시 멈추어 섰다. 이번에는 모두들 운전기사를 따라 시냇물 옆까지 걸어 내려갔다. 시냇물 주위에는 작은 샘들이 무척 많았는데 이 샘구멍들에서 '퐁퐁' 물거품이 뿜어져 나왔다. 운전기사는 풀숲에서 주워 온 10여 개의 새알을 샘 안에 넣었다. 10여 분 뒤 우리는 알들을 꺼내 먹었는데 잘 익은 것이 별미였다. 새알이 도처에 널려 있다는 것과 이런 곳에 온천이 있다는 것이 마냥 신기했다.

운전기사의 말에 따르면 이 샘물은 온도가 90℃에 달해 국수와 달걀을 익혀 먹을 수 있다고 한다. 그리고 샘 옆으로 흐르는 시냇물은 짱부취 강으로

뜨거운 온천물이 폭발하듯 뿜어져 나오는 양빠징 나귀와 기념사진을 찍으라고 권하는 양빠징의 티베트인

흘러들어 가는데 바로 이곳이 양빠징의 팔경 중 세 번째인 주미엔천煮面泉이라고 한다. 운전기사는 우리를 데리고 분지의 서남쪽으로 가면서 계속 설명을 이어갔다. 대분천大噴泉이라는 샘은 직경이 1.5m로 알칼리 용액이 뿜어져 나오며, 양빠징의 다섯 번째 명소인 추탄醋潭은 산성 온천으로 맛이 산시(山西)의 라오동추老陳醋(산시에서 나는 검은 식초)처럼 맛있다고 한다.

팔경 중 여섯 번째는 옥황상제가 채아彩娥 궁녀들에게 만들어 주었다는 천연의 대형 욕조, 러쉐이 호熱水湖인데 농구장 20개만큼 크고 호수 안의 최고 온도가 섭씨 57.7℃란다. 경치가 매우 빼어나고 저녁마다 하늘의 채아 궁녀들이 이곳에 와서 목욕을 한다고 한다.

일곱 번째 명소 따러캉大熱炕은 온돌처럼 따뜻한 모래와 자갈, 진흙으로 이루어진 땅이며, 여덟 번째 명소는 리우황고우硫磺溝라는 유황 굴로서 누런색의 도랑에 유황이 가득하다.

발길이 닿지 않아 더욱 매력적인 라싸 외곽 여행

● 양빠징, 지하의 마그마가 끓인 설산의 샘

백만 년 전 양빠징 일대에는 거대한 지각 운동이 있었다. 이 지각 운동은 부근에 커다란 단층 하나를 형성했는데, 이 단층은 지구 내부로 이어져 지하의 마그마가 올라올 수 있는 통로가 되었다. 마그마는 설산에서 녹아내린 물을 끓이고, 하늘호수 나무춰에서 지하로 흘러 들어간 물을 데워 온천을 만들었다. 이 온천이 바로 양빠징이며, 단층으로 생겨난 산은 양빠징 북쪽에 있는 탕구라 산이다.

양빠징이 위치하고 있는 치앙탕 초원羌塘草原은 고도가 높아 1년 중 8~9개월 정도는 얼음으로 뒤덮여 있다. 하지만 지구 내부에서 올라오는 지열 덕분에 유독 양빠징 주변 수 킬로미터는 1년 내내 푸른 잔디가 담요처럼 깔려 있다.

양빠징羊八井은 이러한 지열을 개발한 신흥 도시다. 비록 인구는 3,000명뿐이지만 이곳이 티베트 제일의 지하자원 개발 시험 지구로 지정되면서 라싸와 티베트 사람들에게 빛과 희망을 가져다주었다. 화력 발전소가 건설되었고 지열 온실과 온천욕실도 건설되었다. 열에너지의 개발로 경제적인 이익이 축적되었고, 사람이 살지 않던 초원 위에는 시가지가 형성되었다. 도로 양쪽으로 상점과 식당, 오락 시설이 들어섰고 공장에서는 밤낮으로 하얀 증기가 뿜어져 나온다.

양빠징 노천 온천

양빠징 발전소

양빠징이 가장 아름다운 때는 동이 틀 무렵이다. 이때는 공기가 아직 차갑기 때문에 양빠징에서 올라온 열기에 의해 하얀 안개가 되어 하늘을 덮는다. 이렇게 생겨난 안개 속에 있으면 마치 구름 속에 있는 것처럼 느껴지는데 딴 세상에 온 것 같아 참 신기하다. 이외에도 운이 좋으면 뜨거운 물이 하늘로 솟구치는 모습을 볼 수 있다. 온천수가 샘구멍에서 하늘 끝까지 세차게 솟구치는 장면은 몇 번을 보아도 정말 장관이다.

양빠징에서는 1인당 30元에 노천욕을 즐길 수 있다. 이곳의 온천수는 다량의 황화수소를 포함하고 있어서 다양한 종류의 만성 질병에 효과가 있다고 한다. 이곳의 목욕탕은 수온이 꽤 높은 편이라 2개의 저온탕을 먼저 거쳐야 한다. 참고로 이곳에서는 수영복을 착용해야 하며 수영복은 20~40元이면 구입할 수 있다.

친절 가이드

❶ 교통 : 양빠징은 라싸에서 87km 떨어져 있다. 라싸 시 장거리 버스 정류장에서 양빠징을 오가는 버스가 있으나 온천까지는 오지 않으므로 8km를 걷거나 히치하이킹을 해야 한다. 아쉽게도 주변에 택시는 없다.

❷ 온천욕 : 30元(고원에서의 온천욕은 체력을 급격히 떨어뜨리기 때문에 주의해야 한다. 장시간 온천욕을 하는 것은 반드시 피해야 한다.)

❸ 양빠징에서의 숙박 : 호텔 옆의 건물에서 7~8개의 침대를 놓고, 1인당 30元을 받는다. 호텔 옆쪽의 파디엔창초대소(发电厂招待所)는 2층 건물로 1인당 25~30元이며 양빠징의 군사 숙소에서도 묵을 수 있다. 간부 숙소는 1인에 100元이고, 보통 4인실은 1인당 25元이다.

라싸와 나취를 오가는 장거리 버스

신이 흘린 눈물, 나무춰

양빠징을 떠나 하늘호수 나무춰纳木错로 출발했다. 일행 모두 조금은 흥분된 모습이었다. 우리는 칭짱 도로를 따라 북쪽으로 달렸다. 길가에는 유채꽃이 만발했고 초원 위에는 드문드문 야크들이 무질서하게 거닐고 있었다. 당송

발길이 닿지 않아 더욱 매력적인 라싸 외곽 여행

나무춰 부근 약도

현성當雄縣城을 지나 나무춰 관광 지구로 진입하니, 새로 수리한 길이 평탄하게 잘 정돈되어 있었다. 아스팔트가 잘 깔려 있어 차는 부드럽게 도로 위를 미끄러지듯 달렸다. 양측에는 초원이 끝없이 이어져 있었는데 마치 폭신한 담요를 옮겨다 놓은 것 같았다.

눈이 쌓여 있는 나건 산納根山을 지나자 멀리 나무춰納木錯 호수가 시야에 들어오기 시작했다. 하늘과 땅이 맞닿는 곳에 푸른 한 줄기 선이 내 심장을 두근거리게 만들었다. 도로는 호수 중앙을 뚫고 나갈 듯이 호수의 중앙을 향해 나 있었다. 하지만 호수에 가까워지자 도로는 호수를 비껴나 있었고 한참 돌아가서야 호수 입구에 도착할 수 있었다. 몇 시까지 돌아오라는 운전기사의 말을 뒤로한 채 나무춰의 입구를 넘었다. 호수 수면까지는 그리 멀지 않았지만 고산 반응으로 약간 어지러웠기 때문에 10元을 주고 말을 타

◐ 한국어로 표기된 나무춰의 화장실 표지판
◑ 나무춰로 가는 길

기로 결정했다.

　호숫가에서 본 나무춰는 한없이 넓고 아득했다. 허락된 시간이 한 시간밖에 되지 않았기 때문에 미리 준비한 도시락을 꺼냈다. 흰 쌀밥에 몇 가지 반찬이 들어 있는 15元짜리 도시락이었다. 몇 술을 떴으나 고산 반응 때문에 도무지 식욕이 나지 않았다. 내가 도시락을 옆에 내려두자 티베트 꼬마들이 우르르 몰려왔다. 학교 체육복을 입은 아이가 도시락을 달라기에 나는 아무 말 없이 내주었다. 귀여운 녀석들이었다.

친절 가이드

❶ 입장료 : 100元

❷ 교통 : 라싸에는 나무춰로 가는 차가 없으므로 여행사를 통하거나 여관의 알림판에서 동행자를 찾아야 한다. 라싸에서 차를 대절하면 나무춰까지 1,200~1,800元 정도 들고 성수기에는 1,700元 정도다. 라싸에서 2~3시간 걸린다.

❸ 보통의 건강 상태라면 라싸에서 3~5일 정도 적응한 후에 나무춰로 가는 것이 좋다. 라싸와 나무춰의 고도 차이는 1,100m인데 쉽게 견뎌낼 고도 차이가 아니다.

❹ 비나 눈이 오는 날에는 나건 산 입구에서 차가 쉽게 진창에 빠지기 때문에 나무춰행은 포기하는 것이 좋다.

❺ 나무춰는 일교차가 크고 저녁에는 바람이 매우 강하게 불기 때문에 여름에도 저녁에는 두터운 점퍼를 입어야 한다.

❻ 자시반도에는 자시사(扎西寺)와 여관들이 몇 곳 있으며 숙박료는 1인에 20元이다. 호숫가에서 야영을 한다면 1인당 15元씩 지불해야 한다.

발길이 닿지 않아 더욱 매력적인 라싸 외곽 여행

나무췌의 저녁 풍경

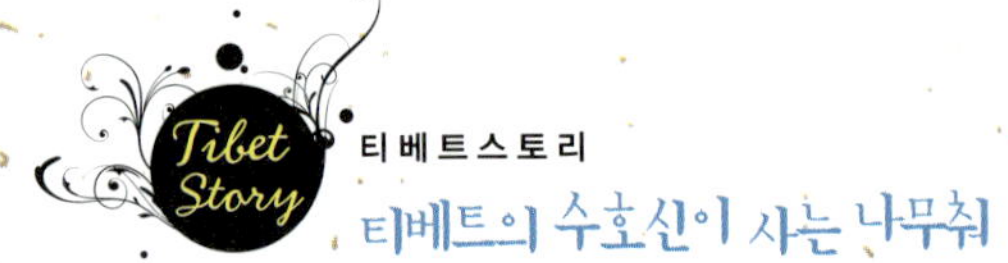

티베트스토리

티베트의 수호신이 사는 나무췌

티베트 민간 신앙에서 나무췌는 니엔칭탕구라 산의 짝으로, 티베트의 수호신 치우모둬지꽁자마(秋莫多吉貢紮瑪)가 사는 곳이다. 치우모둬지꽁자마는 제석천(帝釋天)의 딸로 피부색이 짙은 남색이며, 두 손과 세 개의 다리를 가지고 있는 뵌교의 수호신이다. 그녀는 오른손에는 성스러운 지팡이를, 왼손에는 보경(寶鏡)을 들고 있으며 선녀의 모습에 옥룡을 탄다고 한다. 티베트 전통 불교에서는 나무췌를 여불금강해모(佛母金剛亥母)의 화신으로 여긴다. 때문에 티베트인들은 호수 주변을 돌며 순례하면 무한한 공덕을 쌓을 수 있고, 호수 물로 목욕을 하면 일생의 죄와 모든 번뇌, 고통이 사라진다고 믿는다.

나무춰에서 흩날리고 있는 타르쵸

발길이 닿지 않아 더욱 매력적인 라싸 외곽 여행

제2코스
샨난, 린즈 여행

쌍예사 ◆ 창주사 ◆ 융부라캉 ◆ 짱왕묘 ◆ 얄롱창포 강 린즈 관광구

Tibet

티베트를 찾아오는 사람들 중에는 영혼의 안식을 찾는 성지 순례자가 많다. 그들은 도시의 소란스러움과 답답한 사무실을 떠나 잠시나마 마음의 평화를 위해 시간을 투자하는 것이다. 이 코스는 이 같은 사람들을 위한 여정으로, 티베트의 가장 소박한 민간 풍경 속으로 들어가 티베트인들의 삶을 느끼고 사원의 신비함을 만끽할 수 있다. 앞서 소개한 명소들이 물질주의로 그 엄숙함과 신비한 모습을 조금은 잃어버렸다면, 앞으로 소개하는 명소들은 그보다 훨씬 순수한 모습을 보여줄 것이다. 속되고 번잡스러운 모든 생각들을 버리고, 경건한 마음가짐으로 하늘 아래 가장 신성하고 아름다운 곳으로 가보자.

티베트 역사 속에서 샨난山南은 사람들이 대규모로 모여 산 첫 번째 지역이다. 티베트 민족 문화의 요람 같은 곳으로, 티베트의 첫 번째 왕인 녠트리챈포聶赤贊普와 첫 번째 궁전인 융부라캉雍布拉康뿐 아니라, 첫 번째 불당인 창주사昌珠寺, 첫 번째 농경지인 쒀당索當, 첫 번째 사원인 쌍예사桑耶寺, 첫 번째 경서인 방공챠자邦貢恰加, 첫 번째 티베트 극 빠가뿌巴嘎布가 태어난 곳이다. 그리고 티베트의 4대 신산神山 중 3좌에 해당하는 꽁가지아쌍치우부르貢嘎甲桑秋布日, 쌍예하부르桑耶哈布日, 저당꽁부르澤當貢布日가 샨난에 있으니 티베트에서 샨난의 지위는 라싸에 못지않다고 말할 수 있다.

발길이 닿지 않아 더욱 매력적인 라싸 외곽 여행

산난 관광 지구 지역도

산난 위치도

1 쌍예사와 입구의 돌사자 상 **2** 절벽 위에 건설된 융부라캉 **3** 린즈의 소수 민족 마을

티베트 최초의 불교사원, 쌍예사

티베트 첫 번째 사원인 쌍예사桑耶寺는 샨난山南 짜낭 현紮囊縣 얄롱창포 강雅鲁藏
布江 북쪽에 위치하고 있다. 저당진泽当镇에서 약 38km 떨어져 있으며 티베트
불교사상 최초로 불상과 불경, 승려 3가지를 모두 갖추었다.

이 사원은 독특한 건축 양식으로 유명한데 하층은 티베트식으로 건축되
었고, 중간층은 한漢식, 꼭대기 층은 인도식으로 건축되었다. 이처럼 세 양식
을 모두 갖춘 사원이라는 뜻에서 삼양사三樣寺라고도 불리며, 『현자희연賢者喜
宴』에서는 "이 세상에 이 사원과 필적할 만한 것은 아무것도 없다"고 칭송하

발길이 닿지 않아 더욱 매력적인 라싸 외곽 여행

1 쌍예사 2 쌍예사를 찾은 순례자 3 쌍예사의 전경당

기도 했다.

쌍예사는 서기 762년부터 건축되었다. 티베트 왕 티데축찬赤德祖贊의 겨울 궁冬宮 부근에 터를 잡고, 적호 대사寂護大師의 설계를 따라 티송데첸 왕이 건설을 주관했다. 전설에 따르면 쌍예사 건축에는 많은 어려움이 있었다고 한다. 티송데첸 왕의 명을 받은 적호 대사는 바로 건설에 착수했지만 사원이 자꾸 무너져 내려 공사를 완공할 수 없었다. 땅에 가득한 요기 때문이었는데 티송데첸은 밀교 주술에 뛰어난 연화생 대사蓮花生大師를 불러 마귀들을 물리치도록 했다.

연화생 대사와 마귀들의 싸움은 엄청나게 격렬해서 산이 무너지고 땅이 갈라졌다. 연화생 대사는 이 싸움에서 큰 상처를 입었지만 끝내 모든 마귀들을 물리쳤다. 이를 본 티송데첸은 "쌍예"라고 외쳤는데, 이것은 '뜻밖이다'라는 뜻으로 사원의 이름이 되었다. 쌍예사에서 승려가 된 첫 무리의 티베트인들에게 티송데첸은 칠각사七覺士라는 지위를 내렸으며, 11세기 이후 이곳은 불교 종파인 닝마파寧瑪派의 근거지가 되었다.

주라리엔祖拉廉이라고 불리는 우즈烏孜 대전은 쌍예사의 중심 건축물이다. 세상의 중심에 있다는 불교의 성산 수미산須彌山을 상징하는 것으로, 면적은 약 6,000㎡에 달하며 동쪽을 바라보고 있다. 전당은 3층으로 되어 있으며, 각 층의 높이는 5.5~6m로 2, 3층에는 넓은 베란다가 설치되어 있다. 이것은 내부로 충분한 빛을 받아들이는 기능을 하며, 외관을 더 화려하고 고상하게 만드는 장식적인 역할도 한다.

우즈 대전의 동쪽 대문 앞에는 높이가 9층에 달하는 거구캉格古康이 있다. 불상을 전시하는 전殿이라는 뜻으로, 매년 짱력藏曆 1월 5일과 5월 16일에 석가모니의 커다란 화상을 이곳의 높은 벽에 걸어둔다. 문화대혁명 시기에 위쪽의 여섯 층은 파괴되고 현재는 세 층만 남아 있다.

우즈 대전의 정문 앞에는 돌로 된 비석과 구리종이 있다. 그리고 크기와 모양이 동일한 돌사자 한 쌍이 있는데, 높이가 1.23m로 토번 왕조 때부터 전해 내려오는 것이라고 한다. 한족의 사자상과 다르게 호방하면서도 상서로운 기운을 풍긴다.

백탑白塔은 대전의 동남쪽 귀퉁이에 위치한 흰 몸체의 석탑이다. 베이징 북해공원의 백탑보다 약간 수수한 모양이며 벽돌과 석판을 쌓아 만들었다. 탑의 기초를 이루는 사각형의 담에는 108개의 작은 탑이 세워져 있고, 탑 몸체는 사각형이다.

대전 주변에는 백탑 외에도 서남쪽 귀퉁이에 홍탑紅塔, 서북쪽 모서리에 흑탑黑塔, 동북쪽 모서리에 녹탑綠塔이 각각 건설되어 있다. 이 석탑들은 색상뿐 아니라 모양도 서로 다르다.

친절 가이드

❶ 교통 : 라싸에서 저당진행 장거리 버스를 타고 쌍예 나루터에서 하차한다(24元, 3시간 정도 소요). 나루터에서 배를 타고 얄롱창포 강을 건너고(3~10元) 쌍예사행 대형 버스에 탑승한다(5元).
  * 바가지 위험이 있으므로 차와 배에 타기 전에 반드시 가격을 확인해야 한다.
❷ 입장료 : 사원 입장은 무료, 우즈 대전(우孜大殿)은 30元
❸ 개방 시간 : 9:00~16:00(참관 소요 시간 : 2~3시간)
❹ 쌍예사 내에 식당과 여관이 있다.

티베트 최초의 불당, 창주사

라싸에서 저당진까지의 거리는 191km이다. 직선으로 연결된 도로가 없는 탓에 주변을 빙 돌아가야만 하므로, 족히 3시간은 걸린다. 저당진까지는 두 종류의 버스가 있다. 중형 버스는 30元, 설비가 괜찮은 대형 버스는 40元이다. 나는 당연히 대형 버스를 선택했고 가장 덜 흔들린다는 앞바퀴 위쪽의 좌석에 앉았다.

1 창주사
2 유채꽃이 만발한 저당의 풍경
3 전설 속 거쌍줘마를 그린 그림

티베트의 개국 신화를 살펴보면 티베트의 선조는 원숭이와 나찰녀 사이에서 태어났다. 그리고 티베트의 첫 통일 왕조인 토번의 왕 송첸감포가 나찰녀의 후손들을 정복하고 불교로 개종시켜 사람답게 만들었다. 문성 공주는 토번의 지형이 누워 있는 나찰녀의 형상이기 때문에 나찰녀의 심장과 손발에 사원을 지어 나찰녀의 힘을 영원히 빼앗아야 한다고 주장했다. 그리하여 나찰녀의 심장에는 조캉 사원大昭寺(따자오사)을 지었고, 나찰녀의 팔 위에는 창주사昌珠寺를 건설했다.

티베트어로 창昌은 '매'라는 뜻이고, 주珠는 '용'이라는 뜻이다. 전설에 따르면 이곳은 과거에 넓은 호수였다는데 안에는 독을 가진 용이 숨어 있었다. 용은 매우 험악해서 항상 백성들에게 해를 끼쳤는데 큰 매로 태어난 송첸감

발길이 닿지 않아 더욱 매력적인 라싸 외곽 여행

포의 화신이 용을 물리치고 이곳에 평화를 가져왔다고 한다.

　창주사는 이 같은 송첸감포의 위대한 공적을 기념하기 위한 이름이다. 여기서 재미있는 사실은 창주사에 얽힌 또 다른 전설이다. 창주사에 머물던 문성 공주는 주변의 얄롱雅隆 강에 빠져 위험에 처했다. 문성 공주는 물론 시녀들도 수영을 할 줄 몰랐는데 이때 우연히 지나가던 마을의 여인 거쌍줘마格桑卓瑪가 강에 들어가 공주를 구해냈다. 이후 두 사람은 자매의 연을 맺었고 공주는 거쌍줘마에게 베 짜기와 글을 가르쳐주었고, 거쌍줘마는 공주를 도와 술을 빚고 차를 재배했다고 한다.

　이쯤에서 전설과 사실을 정리하자면 대충 이렇다. 티베트를 통일한 송첸감포는 지배 기반을 굳건히 하기 위해 당唐의 문성 공주와 정략결혼을 했다. 그리고 그동안 지배 이념이었던 뵌교를 버리고, 자신의 지지 기반을 확고히 하기 위해 불교를 받아들였다. 송첸감포와 연관된 전설들의 내용을 잘 연결해 보면 역사가 어떻게 미화되었는지 알 수 있다.

　창주사昌珠寺는 저당진 남쪽 공르 산貢日山 기슭에 위치한 사원이다. 토번 시기에 만들어진 티베트의 첫 번째 불당으로 연화생 대사와 미라래빠米拉日巴 대사 등 유명한 고승들이 이곳에서 수련했다.

창주사는 대전, 전경위랑轉經圍廊, 낭원廊院의 세 부분으로 구성되어 있으며 모두 벽돌과 나무로 지어졌다. 대전의 1층은 송첸감포 상을 모시고 있으며, 2층은 창주사에서 가장 오래된 불당인 '나이띵쉬에乃定學'이다.

이 사찰은 동서로 45m, 남북으로는 29m, 면적이 약 1,300m²이다. 건축물의 형식은 라싸의 조캉 사원와 비슷하며 불상들은 모두 동으로 주조되었다. 튀치에라캉전托且拉康殿에는 흙으로 된 부뚜막이 있다. 아마 이곳은 부엌으로 사용되었던 것 같은데 튀치에라캉전의 튀치에托且는 티베트어로 '감사합니다'라는

1 창주사 표지판
2 2만 9,026알의 진주로 만들어진
  진주 탕카
3 무시무시하게 생긴 가면들
4 창주사의 전통극 공연

뜻이다. 부뚜막 위에 놓여 있는 구리 솥은 문성 공주가 사용했던 것을 보존해 둔 것이라고 한다.

창주사의 주전에는 나이동저춰빠乃東澤措巴의 진주 당카가 보관되어 있다. 이것은 보기 드문 보물로서 진주를 실에 꿰어 그림을 그린 관세음보살게식도觀世音菩薩憩息圖이다. 티베트 파모주빠帕莫竹巴 왕조 시기(원 말~명 초)에 나이동乃東 왕비의 명령으로 제작된 탕카로 길이는 2m, 폭은 1.2m이다. 2만 9,026알의 진주와 15.5g의 황금이 사용되었다. 이렇게 귀중한 탕카가 여러 차례의 왕조 교체와 전란 속에서도 훼손되지 않은 것은 거의 기적이라 할 만하다.

이밖에 문성 공주가 직접 수놓은 석가모니 탕카도 있으며, 의식 때 사용했다는 무시무시한 가면들도 볼 만하다. 송첸감포와 문성 공주가 사용했던 방이 지금까지 보존되어 있다.

발길이 닿지 않아 더욱 매력적인 라싸 외곽 여행

❶ 교통 : 라싸에서 저당진까지는 버스로 이농(30~40元)한 후, 지당진에서 창주사까지 택시를 이용(10元)한다.

❷ 개방 시간 : 09 : 00~16 : 00

❸ 입장료 : 30元

❹ 진주 탕카(珍珠唐卡)와 문성 공주의 석가모니 탕카는 대전 2층의 가장 뒤쪽 방에 보관되어 있다. 관람객이 적을 때는 개방하지 않으나 관리자에게 말하면 열어준다.

❺ 창주사에서는 때때로 티베트 전통극이 공연된다.

❻ 창주사 내부에서는 사진 촬영이 제한된다.

티베트 최초의 왕궁, 융부라캉

융부라캉雍布拉康은 샨난 짜시츠르 산桼西次日山의 꼭대기에 건설되었다. 짜시츠르 산은 그 모양이 어미 사슴의 뒷다리 같다고 하는데, '융부雍布'는 어미 사슴을 가리키고, '라拉'는 뒷다리, '캉康'은 궁전을 의미한다. 그러므로 융부라캉은 '어미 사슴의 뒷다리에 건설된 궁전'이라는 뜻이다.

융부라캉 주변은 지세가 완만하여 평야를 이루고 있다. 때문에 우뚝 솟은 산 위에 건설된 융부라캉은 이 지역의 랜드마크가 되고 있다. 아래에서 올려다본 융부라캉은 높고, 그곳까지 이르는 길은 험하여 마치 잘 준비된 요새 같다. 지금의 융부라캉은 사원이지만 원래는 얄롱雅礱의 우두머리가 사용하던 궁전이었다. 그랬던 것을 기원전 2세기 제1대 토번 왕인 넨트리첸포가 왕궁으로 건축했고, 토번의 33대 왕이었던 송첸감포는 고원을 통일하면서 수도를 라싸로 옮겼다.

융부라캉은 크게 망루, 전당, 승방의 세 부분으로 나누어진다. 망루는 동쪽에 위치해 있으며 넨트리첸포는 이곳을 시작으로 융부라캉을 건축했다. 높이는 11m이고, 남북의 길이는 4.6m, 동서의 너비는 3.5m로 아래에서 위로 갈수록 점점 작아지는 모양을 하고 있다. 밖에서 보기에는 5층 같아 보이지만 실제로는 3층이다. 1층의 미륵좌 뒤로 연결된 통로를 오르면 2층과 연

융부라캉의 백탑과 주변의 농경지

발길이 닿지 않아 더욱 매력적인 라싸 외곽 여행

1 융부라캉 앞의 경번주 **2** 산에서 본 융부라캉
3 흩날리는 타르쵸, 티베트인들은 경전이 적힌 타르쵸가 바람에 펄럭이면 불경이 바람을 타고 전해진다고 믿는다.

결되며 2층의 작은 문으로 나가면 3층으로 올라갈 수 있다.

최초의 전당은 송첸감포에 의해 3층으로 지어졌다. 하지만 이것은 문화혁명 때 소실되었고 지금은 복원된 2층 건물이 그 자리를 대신하고 있다. 10개 정도의 계단을 올라 도착한 전당의 1층에는 작은 현관이 있고, 건물 내부에는 2개의 기둥이 있을 뿐 불상이나 기타 법기들은 없다. 법당의 내부에는 거의 형태를 알아볼 수 없는 벽화들이 있는데, 약탈로 인해 훼손되었고 시간이 흘러 빛이 바랬다.

2층의 법왕전法王殿은 앞뒤 두 부분으로 되어 있다. 전반부는 낮은 테라스가 삼면을 두르고 있고, 후반부는 안뜰이 있는 회랑으로 이루어져 있다. 회랑에는 미륵보살, 총카파宗喀巴, 대불모大佛母, 연화생蓮花生, 문수보살 등의 불

264

상이 있으며 오른쪽 벽면에는 불경 『감주이(甘珠爾)』, 불교와 관련된 이야기를 소재로 한 벽화가 그려져 있다.

승방(僧房)과 기타 부속 건축물들은 남쪽 측면에 위치해 있다. 전당 1층의 현관에서 동남쪽 문으로 나가 서쪽 계단으로 내려가면 승방으로 통한다. 승방 중에는 전당에 바짝 붙어 있는 2층 건물이 있는데 이곳은 역대 달라이 라마가 기거하던 침실이라고 한다.

융부라캉 동북쪽으로 400m의 산골짜기에는 1년 내내 마르지 않는 샘물이 있다. 송첸감포 시대의 중신 녹동찬이 발견했다고 하는데 사람들은 '가취엔(嘎泉)' 이라고 부른다. 융부라캉에서 예배를 드리는 사람들은 이곳을 꼭 들르는데 이 샘물을 마시면 모든 병이 치유되기 때문이라고 한다.

전설에 따르면, 어느 날 하늘에서 신물(神物)이 융부라캉으로 내려왔다. 이 신물 안에는 경서와 법기, 그리고 주문들이 들어 있었는데 아무도 그것이 무엇인지 몰랐다. 다만 하늘에서 내려온 소중한 물건이라 닝보쌍와(寧波桑哇)라는 밀실에 잘 보관해 두었다. 후대 사람들은 이 밀실에서 『제불보살명칭경(諸佛菩薩名稱經)』등 진귀한 보물을 찾아냈는데 그제야 불교가 오래 전부터 티베트에 들어와 있음을 알았다.
토번의 초대 왕인 넨트리첸포에서부터 역대 왕들은 모두 뵌교를 호국 종교로 삼았기 때문에 뵌교의 세력이 매우 강성했던 시기에 들어온 불교는 할 수 없이 후일을 기다렸던 것이다. 불교 보물이 발견된 융부라캉은 불교 성지가 되었고 많은 승려들의 수행 장소가 되었다.

티베트 최대의 왕릉, 짱왕묘

짱왕묘는 시짱 산西藏山 남쪽의 치옹지에 현瓊結縣에 위치해 있다. 7~9세기를 살았던 토번 왕조의 첸포贊普(왕), 대신 왕비들이 묻힌 고분군群으로, 송첸감포의 묘 또한 이곳에 있다. 이곳은 티베트에 현존하는 최대 규모의 왕릉군으로 피러 산즈惹山을 등지고, 얄롱 강을 마주한 배산임수의 입지를 가지고 있다.

전체 묘지군의 면적은 약 1만m²이며 각 묘지는 지표보다 10m정도 높도록 봉토되어 작은 산처럼 보인다. 짱왕묘는 크게 두 가지 모양으로 분류된다. 하나는 정상 부분이 평평한 사각형이고, 다른 하나는 정상 부분이 사다리꼴 모양이다. 규모가 가장 큰 묘는 티송데첸의 사각형 묘이다.

짱왕묘는 동서로 약 2,500m, 남북으로 1,500m이며 동서 두 구역으로 나뉜다. 구역 간 거리는 약 800m이며, 서쪽의 묘들이 비교적 크고 숫자도 많다. 서쪽에는 13개의 왕릉이 있는데, 치옹지에瓊結 강에서부터 무러 산木惹山까지 일자로 늘어서 있다. 반면 동쪽의 왕릉들은 특별한 규칙 없이 배치되어 있으며 7개의 왕릉 중 3개는 골짜기 입구 양측의 산기슭에, 나머지 4개는 하천 바닥에 세워져 있다. 이것들은 규모가 비교적 작고 보존 상태가 좋지 않다.

강 부근에 있는 큰 묘가 바로 송첸감포의 묘이다. 묘의 대문은 서남쪽을

작은 산처럼 보이는 짱왕묘

무덤지기의 거처

향해 열려 있는데 바로 석가모니의 고향을 향하고 있는 것으로, 석가모니에 대한 존경심을 표현한 것이라고 한다. 묘 위에는 작은 사당이 있는데 송첸감 포와 문성 공주의 불상이 있고 무덤지기의 거처가 있다.

송첸감포의 묘는 아직 발굴되지 않았기 때문에 밝혀지지는 않았지만, 사료史料에 따르면 무덤 내에는 5개의 신전이 세워져 있으며, 신전 내에는 송첸 감포와 석가모니, 관세음보살의 조소 상이 있고, 금과 은을 비롯한 많은 수장품이 있다고 한다.

짱왕묘 주변에는 많은 농지가 있는데 대부분 겨울보리를 심는다. 이들 묘지는 보통 농지보다 20m 정도 높은데 묘지가 빗물에 의해 씻겨 내려가지 않도록 보호하는 작용을 한다. 이것을 보면 티베트인들의 총명함과 지혜를 엿볼 수 있다.

친절 가이드

❶ 교통 : 저당진과 짱왕묘는 약 38km 정도 떨어져 있다. 저당진에서 택시를 잡거나, 자가용운전자와 흥정한다면 약 100元이면 왕복이 가능하다(버스는 5元). 혹 교통편을 구하지 못했다면 동따지에(東大街)의 화물차 기사들과 협상해 보는 것도 좋은 방법이다.

❷ 입장료 : 20元

❸ 개방 시간 : 아침부터 저녁까지

❹ 참관 소요 시간 : 2시간 내외

발길이 닿지 않아 더욱 매력적인 라싸 외곽 여행

먹음직스러운 훈제 마오니우러우(毛牛肉)

얄룽창포 강에서 잡아 올린 생선 요리

저당진에서 숙박시설은 나이동로乃东路에 집중되어 있다. 10元부터 200元까지 요금도 다양하다. 베이빠오족背包族들이 운영하는 작은 여관은 개인당 15~40元이면 묵을 수 있다. 나이동로의 무민초대소牧民招待所는 2인실이 50元이다. 라싸로 돌아갈 여유가 없다면 굳이 무리하지 말고 저당진의 저당쩐판디엔泽当镇饭店 같은 식당에서 맛있는 티베트 전통음식을 즐기고 하루 쉬었다가 천천히 돌아가는 것도 좋은 방법이다.

▶ 저당반점(泽当饭店)
- 주소 泽当镇 乃东路 21号(버스역 종점 부근)
- 전화번호 0893-7821796/1899

▶ 저당디엔신쉬에허빈관(泽当电信雪鸽宾馆)
- 주소 西藏 山南 泽当镇 湖北中路 1号
- 전화번호 0893-7820259

▶ 샨난띠취초대소(山南地区招待所)
- 주소 乃东路 19号
- 전화번호 0893-7820259.

세계 최대의 대협곡이 있는 얄롱창포 강 린즈 관광구

린즈林芝는 '작은 스위스', '티베트의 강남'이라고 불리는 아름다운 곳이다. 티베트어로 '태양의 보좌寶座'라는 뜻의 린즈는 얄롱창포 강雅魯藏布江 하류에 위치해 있으며, 평균 해발 고도는 3,000m 내외이지만 고도가 가장 낮은 곳은 900m에 불과할 정도로 기복이 심하다. 안개가 자주 피어 더욱 매력적인 이곳에는 니양하곡尼洋河穀 경제구, 빠이진八一鎭, 파룽창포 강帕隆藏布江 관광구가 있다. 그중 니양허尼洋河 강변에 위치한 빠이진은 이곳의 자치구 소재지로서 정치·경제의 중심지 역할을 하고 있다.

린즈는 세계에서 가장 깊은 대협곡으로 유명하다. 인류 최후의 비밀 장소라 불리는 얄롱창포 강 대협곡은 세계에서 낙차가 가장 큰 수직 지형으로, 수많은 식물과 야생 동물들이 서식하고 있다. 산이 높고 협곡이 깊어 사람의 힘이 미치기 어려운 탓에 원시 자연의 풍경이 그대로 보존되어 있으며 뤄빠珞巴, 먼빠門巴 등 일부 소수 민족들만이 살고 있다. 호쾌한 성격의 이들은 화

발길이 닿지 않아 더욱 매력적인 라싸 외곽 여행

린즈의 대협곡, 공중 촬영이 아니면 전부 담을 수 없을 만큼 거대한 물길이 굽이친다.

린즈의 폭포

전을 일구고 수렵을 하며 그들의 전통을 이어가고 있다.

린즈의 숲에는 측백나무, 전나무, 살아 있는 화석 수궐樹蕨(고사리류)과 백여 종의 야생화 등 수많은 식물이 자라고 있다. 때문에 '천연 자연 박물관'이라는 평가도 받고 있으며 부췬호布裙湖 일대에는 히말라야의 설인과 비슷한, 전설 속의 야인도 출몰한다고 한다.

린즈의 거백巨柏은 랑 현朗縣 미린米林에서 니양허 하류 일대에 분포하는 측백나무다. 이것은 얄롱창포 강 측백나무라고도 하는데 린즈 현 빠지에(巴結) 마을의 거백 보호 구역에는 평균 높이 44m, 직경이 158㎝에 달하는 엄청난 크기의 나무들이 숲을 이루고 있다. 숲에서 가장 큰 것은 흉고 직경이 446cm, 높이는 46m로 현지인들은 이것을 신수神樹로 여겨 숭상하며 보호하고 있다.

티베트 사람들에게 측백나무는 특별한 의미를 갖는다. 토착 종교인 뵌교의 창시자 쉔랍미보辛饒米保의 생명수樹가 측백나무였는데, 이 때문에 숲에서 가장 크고 가장 오래된 나무에는 펑마風馬(깃발)를 감고, 주변에는 마니퇴瑪尼堆(돌무덤)를 쌓아 참배하고는 한다.

친절 가이드

❶ 라싸에서 린즈의 빠이진(八一镇)까지는 633km이며 버스비는 155元이다. 빠이진에서 파이롱(排龙)까지 간 후, 걸어서 파이롱에서 짜취(札曲)까지 이동, 얄롱창포 강과 세계에서 가장 깊은 협곡을 관람한다. 가능하면 명소를 소개해 줄 만한 택시나 자가용 영업자를 찾아 가이드와 이동을 함께 해결하면 편리하다.

발길이 닿지 않아 더욱 매력적인 라싸 외곽 여행

협곡을 가로지르는 나무다리

린즈에는 냥구라쑤(娘古拉蘇)라는 명절이 있다. 냥허(娘河) 유역 사람들의 영신절(迎神節)인데 재미난 전설이 전해진다. 약 600년 전 한 농민이 산에서 보석을 발견했다. 농부는 보석을 집에 모셔두고 잘 보관했는데, 이 보석이 마을에 들어온 후부터 좋은 날씨만 계속되어 해마다 풍년이 들었다. 그러나 보석을 탐낸 사람에게 사기를 당해 보석을 잃어버렸고, 그 후로 마을에는 흉년이 계속되었다.

그래서 마을 사람들은 뵌교 승려에게 좋은 방법이 없는가 하고 물었는데, 승려는 매년 짱력 8월 10일에 제사를 지내 신을 영접하면 좋아질 것이라 했다. 이렇게 해서 영신절이 시작되었고 티베트인들은 이날에 신에게 제사를 지내고 춤을 추며 마귀를 쫓고 풍작을 기원했다. 영신절 행사는 2~3일 동안 계속되며 창두(昌都), 나취(那曲), 칭하이(靑海) 등에서 1만여 명의 관광객이 찾아온다.

엄숙하게 기도하는 노파와 핸드폰을 들여다보는 소녀의 모습이 극명한 대조를 이룬다

Tibet

이 코스는 라싸에서 출발하여 르카저 지구 관광을 위주로 하는 여정이다. 르카저 일대를 제대로 관광하려면 약 4일 정도 소요된다. 유명 사원을 참배하고 에베레스트의 시원스런 모습을 구경한다면 한층 성숙된 자신을 발견하게 될 것이다.

뜻이 이루어지는 땅, 르카저

르카저日喀则는 티베트의 남부에 위치하며 티베트어로 '뜻이 이루어지는 땅'이라는 뜻이다. 얄롱창포 강과 니엔추허年楚河가 만나는 지점에 위치하고 있으며 고도는 3,800m이다. 장족을 중심으로 한족, 회족, 몽골족, 만주족 등 13개 민족이 살고 있으며 기후가 따뜻하고 일조량이 풍부하여 농업이 발달했다.

르카저 위치도

발길이 닿지 않아 더욱 매력적인 라싸 외곽 여행

르카저는 좋은 기후와 유리한 지리 조건 때문에 일찍부터 티베트에서 가
장 매력적인 관광지 중 하나가 되었다. 싸지아사薩迦寺를 비롯한 유명 사원들
이 이곳에 있으며 세계 최고봉인 에베레스트와도 가깝다.

르카저는 티베트 교통의 중심지로 318국도, 르야공로(르카저日喀則~야동亞東),
라푸공로(라싸~푸란普蘭), 중니공로(라싸~르카저)가 연결된다. 중니공로를 이
용했을 때 라싸에서부터 250km를 달려야 르카저에 도착한다. 라싸의 베이징
로 주변의 장거리 버스터미널에서 매일 오전 7시부터 르카저로 가는 장거리
버스가 있으며 승객이 만원이 되면 출발한다. 요금은 38元이며 약 7시간 소
요된다.

중국쪽에서 바라본 에베레스트

1 싸지아사 2 에베레스트 3 모든 것이 얼어버리는 극지에 위치한 롱뿌사

르카저에서 각지로 가는 공영 장거리 버스는 비교적 적으며 라싸나 싸지아로 출발하는 버스만 운행 횟수가 정해져 있고, 기타 노선은 운행 횟수나 출발 시간이 정해져 있지 않다. 빠오처包車(대절차)의 요금은 수입 지프가 매 km마다 3~4.5元이며, 20인승 소형 버스는 km마다 5.5~6.5元, 40인승 장거리 버스는 km마다 7~8元이다.

발길이 닿지 않아 더욱 매력적인 라싸 외곽 여행

▶ 르카저우즈따지우디엔(日喀则乌孜大酒店)

주소 日喀则市 四川南路　　　전화 0892-8838666　　　숙박료 240元(표준 방)

▶ 지앙즈우즈판디엔(江孜乌孜饭店)

주소 日喀则市 江孜县　　　전화 0892-8172999　　　숙박료 280元(표준 방)

▶ 르카저선후지우디엔(日喀则神湖酒店)

주소 日喀则市 青岛东路 20号　　　전화 0892-8839999　　　숙박료 180~280元(표준 방)

▶ 르카저샨동따시아(日喀则山东大厦)

주소 日喀则市 北京北路 5号　　　전화 0892-8826139,　　　숙박료 180元(11~3월),
　　　　　　　　　　　　　　　　　　　　　8826128　　　　　　　　　320元(4~10월)

▶ 요우디엔빈관(邮电宾馆)

주소 日喀则市 解放中路　　　전화 0892-8822550　　　숙박료 450~500元
　　　　　　　　　　　　　　　　　　　　　　　　　　　　(11~4월 20% 할인)

▶ 시짱르카저반점(西藏日喀则饭店)

주소 日喀则市 解放中路 13号　　　전화 0892-8825525　　　숙박료 80元

▶ 르카저시 제1초대소(日喀则市第一招待所)

짜스룬뿌사 바로 앞에 위치한 티베트풍 여관이다. 도미토리만 갖추어져 있으며 하루 숙박비는 15元(3~4인실)이다. 화장실과 세면장은 공용이다.

▶ 깡지엔궈위엔 초대소(刚坚果园招待所)

주무랑마로(珠穆朗玛路)의 짜스룬뿌사 입구 맞은편에 위치해 있다. 숙박료는 20~40元이며 아침에 짜스룬뿌사 광장 서쪽에서 라즈(拉孜)로 가는 버스가 운행한다.

에베레스트 문화 여행절(珠峰文化旅遊节)은 르카저 지구에서 거행되는 문화 행사다. 2001년부터 거행되어 온 에베레스트 문화절(珠峰文化節)을 확대한 것으로 2006년부터 '여행(旅遊)' 이라는 두 글자를 덧붙여 행사의 의미를 좀더 구체화했다. 칭짱철도의 개통을 이용해 르카저의 관광 자원을 홍보하고 에베레스트라는 관광 브랜드를 창출하기 위해서다.

성대한 개막식을 필두로 다채로운 민속 공연이 펼쳐지며 르카저의 전통 혼례 공연과 짜스룬뿌사의 살풀이 공연 등이 거행된다. 문화제 기간 동안에는 지방 특산품 시장도 열리는데 라싸의 빠지아오지에서도 구할 수 없었던 민간 공예품을 구입할 수 있다.

불교 싸지아파의 발원지, 싸지아사

싸지아薩迦사는 싸지아 현의 쭝취허仲曲河 남쪽 기슭에 위치하고 있다. 르카저에서 서남쪽으로 약 160km 떨어져 있으며 고도는 해발 4,280m이다. 싸지아사는 싸지아파의 주요 사찰로서 티베트어로 '회백색의 토양' 이라는 뜻이다.

1073년(북송 6년) 토번 귀족 쿤꽁취에지에뿌昆貢卻傑布가 뻰보 산奔波山의 남쪽에서 광택이 나는 백색의 흙을 발견했는데, 이를 상서로운 징조라고 여겨 그곳에 싸지아사를 지었다.

발길이 닿지 않아 더욱 매력적인 라싸 외곽 여행

싸지아사를 방문한 순례객들이 사원 내부를 걷고 있다.

1 성처럼 웅장한 모습의 싸지아사 **2** 화려하면서도 성스러운 법당 내부 **3** 싸지아사 입장표의 불상
4 싸지아사의 탕카 **5** 법당 내부에는 채광을 위해 2층에 창을 만들어두었다.

처음 지어진 싸지아사는 지금과는 비교되지 않을 만큼 작은 사원이었다. 하지만 후대 법왕들이 끊임없이 확장하여 지금의 웅장한 사원을 만들었고 이곳에서 싸지아파가 형성되었다고 한다. 싸지아파는 거루파格魯派, 닝마파寧瑪派, 가당파噶當派, 가쥐파噶擧派와 함께 가장 영향력 있는 티베트 불교의 한 종파이다.

최초에 건설된 북쪽의 싸지아사는 지금은 폐허가 되어 없어졌다. 현재의 싸지아사는 1268년에 건축된 남쪽의 사원으로 다른 종파의 사원들과 다르게 성처럼 크고 웅장하게 지어졌다. 이것은 전통적으로 지방 정부의 소재지

발길이 닿지 않아 더욱 매력적인 라싸 외곽 여행

였던 이 지역의 정치적 욕구를 보여주는 것이라는데, 승려의 결혼을 허락하고 종교 권력의 세습을 인정하는 싸지아파의 특성이 반영된 듯하다.

싸지아사에는 '제2의 둔황敦煌'이라고 불릴 만큼 많은 역사 문물을 보관하고 있다. 특히 경서들이 많은데 강 북쪽의 우저烏則와 구룽古絨의 장서실과 남쪽 사원의 본당에 보관된 장서는 2만 4,000질에 달하고 있다. 이 경서들은 먹은 물론, 금과 은으로 씌어졌으며 티베트어, 산스크리트어, 중국어로 표기되었다. 이밖에 우저의 장서실에는 천문, 역술, 의학, 문학, 역사에 관련된 서적들도 보관되어 있는데 역대 법왕들이 비평과 해설을 달아둔 진귀한 자료라고 한다. 본당의 서가에는 『팔천송철환본八千頌鐵環本』이라는 가로 1.12m, 세로 1.31m의 거대한 경전도 있다.

싸지아사에는 승려들이 자신들의 생명보다도 귀중하게 여기는 보물 네 가지가 있다. 안에서 성스러운 물이 나오는 불탑 랑지에취단朗結曲丹, 앞에서 7일 동안 문주경을 읽으면 지혜의 문이 열린다는 원주보살 상文殊菩薩像, 빠스파八思巴가 바쳤다는 위카무뚜무 상玉卡姆度母像과 쿠빌라이가 빠스파에게 보냈다는 소라나팔이 그것이다. 이중 소라나팔은 평소에는 검은 상자에 담겨져 있다가 중요한 종교 길일에만 꺼내 연주한다.

싸지아사는 매년 크고 작은 법사 활동을 거행한다. 그중 비교적 규모가 크고 독특한 행사로는 여름과 겨울에 열리는 금강신무 법회金剛神舞法會를 꼽을 수 있다. 이 법회는 매년 짱력 7월과 11월에 거행되는데 싸지아사의 호법신이 각종 요괴들을 죽어 없앤다는 줄거리의 가면극을 선보인다. 이 두 법회가 열리면 티베트 전역에서 승려와 신도들이 찾아오는데 사원에 참배하고 신무神武를 추어 행운이 깃들기를 기원한다.

싸지아사의 3가지 색 ● 티베트스토리

싸지아사는 적, 백, 청의 세 가지 색으로 칠해져 있다. 이 색상들은 각각 상징하는 바가 다른데 붉은색은 문수보살, 흰색은 관음보살, 푸른색은 금강수보살을 상징한다. 이 세 가지 색상은 사원 밖의 민가에서도 사용하고 있는데 이처럼 화려한 색상 때문에 싸지아파를 화교(花教)라고도 부른다. 싸지아파는 승려들의 결혼과 출산을 허락한다. 게다가 종파의 권력 또한 세습된다. 그래서 종파의 정치권력은 아버지에게서 아들로, 종교 권력은 숙부가 조카에게 물려준다.

🏠 친절 가이드

❶ 교통 : 르카저 버스 정류장에서 매일 싸지아로 가는 차량이 고정적으로 운행되고 있다. 오전 8시에 출발하며 약 5시간이 소요되며 차비는 30元이다.

❷ 개방 시간 : 09:00~18:30

❸ 입장료 : 45元

❹ 숙박 : 싸지아사 참관을 마친 시간에 따라 싸지아나 띵르(定日)를 선택하여 숙박하면 된다. 싸지아의 여관은 4인실 기준 1인당 약 20元이다. 띵르의 띵르현초대소(定日县招待所)는 일인당 15~20元이다. 띵르주펑빈관(定日珠峰宾馆)은 띵르 바이빠시양중니공로(白巴乡中尼公路)에 있으며 200~300元이다. 참고로 띵르는 환경이 열악하다.

여행자를 위한 에베레스트의 베이스캠프, 롱뿌사

롱뿌사(绒布寺)는 세계에서 가장 높은 곳에 위치한 사원이다. 세계의 지붕 에베레스트 중턱에 있으며 해발 고도는 5,100m이다. 1902년에 건설되었으며 가장 번성했을 때는 승려가 500명까지 있었다고 한다. 사원은 5층 건물과 백탑 등으로 이루어져 있으며 롱뿌사의 승려들은 모두 붉은색 옷을 입고 붉은색 모자를 쓴다. 이 때문에 홍교(紅教)라고 불리기도 한다. 롱뿌사에는 승려들과 비구니들이 많이 모여 불법을 수련하고 있다. 이렇듯 고도가 높은 곳에 사원을 지은 이유는 더 조용한 곳에서 수련하기 위해서라고 한다. 하지만 지금은 많은 등산가와 관광객, 과학자들이 모여들고 있으며, 여기에 롱뿌사와

발길이 닿지 않아 더욱 매력적인 라싸 외곽 여행

롱뿌사의 백탑과 에베레스트
롱뿌사초대소 간판

베이스캠프로 안내하는 현지인들이 가세했고 롱뿌사 앞에는 새로 지은 숙소들까지 생겨났다.

롱뿌사는 1983년에 대대적인 개선 공사를 하여 롱뿌사 내에서 숙박이 가능하고 내부에 작은 상점과 식당이 있어서 에베레스트를 찾는 여행객들과 등산객들에게 묵을 수 있는 장소와 따뜻한 음식을 제공하고 있다.

롱뿌사에서부터 에베레스트까지는 20km 떨어져 있고, 베이스캠프까지는 10km 떨어져 있다. 롱뿌사에서 베이스캠프까지는 걸어서 2시간 거리지만 차를 이용하면 20분 만에 도착한다.

롱뿌사의 남쪽에는 오색의 타르쵸가 흩날리는 백탑이 있다. 많은 사람들이 이 백탑과 에베레스트를 사진으로 담곤 한다. 에베레스트를 구경하기에 가장 좋은 시기는 이른 아침이나 해질 무렵이다.

① 롱뿌사초대소(絨布寺招待所)의 숙박료는 25元이며, 롱뿌사 앞의 여관들은 30~40元이다. 롱뿌사초대소의 식당에서는 단차오판(蛋炒飯, 계란볶음밥)을 12元에 판매하고 있으며, 지단미엔(雞蛋面, 계란 면)은 10元, 쑤요우 차는 10元이다.

② 야영 장비를 가지고 왔다면 에베레스트 베이스캠프에서 숙박할 수 있다. 성수기에는 티베트 등산협회의 연락관이 베이스캠프에 주재하며 소량의 식품과 음료를 판매하기도 한다.

세계의 지붕 에베레스트

에베레스트珠穆朗玛峰(주무랑마봉)는 세계에서 가장 높은 산으로 그 높이가 8,848m이다. 정확한 위치는 동경 86.9도, 북위 27.9도이며 티베트 땅르 현定日縣과 네팔 사이에 걸쳐 있다. 에베레스트의 중국식 이름은 주무랑마珠穆朗瑪로 티베트어로 '세상의 어머니' 라는 뜻이다. 문헌을 살펴보면 1721년 청나라 정부가 편찬한 『황여전람도皇輿全覽圖』에 에베레스트의 위치가 명확하게 표시되어 있으며 '주무랑마아린朱姆朗馬阿林' 이라 표기되어 있다. 아린阿林)은 만주어로 산봉우리라는 뜻이다. 1771년 제작된 『건륭내부여도乾隆內府輿圖』에는 주무랑마珠穆朗瑪라는 명칭으로 표기되었으며 이 명칭이 지금까지 사용되고 있다.

에베레스트에는 면적이 10㎢ 이상인 거대한 빙하가 15개 있다. 그중 가장 큰 롱뿌 빙하는 너비가 26㎞에 달하고 평균 두께가 120m이며, 가장 두꺼운 빙하는 300m를 넘는다. 면적은 86.89㎢에 달하며 얼음이 만들어낸 아름답고 희귀한 여러 지형이 형성되어 있다. 에베레스트는 인류의 역사보다 짧은 200만 년의 역사를 가지고 있다. 하지만 인간이 범접할 수 없는 신성함에 인도인들은 '시바의 상징' 이라 생각하고, 티베트 사람들은 '백설 여신' 이라 여긴다.

에베레스트의 기후는 복잡하고 끊임없이 변화한다. 6월 초부터 9월 중순까지는 우기에 해당하며 강한 계절풍의 영향으로 폭풍이 자주 발생한다. 11

발길이 닿지 않아 더욱 매력적인 라싸 외곽 여행

▲ 에베레스트 8848m
북
장자봉
동
롱
뿌
빙
천
중
롱
뿌
빙
천
공
뿌
밍
천
서 롱 뿌 빙 천
롱
뿌
빙
천
쌍둬뿌사
롱뿌더사
롱뿌사
쟈시퉁밍사
네팔
북
에베레스트 ▲ 8848
롱뿌사
띵르

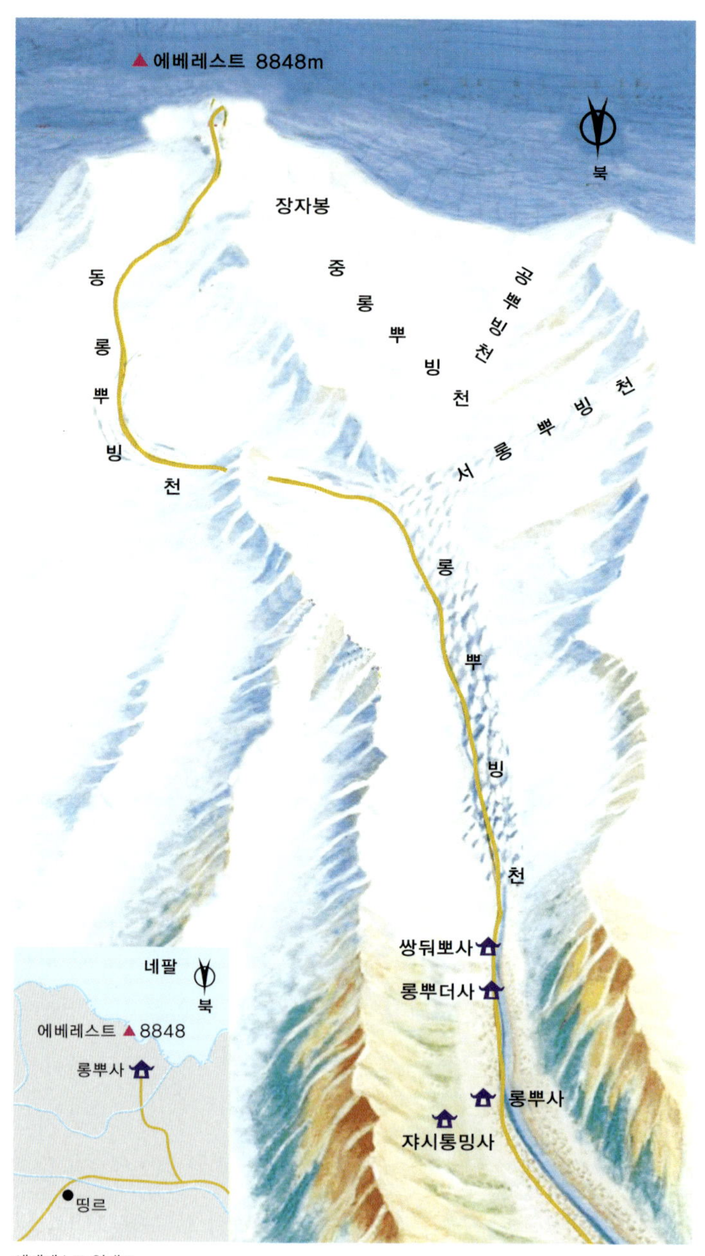

에베레스트 안내도

해발 5,200m 에베레스트 베이스캠프 ◑
에베레스트 베이스캠프 표식 ◑

월 중순부터 다음해 2월 중순까지 는 강력한 한랭기단의 영향으로 추운 기후가 계속된다. 평균 기온은 영하 40~50℃이며 가장 추울 때는 영하 60℃까지 기온이 떨어진다. 최대 풍속은 초속 90m에 달한다.

에베레스트를 오르는 데 가장 적합한 시기는 3월 초부터 5월 말, 9월 초부터 10월 말이다. 이 기간에는 에베레스트에 부는 바람이 약해지고 눈과 비도 적게 내린다. 그러나 여러 조건을 고려했을 때 실제로 좋은 날씨는 모두 합해서 20일도 안 된다고 한다.

에베레스트를 오르는 많은 여행객들은 보통 베이스캠프까지 차로 올라간다. 흙과 자갈이 튀는 도로를 따라 베이스캠프에 오르면 10m 정도의 작은 언덕이 있는데 이곳이 에베레스트를 구경하는 데 가장 좋은 위치이다.

에베레스트에서는 산봉우리를 감상하는 즐거움 외에 또 다른 재미가 있

발길이 닿지 않아 더욱 매력적인 라싸 외곽 여행

소인이 찍힌 에베레스트의 엽서

다. 에베레스트의 베이스캠프에는 아주 작은 우체국이 하나 있어서 이곳의 소인이 찍힌 우편물을 발송할 수 있으며, 에베레스트의 요금소 부근에서는 현지인들이 판매하는 고생물 화석을 구매할 수도 있다.

친절 가이드

1. 교통 : 에베레스트까지는 대중 교통수단이 없으므로 띵르에서 에베레스트까지 차량을 대절해야 한다. 성수기의 경우 이틀에 1,300元(6명 분담, 1인당 210元)이다.
2. 입장료 : 1인당 65元. 차량 400元
3. 숙박 : 롱뿌사초대소(絨布寺招待所, 하루에 30元)에서 묵거나, 베이스캠프의 텐트(1인 50元)에서 숙박이 가능하다. 4월부터 10월 중순까지 베이스캠프에서 숙박할 수 있으며 성수기인 5월~8월에는 자리가 없을 수도 있다. 롱뿌사 옆의 에베레스트 롱뿌탐험서비스센터(주펑융부탄시엔쯩허푸우쭝신, 珠峰絨布探險綜合服務中心)는 예약이 가능(전화 번호: 0892-8262131)하며 2성급 숙소다. 주변 300km 내에서 가장 좋은 숙박업소이며 태양열로 전기를 공급한다. 숙박료는 일인당 150元이다.
4. 아침, 저녁으로 바람이 강하고 기온이 영하 20도까지 내려가므로 방한복을 충분히 준비해야 한다.

에베레스트의 유래 ● 티 베 트 스 토 리

전설에 따르면 송첸감포가 티베트 왕이 되었을 때 히말라야와 에베레스트는 꽃이 만발한 아름다운 곳이었다. 송첸감포는 이 지역에서 새를 키우라고 명령했는데, 이 때문에 이 지역은 '남방의 새를 기르는 곳' 이라는 뜻의 '뭐자마랑(羅紮馬朗)' 이라 불렸다. 후에 티베트의 불교 신자들은 히말라야의 다섯 봉우리에 이름을 붙이고 제사를 지냈는데, '장수 다섯 자매' 로 추앙되는 여신들의 이름이 다섯 봉우리의 이름이 되었다. 행복과 장수를 다스리는 푸쇼우 선녀(福壽仙女), 농토를 다스리는 쩐훼이 선녀(貞慧仙女), 재물을 다스리는 관용 선녀(冠詠仙女), 목축을 다스리는 스런 선녀(施仁仙女) 그리고 다섯 선녀 중에서 가장 예쁘다는 추이옌 선녀(翠顔仙女)가 각각의 봉우리에 붙여진 여신의 이름이다. 티베트 사람들은 세 번째 봉우리의 추이옌 선녀를 주무랑쌍마(珠穆朗桑瑪)라 불렀는데, 여기에서 지금의 명칭인 주무랑마(珠穆朗瑪)가 생겨났다고 한다.

발길이 닿지 않아 더욱 매력적인 라싸 외곽 여행

운치 있는 사원 여행

Tibet

티베트 여행에서 빼놓을 수 없는 곳이 바로 르카저日略則이다. 티베트어로는 '시가체' 라 불리는 르카저는 라싸 서쪽에 위치한 도시로서 포탈라궁이나 저 빵사만큼은 아니지만 그에 준하는 명소들이 있다. 현지의 종교 문화에서 대단히 중요한 역할을 하고 있는 바이쥐사白居寺와 짜스룬뿌사紮什倫布寺가 그 예이다. 이들 사원을 하루에 다 보는 건 시간상 어려우므로 이틀로 나누어 하루는 티베트 3대 성호 중 하나인 양쥐용춰羊卓雍措와 카뤄라 빙천卡若拉冰川, 십만불탑의 바이쥐사白居寺를 돌아본다. 다음날은 짜스룬뿌사紮什倫布寺와 시아루사夏魯寺를 돌아보며 이틀간의 일정을 통해 르카저가 티베트에서 어떤 의미인지를 체험해 보자. 시간이 안 되는 경우에는 둘 중 한 코스만 둘러보아도 좋을 것이다.

티베트 최고의 탑, 바이쮜사 십만불탑

빙하가 녹아 이루어진 카뤄라 빙천 ⬆

⬆ 짜스룬뿌사

시아루사

발길이 닿지 않아 더욱 매력적인 라싸 외곽 여행

옥빛 호수 양줘용춰

양줘용춰羊卓雍措는 티베트어로 '방목지의 옥빛 호수'란 뜻이다. 양줘용춰는 얄룽창포 강의 남쪽인 샨난 지구山南地區 랑카즈 현浪卡子縣에 위치하고 있으며, 히말라야 북부에 분포하는 호수 중에서 가장 큰 담수호다.

양줘용춰의 해발 고도는 4,441m이며 동서로 길쭉한 모양을 하고 있다. 호수의 둘레는 총250㎞이며 그 면적은 638㎢로 평균 수심은 20~40m이다. 양줘용춰는 산호 가지가 뻗어나간 모양을 하고 있어 '위쪽의 산호호珊瑚湖'라고도 불리며 호수 안에는 10여 개의 작은 섬들이 있다. 양줘용춰는 티베트 북부의 나무춰納木錯와 아리阿裏의 마팡용춰瑪旁雍措와 함께 티베트 고원의 '3대 성호三大聖湖'로 추앙받고 있다. 사람들은 나무춰를 아름다운 소녀에 비유하고, 양줘용춰는 늘씬하고 성숙한 여인에 비유한다.

양줘용춰는 저농도 함수호鹹水湖에 속하며 매년 11월 중순부터 얼기 시작한다. 얼음의 두께는 약 0.5m에 달하는데 2~3억kg에 달하는 물고기 떼가 겨울 내내 이 얼음 밑에 갇혀 지낸다. 들리는 바에 의하면 이 호수의 물고기들을 잡아 나누어 준다면 중국 전 국민에게 각각 세 마리씩 줄 수 있다고 하니 '티베트의 물고기 창고'라 불릴 만하다.

언뜻 강처럼 보이는 양줘용춰

양줘용춰와 티베트 부락

양쭤용춰의 눈부신 푸른빛

산호처럼 생긴 양쭤용춰

양쭤용춰의 주요 어업은 양식업의 형태를 띠고 있다. 그 규모가 비교적 커서 라싸는 물론, 멀리 내륙의 시장에까지도 판매하고 있다. 매년 4월부터 10월까지가 어획 가능 시기다. 이 시기가 되면 호수에는 양피 뗏목부터 나무 배까지 빼곡히 들어차 물고기를 잡는데, 그물에 걸린 물고기들이 반사하는 반짝임은 언제 보아도 유쾌하다.

양쭤용춰와 얄롱창포 강은 7㎞의 거리를 두고 떨어져 있다. 두 지점의 고도는 각각 4,480m와 3,700m로 약 800m의 고도 차이가 있는데 1990년 용감무쌍한 중국군은 이 두 지점에 직경 2.5m의 파이프를 매설하여 양후羊湖 발전소를 건설했다. 이 공정은 7년간 계속되어 1997년 7월에 정식으로 가동

3대 성호 소개

이름	나무춰(納木措)	양쭤용춰(羊卓雍措)	마팡용춰(瑪旁雍措)
티베트어 해석	하늘호수	산호 호수	영원히 지지 않는 호수
해발 고도	4,718m	4,480m	4,440m
둘레	140km	250km	80km
총 면적	1,920㎢	638㎢	400㎢
지역 구분	나취 당숑 현 (那曲 當雄縣)	샨난 랑카즈 현 (山南 浪卡子縣)	아리 푸란 현 (阿裏 普蘭縣)

발길이 닿지 않아 더욱 매력적인 라싸 외곽 여행

했는데 세계에서 가장 높은 곳에 위치한 수력 발전소로 등록되는 한편, 라싸와 샨난山南 일대의 집들이 더 이상 중유 발전기를 사용하지 않아도 되도록했다.

❶ 교통 : 라싸에서 르카저까지 차를 대절하면 왕복 1,000元으로, 6인 기준으로 했을 때 1인당 166元이다.
❷ 입장료 : 없다.
❸ 랑카즈진(浪卡子鎮)에 주유소가 있어 타이어 교환이나 간단한 수리를 할 수 있다.

산 위의 거대한 빙하, 카뤄라 빙천

카뤄라 빙천卡若拉冰川은 지앙쯔현 江孜縣과 랑카즈 현浪卡子縣의 접경지대에 위치해 있다. 양쥐용춰에서 출발하여 4,330m의 쓰미라 산斯米拉山을 넘으면 카뤄라 빙천의 빙하 아래에 도착한다. 산 위에서 흘러내린 빙하는 해발 5,560m 부근까지 내려와 있으며, 남쪽에 있는 6,647m의 카루봉卡魯峰의 빙하 지형이 가장 볼 만하다고 한다.

카뤄라 빙하는 닝진캉사봉寧金抗沙峰의 빙하가 남쪽으로 이동하면서 생성된 빙하로 오랜 시간 도로의 먼지에 노출되어 전체적으로 흑백으로 분리된 형

점점 가까이 다가오는 설산

언뜻 보면 산봉우리가 흰 밀가루를 쏟아내는 듯하다.

카뤄라 산의 새하얀 빙산들

카뤄라의 빙산과 백탑

태를 띠고 있다. 산 정상 부근은 눈부시게 빛나는 흰 눈이 쌓여 있는데 색이 너무 밝아 사진을 찍으면 구름과 구별이 안 되는 경우가 종종 발생한다. 날씨가 좋은 날은 빙하의 위쪽으로 매우 웅대한 설산이 보이는데 티베트인들은 이곳을 닝진캉사라고 부른다. 이는 '야차 신夜叉神이 고귀한 설산 위에 살고 있다'는 의미다. 닝진캉사는 360km 길이의 라궤이강르 산맥拉軌崗日山脈의 주봉主峰이며, 이 산맥은 얄롱창포 강과 티베트 3대 성호인 양쮀용춰를 갈라 놓고 있다.

카뤄라 산 입구에서 서쪽으로 약 30km쯤 가면 티베트에서 규모가 가장 큰 만라滿拉 수력발전소가 나온다. 만라 수력발전소는 니엔추허의 두 지류인 쉬에뛰이허學堆河와 니에루짱뿌涅如藏布가 만나는 곳에 건설되었다. 니엔추허는 캉뿌 현康布縣과 부탄의 접경지대에서 발원한다.

친절 가이드

① 교통 : 차비는 르카저 행에 포함.
② 입장료 : 없음.
③ 카뤄라 빙하가 가장 아름다운 시기는 가을이다. 봄과 우기에는 눈과 비가 제법 많이 내리기 때문에 실망하고 돌아가야 하는 경우도 있다.
④ 카뤄라 빙하 주변에는 현지인들이 간단한 다과와 함께 수정을 판매하기도 한다.
⑤ 빙하 아래쪽에서는 많은 아이들이 구걸을 하며 달라붙기도 하므로 주의해야 한다.

발길이 닿지 않아 더욱 매력적인 라싸 외곽 여행

이방인의 선물을 받아든 티베트 소년.
왠지 경계하는 눈치다

십만불탑이 수호하는 바이쥐사

바이쥐사白居寺는 라싸에서 남쪽으로 230km, 르카저에서 동쪽으로 약 100km 정도 떨어진 지앙쯔 현에 위치해 있다. 바이쥐사 안에서는 세 개의 종파가 함께 생활하고 있는데 신기하게도 평화롭게 공존하고 있다. 바이쥐사는 원래 싸지아파薩迦派의 사원이었다. 후에 가땅파噶當派와 거루파格魯派의 세력이 들어왔는데 서로 배척하지 않고 이해하여 지금처럼 함께 생활하게 되었다고 한다. 이 때문에 사찰 안 불상이나 건축물들은 세 교파의 양식을 반영한 다양한 면모를 보이고 있다.

바이쥐사는 사원과 탑이 결합되어 만들어진 전형적인 티베트 불교 사원이다. 사원 속에 탑이 있고, 탑 속에 사원이 있는 형식으로 지어져 탑과 사원이 서로를 더욱 돋보이게 하고 있다. 바이쥐사는 13세기 말부터 15세기 중엽의 사원 형식을 대표하는 기념비적인 건축물로 평가받고 있다. 바이쥐사는 대전大殿, 십만불탑十萬佛塔, 짜창紮倉(학습하는 곳) 그리고 주변의 벽까지 크게 네 개의 커다란 건축군으로 이루어져 있다.

춰친 대전은 화花, 백白, 황黃의 세 종파가 공존하는 역사 500여 년의 대 사당이다. 이곳은 세 종파가 어울려 있기 때문에 불상들이 종파 각각의 풍격을

바이쥐사

변경원의 승려들

발길이 닿지 않아 더욱 매력적인 라싸 외곽 여행

1 십만불탑의 아름다운 문 장식 **2** 바이쥐사 **3** 티베트의 불탑 중에서 가장 아름다운 십만불탑

반영하여 다른 사원과는 사뭇 다른 모습을 보이고 있다.

취친 대전은 3층으로 되어 있다. 1층 북쪽에는 삼세불三世佛 3존과 16나한 상이 있는 쥐에캉 대전覺康大殿이 있다. 불당 좌우에는 정토전淨土殿이 있고 동쪽 정토전의 가운데 불단에 치앙빠強巴 불상이 모셔져 있다. 그 동쪽 벽에는 천수천안십일면대비관음千手千眼十一面大悲觀音 상이 그려져 있는데, 이것은 천수관음과 십일면관음을 합쳐서 만든 것으로 모두 11면의 얼굴이 각각 4층으로 나누어져 있다. 1층에는 자비로운 흰 얼굴을 중심으로 3면의 얼굴이 있고, 2층에는 슬픈 표정의 황색 얼굴을 중심으로 3면의 얼굴이 있다. 3층에도 3면의 얼굴이 있는데 붉은색의 웃는 얼굴을 하고 있으며, 4층에는 크게 화를 내고 있는 명왕明王의 얼굴이 하나 있다.

취친 대전 2층에는 사찰에서 가장 중요한 라지 회의拉基會議가 거행되는 라지 대전拉基大殿, 따오궈전道果殿, 나한전羅漢殿과 회랑回廊이 있다. 나한전의 '고

300

행상'과 뿌리우뤄한葡六羅漢 불상은 티베트에서도 매우 유명한 문물이라고 하며, 문수보살과 바이뚜무白度母가 함께 모셔져 있다. 3층은 시아예라캉夏耶拉康이라고 하며 무량궁無量宮과 상사전上師殿, 금색공행모전金色空行母殿이 있다. 사방의 벽에는 크기가 모두 다른 55장의 벽화가 그려져 있으며, 불당의 천장에는 6각 도안으로 구성된 천화天花가 있다. 천화에는 연꽃잎과 6자 진언六字真言이 그려져 있는데 이 때문에 '6자 대주문'이라고도 불린다.

십만불탑은 취친 대전措欽大殿의 서쪽에 있으며 뿌뚠 대사布頓大師가 설계했다. 1436년에 지어졌으며 각종 탑들의 장점을 한데 모았다. 정식 명칭은 보리탑이다. 보리탑의 티베트어 이름은 '빤쿼취지아班廓曲頫'라고 하는데 '유수가 소용돌이치는 곳의 탑'이라는 뜻으로 여기서 말하는 유수는 르카저의 니엔추허年楚河를 가리킨다.

이 탑은 100개에 가까운 불전을 순서대로 겹쳐서 만들었다. 이 때문에 '탑 속의 탑'이라고도 칭해지는데 탑 속에는 10만 개에 달하는 불전과 감실, 그리고 불화佛畵가 있어 '십만불탑'이라는 이름을 얻었다. 총 13층으로 이루어진 이 탑은 티베트에서 가장 크고 아름다운 탑으로 손꼽힌다. 높이는 42m이며 직경은 62m로, 돌계단과 기반, 탑신, 십삼천十三天, 보개寶蓋, 금장 등으로 이루어져 있다. 1층부터 5층까지는 돌과 흙으로 만들어진 난간과 처마가 있다. 동, 서, 남, 북 사면으로 나뉘는 탑의 몸체는 각 면이 다섯 개의 불전으로 나누어져 있으며, 그 윗부분은 각 면이 하나의 커다란 대전으로 되어 있다. 탑에는 모두 108개의 문이 있다. 그리고 탑의 동쪽 면에는 각 층으로 통하면서 곧바로 탑의 꼭대기까지 갈 수 있는 문전門殿이 있는데 이 문을 '해탈로 가는 문'이라고 부른다.

『지앙쯔법왕전江孜法王傳』에 따르면 십만불탑의 1층부터 금장에 이르는 각각의 불전에는 불교에 등장하는 모든 보살을 그린 2만 7,529개의 그림이 있

발길이 닿지 않아 더욱 매력적인 라싸 외곽 여행

다고 한다. 그중 1층에는 2,423개, 2층에는 1,542개, 3층에는 3,400개, 4층에는 1,278개가 있으며 5층에는 1만 8,886개, 횡두橫鬥에 321개, 탑 기둥에 127개 등이 그려져 있다. 이외에 탑 전체에 있는 그림과 불상을 합치면 거의 3만 개에 이르는데 '견문해탈십만불탑見聞解脫十萬佛塔'이라는 이름이 허풍이 아님을 알 수 있다.

십만불탑에는 신비한 힘이 있다고 한다. 이 불탑 앞에서 불경을 한 번 읽는 것은 다른 곳에서 천 번을 읽는 것과 같으며 불탑에 하다(哈達, 복을 비는 흰 천)를 바치거나 절을 한 모든 사람은 부처님이 죄를 면해주어 평생을 행복하게 살 수 있다고 한다. 이러한 부처님의 자비는 짐승에게도 베풀어지는데 불탑의 향기를 맡거나 불탑의 풍경 소리를 들은 짐승은 내세에서 사람으로 태어나며, 인연이 있어 불탑에 몸이 닿은 작은 곤충까지도 '활불活佛'이 된다고 한다. 바이쥐사를 둘러싸고 있는 짜창紮倉들은 사원이 가장 흥성했을 때에는 17곳이나 있었다. 이 짜창들은 후에 11개로 병합되었는데 7개는 거루파, 3개는 싸지아파, 1개는 가땅파에 속하게 되었고, 세 종파의 주지主持들은 바이쥐사를 공동으로 관리하는 것에 합의하여 평화롭게 공존하고 있다.

◐ 푸른 하늘빛과 조화를 이루는 바이쥐사
◑ 바이쥐사의 벽화

천수천안대비관음연락도, 바이쥐사 방생 견, 바이쥐사의 종교 행사

1. 천수천안대비관음연락도

천수관음(千手觀音)은 인간 세상의 고통을 보고 모든 중생을 구원하겠다고 다짐했다. 하지만 혼자서는 세상을 다 돌볼 수 없다는 것을 깨달은 그녀는 자신의 몸을 42개로 나누어 각각을 관음으로 만들었다. 그녀의 사부인 아미타불(阿彌陀佛)은 어리석은 짓을 했다고 그녀를 꾸짖으며 법력으로 42개 관음을 다시 하나로 합치게 했는데, 두 팔은 따로 떼어 두 명의 화신을 만들고, 40개의 팔에는 눈이 돌아나도록 해서 세상을 돌보도록 했다. 각각의 눈은 25가지의 인과(因果)를 상징하는데 이렇게 해서(25×40=1,000) 천수천안대비관음(千手千眼大悲觀音)이라 불리게 되었다.

천수천안대비관음(千手千眼大悲觀音) 상

2. 바이쥐사 방생 견(放生犬)의 팔자, 상팔자

바이쥐사에는 방생되어 키워지는 방생 견(放生犬)들이 많다. 이 개들은 살아 있는 제물이라는데 방생 양처럼 죽을 때까지 자유롭게 살도록 내버려둔다. 개들이 드러누워 일광욕을 즐기거나 몰려다니며 소란을 피워도 아무도 이들을 괴롭히거나 귀찮게 하지 않는다. 세상사를 초월한 표정에 느긋한 걸음걸이를 보면, 자기들이 사원의 주인이라고 생각하는 것 같다.

바이쥐사의 누렁이

3. 바이쥐사의 종교 행사

❶ 싸가다와(薩葛達瓦)절 : 짱력(藏曆) 4월 15일에 열리는 바이쥐사 최대의 축제다. 십만불탑의 완공과 석가모니의 탄생을 기념하며 500명의 라마들이 불경을 읽고, 수천 명의 신도들이 이곳으로 모인다.

❷ 지앙쯔다마(江孜達瑪)절 : 지앙쯔다마절은 싸비엔 왕조(薩邊王朝) 시기의 지앙쯔 법왕인 파빠쌍뿌(帕八桑布)를 기리기 위한 행사다. 파빠쌍뿌 사후 제자들이 그를 기리기 위해 지냈던 제사에서 시작되었다. 큰 벽에 불화를 거는 전불(展佛)과 같은 종교 행사를 비롯하여 씨름(角力), 승마술 대회, 티베트 전통극 공연, 가무 등의 오락 활동이 벌어진다.

지앙쯔다마절의 전불(展佛) 행사

발길이 닿지 않아 더욱 매력적인 라싸 외곽 여행

- ❶ 개방 시간 : 매일 9:00~19:00(관람 소요시간 2시간)
- ❷ 입장료 : 40元(비수기에는 입장료를 깎을 수 있다. 다섯 명이면 입장권을 두 장만 사도된다.)
- ❸ 숙박/식당 : 지앙쯔현초대소(江孜縣招待所) 30元. 맞은편에 짜시찬팅(紮西餐廳)이 있는데 가격이 약간 비싸다.
- ❹ 카메라를 들고 십만불탑에 들어가려면 추가로 15元을 더 지불해야 한다.
- ❺ 바이쥐사의 금정(金頂)에 오르면 맞은편으로 종산(宗山)의 성곽을 볼 수 있다. 이곳은 1904년 티베트를 침입한 영국군과 전투를 벌였던 곳으로 영화 〈붉은 하곡(紅河谷)〉의 배경이 된 곳이다.

거루파의 6대 사원, 짜스룬뿌사

'상서로운 수미사(須彌寺)' 라고도 불리는 짜스룬뿌사(紮什倫布寺)는 르카저 서쪽의 니쩌르 산(尼色日山) 비탈에 위치하고 있다. 이 사원은 르카저 지구에서 가장 큰 사찰로 라싸의 저빵사, 써라사, 간단사와 칭하이의 타얼사, 깐쑤 성(甘肅省)의 라브랑사(拉蔔楞寺)와 함께 거루파 6대 사찰로 손꼽힌다.

짜스룬뿌사는 총카파(宗喀巴)의 제자이자 1대 달라이 라마인 건둔주빠(根敦珠巴)가 1447년에 창건했다. 1600년 4대 판첸라마(티베트의 전생 활불轉生活佛로서 달라이 라마 다음가는 위치에 있는 사람의 통칭)인 뤄쌍취에지지엔짠(羅桑確吉堅贊)이 주지를 맡으면서 대규모 증축 공사를 했고, 이곳이 최대로 번성했을 때에는 50여 개의 부속 사원과 3,000여 개의 방, 5,000여 명의 승려가 있었다고 한다. 현재 짜스룬뿌사의 전체 면적은 30만㎡로 4곳의 짜창을 비롯하여 56개의 경당과 3,600여 개의 방이 있으며 800여 명의 승려가 거주하고 있다.

치앙빠 불전(强巴佛殿)은 1914년 제9대 판첸라마가 건설했다. 티베트어로는 '치앙빠캉' 이라고 하며 높이는 30m, 면적은 860㎡이다. 이곳은 짜스룬뿌사의 상징인 치앙빠 대불(强巴大佛)을 모시고 있다. 치앙빠 대불은 높이 22.4m의 거대한 불상으로 불상의 어깨 너비는 11.4m이며 얼굴의 크기는 4.2m에 달한다. 귀의 길이는 2.8m이고 손의 너비는 1m, 발의 크기는 4.2m라고 한다.

판첸라마가 머물던 짜스룬뿌사

치앙빠 대불을 모셔둔 대전은 모두 5층으로 구성되어 있다. 1층은 연좌전蓮座殿, 2층은 요부전腰部殿, 3층은 흉부전胸部殿, 4층은 면부전面部殿, 5층은 관부전冠部殿이라고 하며 각 층마다 치앙빠 대불의 각기 다른 부분을 볼 수 있다. 불상의 미간에는 호두 크기만 한 보석이 박혀 있고, 불상을 둘러싼 벽면에는 금으로 그린 수천 장의 불상 그림이 있다.

스쏭난지에 대전釋頌南捷大殿은 치앙빠 불전의 동쪽에 있다. 이 건물은 10대 판첸라마의 영탑전靈塔殿으로, 1980년대 말 짜스룬뿌사에서 입적한 10대 판첸라마 어얼니춰에지지엔짠額爾尼確吉堅贊을 위해 지어진 것이다. 공사는 1993년 8월까지 3년에 걸쳐 진행되었으며 총 면적은 1,933㎡이고 높이는 35.25m이다. 이 건물은 강도 8의 지진도 견뎌낼 수 있도록 강철과 시멘트로 기초 골격을 잡았으며 티베트 사원의 건축 양식을 충실히 반영하여 지어졌다. 판첸라마의 영탑은 높이 11.55m에 면적은 253㎡이며 금도금을 한 몸체에 868개의 보석과 24만 6,794알의 진주, 커다란 운석 1개, 금으로 제작된 호신부護身符 13개, 호박 445개를 사용하여 제작되었다.

발길이 닿지 않아 더욱 매력적인 라싸 외곽 여행

붉은색과 그림으로 장식된 짜스룬뿌사 내부 　　　코끼리, 원숭이, 토끼, 새가 등장하는 재미난 불화

취캉시아전曲康夏殿은 4대 판첸라마의 영탑전이다. 5대 달라이 라마의 스승이었던 그는 티베트 역사에서 매우 큰 공적을 세웠으며 살아 있을 당시에는 대활불大活佛로 칭송되었다. 취캉시아전은 1662년 청 강희康熙 원년에 착공되어 4년 만에 완성되었다. 영탑의 높이는 11m이며, 탑은 은 3만 3,000냥을 사용하여 도금되었고 탑 전체에 보석을 박아 장식했다. 장식에 사용된 금은 모두 합해 2,700냥이었으며, 이밖에 동 7만 8,000근, 비단 9,000척尺과 마노, 진주, 산호 등의 보석이 7,000알 사용되었다.

취친 대전은 사찰의 중심부에 위치한 거대한 건축물로 짜스룬뿌사에서 가장 오래되고 가장 큰 중심 건축물이다. 1459년에 건설되었으며 승려 3,800명을 수용할 수 있다. 대전 1층의 대경당에는 높이 3m의 석가모니 불상이 있다. 이것은 4대 판첸라마가 그의 스승인 시라오썽거喜饒僧格를 위해 만든 것으로, 석가모니의 사리와 건둔주빠의 스승인 시라오썬거의 두개골 및 총카파의 머리카락이 안치되어 있다고 한다.

306

한적함이 묻어나는 사원의 평온한 모습

연일 방문객이 끊이지 않는 짜스룬뿌사

샤이포타이曬佛台는 커다란 불상 그림을 걸어두는 건축물이다. 사원의 동북쪽 담장 밖에 위치해 있으며 양쪽으로 전경통들과 돌을 깎아 불상을 그린 마암석각摩岩石刻 등이 있다. 이것은 1468년 제1대 달라이 라마 건둔주빠가 건립한 것으로 높이는 32m이며 폭은 42.5m로 모두 9층으로 구성되어 있다. 매년 짱력 5월 14~16일에는 이곳에 과거불過去佛, 현세불現世佛, 미래불未來佛을 그린 대형 불상 그림을 걸어두는 의식을 치른다.

짜스룬뿌사에는 다량의 문헌들이 보관되어 있다. 그중 30여 권에 달하는 『총카파전宗喀巴傳』이 가장 유명하며, 각각 7대와 9대 판첸라마 시기에 그려졌다는 〈짜스룬뿌사 전도紥什倫布寺全圖〉와 진한金漢이 손수 썼다는 불경 『감주이甘珠爾』가 있다. 이밖에 티베트 역사를 밝히고 티베트와 중국의 관계사 연구에 중요한 근거가 되는 탕카들과 청 황제가 역대 판첸라마에게 하사한 선물들, 금으로 만든 불경, 금 도장, 칙서 등을 보관하고 있다.

발길이 닿지 않아 더욱 매력적인 라싸 외곽 여행

짜스룬 뿌사의 웅장한 모습 ❂ 커다란 불화를 걸어두는 샤이포 타이

1. **교통** : 르카저 시내에서 짜스룬뿌사까지는 걸어갈 수 있는 거리에 있다. 삼륜차를 이용하면 2元 정도.
2. **개방 시간** : 09:00~17:00(12:00~14:00 사이에는 불전을 개방하지 않는다)
3. **입장료** : 45元(도신절跳神节 등 축제 기간에는 무료다)
4. 짜스룬뿌사의 방들은 그 수가 많고 구조도 복잡하니 일행을 잃어버리지 않도록 주의한다.
5. 전당 내부에서의 사진 촬영은 엄격히 제한되고 있으며, 촬영을 원한다면 일정 금액을 미리 지불하여야 한다.
6. **식사** : 음식점들은 지에팡베이로(解放北路)와 초모롱마로(珠穆朗玛路) 근처에 위치해 있으며 버스 터미널 부근에는 야시장이 열린다.
7. 많은 방생 견들이 있으며 수가 많았을 때는 천 마리에 달하기도 했다고 한다.

신비한 네 가지 보물이 있는 시아루사

시아루사夏魯寺는 르카저 동남쪽 20km 지점에 위치하고 있다. 행정 구역상 지아춰 구加措區 시아루 향夏魯鄉에 속하며 고도는 해발 4,000m이다. 시아루는 티베트어로 '새로 돋은 여린 잎'이란 뜻이며 송宋대의 라마 지쭌시라오치옹나이이吉尊西繞瓊乃가 창건했다.

시아루사는 1333년 대라마 뿌둔런친주布頓仁欽珠의 주도로 크게 확대되었다. 이때 내륙의 많은 한족 기술자들이 공사에 참여했는데 사찰의 건축물들은 한족의 건축 양식을 일부 수용하여 티베트식 전당에 한족식 지붕을 갖게 되었다. 사원은 주전인 시아루라캉夏魯拉康을 비롯하여 카와卡瓦, 캉칭康清, 러삐熱巴 그리고 안종安宗의 짜창紮倉 4곳으로 이루어져 있다.

라캉 내에는 나무와 흙으로 만든 불상들이 모셔져 있으며, 1층은 티베트식 대경당이고, 2층은 한족식 전당으로 전전前殿, 정전正殿과 좌우 편전으로 되어 있다. 라캉의 지붕은 한족 양식의 녹색 유리 기와로 되어 있는데, 티베트에서는 거의 유일한 양식의 티베트·한족 복합 건물이라고 한다.

대전 주위의 회랑 양쪽 벽에는 많은 벽화가 그려져 있다. 그 내용은 불경에 관한 것들인데 벽면에 칸을 나누고 벽화를 그려 넣었다. 큰 칸에는 서로

발길이 닿지 않아 더욱 매력적인 라싸 외곽 여행

회색 칠을 한 시아루사. 주변에 방생 개들이 모여 자고 있다.　　순례자가 동전으로 만든 6자 진언

다른 내용의 그림이 그려져 있고, 큰 칸 아래의 직사각형에는 고대 티베트어로 벽화의 내용을 설명해 놓았다. 인도와 네팔의 전통 화법으로 그려진 것이라고 한다.

시아루사에는 네 가지의 유명한 보물이 있다. 첫 번째는 시아루사 주지였던 뿌뜬 대사가 사용하던 불경 인쇄용 목판이다. 뿌뜬 대사는 불학佛學으로 명성이 자자한 고승으로, 대장경 『단주이丹珠爾(석가모니 제자들이 감주이 내용에 대해 해석한 것)』를 편찬하기도 했는데, 총 108개의 목판을 이어 붙여 만든 이 목판은 천 년에 가까운 세월에도 변하거나 훼손되지 않은 보물 중의 보물이라고 한다.

두 번째는 성단聖壇이다. 성단은 황동을 주조하여 만들었는데 위쪽의 입구를 종이로 단단히 막고, 붉은 천으로 감싸 밀봉했다. 성단 안에는 성수가 담겨 있는데 12년에 한 번씩만 개봉하여 가장 깨끗한 물로 갈아준다. 이 물은 108종의 질병을 치유하고, 108종의 죄악을 씻어낼 수 있다고 한다.

셋째는 6자 진언 석판六字真言石板이다. 이 석판은 시아루사 창건 시 첫 삽을 떴을 때 발견되었다고 하는데 석판 표면의 6자 진언 '옴마니밧메훔'은 자연

황모파의 어린 승려들　　　　　시아루사의 쑤요우 등

적으로 생겨난 것이라고 한다.

　네 번째는 사찰을 창건한 활불 지쭌시라오치옹나이吉尊西繞瓊乃와 싸지아빤즈다꿍가지엔짠薩迦班智達貢嘎堅贊이 세면을 하던 그릇 모양의 거석이다. 이 거석에는 신비한 힘이 있다고 하는데 아무리 비가 많이 와도 절대 흘러넘치는 법이 없다고 한다.

🅲 친절 가이드

① 교통 : 시아루사는 오지에 있으므로 차를 대절하는 것이 가장 좋다(왕복 약 100元). 터미널에서 지앙쯔로 출발하는 중형 버스를 타면 도중에 내려서 3~4㎞를 걸어야 한다. 버스 요금은 15元이며 새벽부터 오후 3시까지 운행한다.

② 입장료 : 40元

③ 개방 시간 : 9:00~18:00(관람 소요 시간 1시간)

시아루사의 전설 ● 티 베 트 스 토 리　　Tibet Story

시아루사 창건자인 지쭌시라오치옹나이는 스승에게 사원이 건설되기에 좋은 자리를 물었다. 그러자 스승은 "내 지팡이가 떨어지는 곳에 사원을 지으라"고 말하고 지팡이를 화살 삼아 하늘로 쏘아 올렸다. 지쭌시라오치옹나이는 스승의 지팡이가 떨어진 곳에 가보았는데 그곳에는 여린 잎사귀들이 돋아나고 있었다. 그래서 그는 새 사원의 이름을 '새로 돋은 여린 잎'이라고 지었다.

발길이 닿지 않아 더욱 매력적인 라싸 외곽 여행

짜다토림 ◈ 투오린사 ◈ 구거 왕국 유적 ◈ 깡런뽀치 ◈ 라앙춰 ◈ 마팡융춰

Tibet

이 코스는 많은 여행객들이 '티베트에서 가장 만족스러운 여행지'라고 평하는 아리(阿里) 지역을 중심으로 하고 있다. 아리는 칭짱 고원의 북부에 위치한 치앙탕(羌塘) 고원에 있으며 총면적은 34만 5,000㎢에 달한다. 이 코스는 여정의 길이도 길고 '세계 용마루의 용마루'라고 불릴 만큼 높은 고도와 싸워야 할 만큼 험난하다. 코스를 다 둘러보는데 약 12일 정도가 소요되며 엄청난 체력 소모가 뒤따른다. 하지만 고생 뒤에 찾아오는 커다란 만족감 때문에 아리로 통하는 이 코스는 가장 인기 있는 티베트 여행 코스이다.

아리 고원에서는 차량과 나란히 달리는 야생 당나귀 무리나 티베트 양떼를 쉽게 볼 수 있다. 또 희귀한 여우나 검둥수리, 티베트 야크, 시라소니 등도 볼 수 있고 여행 내내 아름다운 경관과 티베트 북부 초원의 경치를 마음

아리 지구 위치도

발길이 닿지 않아 더욱 매력적인 라싸 외곽 여행

성호 마팡용춰
귀호 라앙춰

314

껏 즐길 수 있다. 길을 따라 나타나는 쌍무빠티 산桑木巴提山의 황금빛 산봉우리, 다와취达瓦错의 소담스러운 수초와 빠린강르군봉巴林冈日群峰의 새하얀 눈, 게다가 자다扎达 일대의 신비한 구거古格 유적, 푸란普兰의 신산神山 깡린뽀치岗仁波钦, 성호圣湖 마팡용취玛旁雍错까지, 이 자연의 대작들은 여행객들을 매료시킬 것임에 틀림없다.

라싸에서 아리의 중심지인 스취엔허狮泉河까지는 가장 가까운 길이가 1,000km 정도며, 평균 고도는 해발 4,500m 정도다. 게다가 대부분의 도로는 정비된 적이 없는 노반이거나 모래톱이며, 그나마 매년 12월부터 이듬해 5월까지는 폭설로 산길이 막혀 세상과 단절되는 일이 많다. 이 때문에 수많은 여행자들이 아리라는 이름 앞에 꽁무니를 빼왔으며 소수의 용감한 사람들만이 이곳을 다녀왔다.

라싸에서 스취엔허진狮泉河镇까지는 남북 두개의 노선이 있다. 북쪽은 1,760km, 남쪽은 1,190km로 남쪽 길이 북쪽 길보다 600km 가깝다. 남쪽 노선은 G318번 국도와 G219번 국도를 따라 서쪽으로 쭉 이어진 노선이며, 북쪽은 라싸에서 출발해 르카저, 라쯔拉孜, 취친措勤, 가이저改则, 거지革吉를 거쳐 스취엔허, 더 가서는 푸란普兰에 이르는 노선이다.

🛈 친절 가이드

❶ 이 코스의 여정은 개인의 취향에 따라 달라질 수 있으므로 구체적인 일수를 정하지 않았다. 하지만 여기서 소개하는 여섯 곳의 여행 명소를 선택한다면 12일 정도로 계획하는 것이 적절할 것이다.

❷ 장기의 고원 여행 경험이 없는 사람이라면 그룹으로 여행하는 것이 좋다. 차량 대절 비용은 대개 1일 1,000元 정도며, 계절과 차량의 종류에 따라 다르다.

❸ 5월~7월 초, 9월~10월이 아리 여행의 최적기이며, 강수가 집중하는 7월~9월 초는 반드시 피해야 한다.

❹ 아리 여행에 필요한 준비는 숙소 카운터에 물어보거나, 차량을 대절하는 경우 대절할 자동차의 운전기사에게 물어보면 된다. 경험이 없다면 모르겠지만 있다면 모르는 것이 없을 것이다.

발길이 닿지 않아 더욱 매력적인 라싸 외곽 여행

1. **침낭, 방습 깔개** 노숙 시 반드시 필요하다.
2. **손전등, 건전지** 르카저 서쪽 대부분의 지역은 밤에 전기 공급이 중단된다. 모든 전자제품은 비상용 전원을 챙겨가야 한다.
3. **약품** 감기약, 지사제, 소염제, 고산병 치료제(감기약과 고산병 치료제는 매일 소량 복용)
4. **자외선 차단제** 아리 지구는 태양의 복사열이 강하고 기후가 건조해서 자주 코피를 흘리게 된다. 그러므로 자외선 차단제를 반드시 준비한다.
5. **식품** 물, 식품, 채소, 과일(도중에 보충할 수 있으므로 적당량 준비)
6. **방한복** 아리의 연평균 기온은 19℃이며, 여름 한낮의 기온은 10℃ 이상이지만 밤에는 기온이 영하로 떨어진다.

아리로 가는 비포장 도로

고원으로 가는 위험천만한 도로

고원의 아스팔트 도로

● **북쪽 노선**

상대적으로 복잡한 북쪽 노선을 참고용으로 소개한다.

- **라싸~르카저** : 라싸에서 르카저까지는 직선의 아스팔트 도로이며 거리는 250km이다.
- **르카저~라쯔** : 르카저에서 라쯔까지 157km 길은 직선의 평탄한 길이다. 라

쯔의 여관은 보통 15元이며, 이곳에는 식당과 상점이 있다. 라쯔를 지난 후에는 하루 거리 내에 숙식을 할 수 있는 곳이 거의 없으므로 주의해야 한다.

- **라쯔~카가**卡嘎 : 다리를 건너면 하곡河谷에 이르게 되는데 드문드문 티베트족 마을이 있고 사진을 촬영하기에 상당히 좋다. 앞으로 50km를 더 가면 카가진卡嘎镇에 도착한다. 티베트족 마을은 길 오른편에 있고, 트럭들을 위한 중간 역은 조금 더 가야 한다. 기본적인 식품을 구매할 수 있고 숙박 시설도 있다.

- **카가~쌍쌍**桑桑 : 앞으로 65km 더 가면 쌍쌍이 나온다. 식당, 상점, 숙박 시설이 있으며 숙박비는 쌍쌍과 카가 모두 10元이다.

- **쌍쌍~22따오반**道班 : 쌍쌍부터 취친措勤까지 370km 구간에는 숙식을 할 만한 곳이 없다. 쌍쌍을 지나 125km 지점에 낡은 한짱원루汉藏文路 표지가 있으며 계속 가면 아리이다.

- **22따오반**道班**~취친** : 22따오반道班 북부는 길이 매우 험하다. 22따오반道班을 지나 20분 정도 가면 온천과 간헐천을 볼 수 있다. 취친 현措勤县에 도착해서 1박 후 아침에 출발하는 것이 가장 좋다. 고원 여관高原旅馆의 숙박료는 15元이고, 맞은편에 상점이 있다.

- **취친~동취**洞措 : 취친에서 북쪽으로 184km 가면 갈림길이 나오는데 길이 매우 험하다. 갈림길에서 앞으로 좀더 가면 염호가 나온다. 트럭들이 여기에서 소금을 싣고 라싸나 르카저까지 운반한다.

- **동취~가이저**改则 : 갈림길을 지나 84km 가면 가이저이다. 숙식을 할 수 있는 곳이 있고 3~4개의 쓰촨 식당이 있다. 여관의 숙박비는 10元이다.

- **가이저~시옹빠**雄巴 : 가이저부터 시옹빠까지는 180km이며 도중에 옌후시앙盐湖乡을 포함해 두 개의 호수를 지나게 된다. 옌후시앙 서쪽에는 소금 광산이 있으며, 시옹빠에 도착하기 전에 도로는 협곡을 지난다. 시옹빠를 지나 아리까지 가는 길은 평탄하다.

- **시옹빠~거지**革吉 : 시옹빠에서 105km 떨어진 거지는 점심식사를 하거나 숙박을 하기에 좋은 곳이다. 오른쪽 길가에 식당이 몇 군데 있으며, 현의 초대소는 숙박비가 10元이다.

- **거지~아리스취엔허진**阿里狮泉河镇 : 거지부터 아리까지의 112km 중 후반부

발길이 닿지 않아 더욱 매력적인 라싸 외곽 여행

● 이 코스의 경비 계산

이 코스를 여행하는 가장 좋은 방법은 다른 동행인을 찾아 차를 대절하는 것이다. 다음은 6명이 차량을 대절하는 것을 기준으로 계산한 최저 비용이다.

❶ **차량 대절(운전사 포함) 비용** 거리는 총 3,600km 정도로, 일반 수입 지프는 3~3.50元/km이며 고급형 수입 지프는 3.50~4.50元/km이다. km당 4元으로 계산했을 때 차량 대절 비용은 대략 1만 4,400元이고, 1인당 2,400元이 할당된다.

❷ **입장료** 투오린사 35元, 구거 왕국 유적 200元(변동 가능)

❸ **숙박비** 300元, 텐트를 가져가면 숙박비 무료

❹ **식비** 360元, 제대로 된 식사를 할 수 있는 경우가 적고, 대부분 건조식품 등으로 해결해야 한다. 매일 30元으로 계산.

❺ **기타비상금** 200元

　총계 3,495元

아리의 그랜드캐니언, 짜다토림

스취엔허狮泉河에서 르아日阿 도로를 따라 남쪽으로 255km 간 후, 시앙취엔象泉 하곡에 들어서면 곧 아리 짜다 현이 나타난다. 길을 따라가다 보면 사막에 솟아 있는 토산들을 볼 수 있는데, 이것이 아리 고원阿里高原의 대표적인 걸작 짜다토림扎达土林이다. 토림의 높이는 수십 미터에 달하고, 그 모양은 천차만별이다. 자동차로 그 사이를 지나가면 자연의 거대함이 느껴지고, 흙냄새는 시원하다. 많은 사람들이 치앙탕 고원의 노을을 예찬하지만 석양 속의 짜다 토림은 더더욱 아름답다. 그 붉은 빛깔은 사람이 만들어낸 그 어떤 색상보다

바람과 세월이 만든 걸작

도 아름다우며 변화무쌍하다.

　전설에 따르면 아주 오래전 짜다토림 일대는 넓은 바다였다고 한다. 이 지역은 파란 하늘 아래 오직 물과 바람뿐이었는데, 어느 날 땅이 천천히 바다 속에서 솟아올라 산이 되었다고 한다. 과학자들의 조사에 따르면 이 지역은 바다까지는 아니었지만 사방 500㎞가 거대한 호수 속에 잠겨 있었다. 그랬던 것이 히말라야 조산 운동의 영향으로 호수 바닥이 상승해 암석들이 물 위로 드러나 오랜 세월 동안 비바람에 침식되어 오늘의 모습이 된 것이다.

　짜다 현 주위에는 도처에 토림이 형성되어 있다. 짜다로 오는 길 곳곳에서 토림들을 볼 수 있는데 그중에서도 마오츠고우毛刺沟의 토림이 가장 근사하다. 오래된 성곽이 무너져 내린 듯, 들쭉날쭉 험준한 수만 가지의 모습은 언제 보아도 질리지 않는다. 늦은 저녁 토림의 아래서부터 땅거미가 슬슬 차오를 때면 마지막 남은 끝부분은 불에 타오르듯이 밝은 색을 띠는데 정말 감동적이다.

　짜부랑扎不让은 토림의 가장자리인 시앙취엔 하곡의 남쪽에 위치해 있다.

발길이 닿지 않아 더욱 매력적인 라싸 외곽 여행

약 1,100년 전 이 자리에는 구거古格 왕국의 화려한 궁전과 웅대한 사원이 서 있었다. 지금은 무너지고 빛바랜 유적들만 남아 쓸쓸한 모습을 하고 있지만, 분명 그때에는 눈앞의 광경과는 비교조차 할 수 없이 화려하고 웅장했을 것이다. 굽이굽이 흐르는 시앙취엔이 토림의 협곡으로 흐르는 모습을 보면서 여행자의 기쁨을 되새긴다.

📷 친절 가이드

숙박 안내 : 투오린사(托林寺)와 300m 거리에 있는 짜다우쟝부초대소(扎达武装部招待所)는 1인당 숙박료가 30元이며, 여자 화장실이 여관 밖에 있어서 불편하다는 것 외에는 친절하고 깨끗하여 만족스럽다. 짜다빈관(扎达宾馆)은 숙박료가 1인당 25元이다.

천년 고찰 투오린사

투오린사托林寺는 10세기에 세워진 불교 사원이다. 투오린托林은 티베트어로 '하늘을 날며 영원히 추락하지 않는다' 라는 뜻이며 인도, 네팔, 라다커拉达克의 장인들이 모여 이 세 지역의 건축 양식을 종합하여 건축했다.

구거 왕국古格王国(구게 왕국)이 개국했을 때 국교는 불교였다. 그러나 당시 티베트의 불교는 국가 종교로서 굳건한 기반을 갖추지 못한 상태였다. 그래서 제2대 구거 왕인 이시워意希沃는 종교적인 혼란을 바로잡고 불교를 부흥시키고자 996년 투오린사를 건설했다. 구거 왕은 투오린사를 맡아 불교를 부흥시킬 인물로 인도의 고승인 아디시아阿底峡를 초청했으며, 아디시아는 구거 왕국에 불교를 널리 퍼뜨리고 투오린사를 티베트 불교의 중심지로 성장시켰다.

지금의 투오린사는 짜다 현 안에 있다. 그러나 과거에는 짜다 현이 투오린사 안에 있었다. 투오린사가 최대로 번창했을 때 투오린사는 짜다 현보다 더 컸다고 한다. 짜다 현 곳곳에 남아 있는 투오린사의 불탑들이 그 증거이며 크고 작은 불탑 300여 개와 10여 채의 불전이 남아 있다.

1 투오린사 2 투오린사의 지붕 위를 장식한 법륜과 산양
3 투오린사의 벽화 4 여전히 웅장하고 아름다운 자태의 불탑

투오린사의 주체 건축물은 지아사전迦莎殿이다. 이것은 전형적인 구거 왕국 초기의 건축물로 투오린사의 상징일 뿐 아니라 티베트 불교의 자랑이었다. 그러나 문화대혁명 시기를 거치며 다 허물어질 정도로 파괴되어 본래의 모습을 거의 잃어버렸다. 현제의 지아사전은 1997년 이후에 다시 복원한 것이며 중앙에 위치한 주전에서는 대일大日여래불을 모시고 있다.

각각의 작은 불전들은 일부 옛 유물들을 보관하고 있는데 그중 치앙빠 불

발길이 닿지 않아 더욱 매력적인 라싸 외곽 여행

전의 벽화는 소박하고 고풍스러워, 구거 왕국의 도읍지에 있는 벽화와는 또 다른 매력을 풍기고 있다. 지아사전과는 달리, 백전白殿과 홍전红殿은 문화대혁명 시기에 훼손되지 않고 무사히 보존되었는데 당시에 식량 창고로 쓰였기 때문에 화를 면할 수 있었다고 한다.

홍전은 두캉 대전杜康大殿이라고 하며 승려들이 회합하는 곳이다. 사방의 벽에는 벽화가 가득하며 그 내용은 대부분 불교와 관련된 이야기다. 홍전의 복도, 동서에는 십육금강무녀十六金刚舞女가 그려져 있다. 빛이 바래 색상은 변했지만 둥근 얼굴에 통통하고 복스러운 몸매는 선이 깔끔하고 우아하며 생동감이 넘친다.

백전에는 석가모니 불상을 모시고 있다. 이 불상은 예전부터 백전을 지켜온 것으로 안면과 양팔이 조금씩 훼손되었지만 유일하게 남아 있는 백전의 불상이다. 이것을 제외한 나머지 14개의 불상은 모두 소실되었으며 다만 그 빈자리만 남아 원래의 모습을 상상하게 만들 뿐이다.

불상 외에 백전의 네 벽면에는 고승들을 그린 벽화가 있다. 투오린사의 첫 주지였던 아디시아阿底峡와 이시워益西沃, 그리고 런칭쌍뿌仁青桑布가 그려져 있다.

투오린사 밖 시앙취엔허 주변에는 커다란 탑림塔林이 있다. 축구장만 한 넓이의 땅에 200여 개의 크고 작은 불탑들이 서 있고, 남과 북 양쪽에는 각각 가지런한 탑으로 된 벽이 있다. 각각의 벽은 108개의 작은 불탑으로 이루어져 있는데 모든 탑 안에는 투오린사의 고승인 런칭쌍뿌의 염주가 한 알씩 들어 있다고 한다.

❶ 입장료 : 35元(표 파는 사람이 자주 자리를 비운다)
❷ 내부의 전등이 비교적 어둡기 때문에 손전등을 지참하는 것이 좋다.

찬란했던 구거 왕국의 흔적

구거古格 왕조는 티베트의 경제와 문화 발전에 중요한 위치를 차지하는 왕국으로, 인도의 많은 불교 교의가 바로 이곳에서 티베트 전역으로 전해졌다. 이곳은 티베트 대외 무역의 거점 도시로서 기능하기도 했다. 구거 왕조의 전신前身은 시앙시웅국象雄国이다. 시앙시웅국은 토번 왕실의 후예가 아리 지방에 건립한 왕국으로 17세기에 멸망할 때까지 16명의 국왕이 통치했다. 이 왕국이 가장 흥성했던 시기에는 아리 지방 전체를 통치했다고 하는데 토번이 와해된 후 불교를 다시 일으키는 발판을 마련한 중요 왕조였다.

아리의 구거 왕조 유적은 짜다 현 서쪽 18km 지점인 짜부랑札不讓 마을에 있다. 구거 유적의 면적은 1,833㎡로 그 속에는 300여 개의 방과 동굴이 빽빽하게 들어차 있다. 구거 유적은 300m 높이의 산 전체에 퍼져 있는데 멀리서 보면 큰 나무 밑동에서 자라는 버섯들처럼 건물이 군데군데 솟아나 있다.

구거 왕국의 잔해, 풍화로 깎여나가는 것이지만 너무 안타깝다.

발길이 닿지 않아 더욱 매력적인 라싸 외곽 여행

1 호법신전의 남녀쌍수불 벽화 2 정상에서 내려다본 구거 왕국의 유적 3 해가 내리쬐는 고원의 유적

　구거 왕조 유적은 토림의 커다란 품 안에서 보호받고 있다. 구거 유적은 토림의 점성이 강한 흙을 사용하여 지어졌기 때문에 옛 성곽의 유적이 토림과 하나인 것처럼 혼연일체를 이루고 있다.

　이곳은 10~17세기까지 구거 왕조의 찬란한 문화가 꽃피던 곳이다. 그러나 1635년 라다커拉达克인들이 짜다를 공격해 왔고 구거 왕국은 비참한 이야기와 유적만을 남긴 채 멸망했다. 구거 왕국이 남긴 것으로는 현재 남아 있는 사원의 벽화가 가장 귀중한 유물이다. 이미 수백 년이 지났지만 벽화는 시간과 무

324

관한 듯 변함없이 뚜렷한 선과 아름다운 색상을 간직하고 있다. 벽화는 석가모니와 구거 왕족에 관련된 내용들을 위주로 하고 있다. 산 정상에 있는 호법신전護法神殿에는 티베트 밀종密宗의 남녀쌍수불男女双修佛 벽화가 있다. 얼핏 보면 남녀가 사랑을 나누는 모양이지만 불교의 정혜쌍수를 강조하는 그림으로 티베트 불교에서만 볼 수 있는 강렬하고 생기 넘치는 그림이다.

벽화의 아래쪽에는 지옥에서 겪는 고통을 자세히 묘사한 그림이 있다. 죄를 지은 중생들이 각종 형벌을 받는 모습을 그렸는데 참혹하고 끔찍해서 약간 두려운 마음도 생긴다. 벽화의 테두리에는 수십 명의 여인 그림을 그려 넣어 장식했다. 그녀들의 모습은 우아하고 단정하며 어느 것 하나도 같은 그림이 없이 모두 다르다. 역사나 예술적 가치를 떠나서 둔황 벽화敦煌壁画에 필적할 만한 아름다운 그림이다.

신비로웠던 구거 왕조는 300년 전 하룻밤 사이 사라져버렸다. 그러나 그들이 남긴 찬란했던 문화와 예술적 성과들은 유적으로 남아 우리에게 감동을 주고 있다.

🛈 친절 가이드

❶ 교통 : 구거 유적은 짜다 현과 18㎞ 거리에 있다. 만약 히치하이크로 짜다에 왔다면 현창미엔난로(县场面南路)에서 짜부랑을 거쳐 가는 차를 얻어 타면 된다. 몇 군데 초대소에서 구거 유적 관광 차량을 운행하기도 한다.

❷ 숙박 : 짜다 현에는 숙박업소와 식당이 많으며 가격도 비싸지 않다. 우징초대소(武警招待所)는 1인당 25元이고 짜다빈관(扎达宾馆)은 1인당 25元이다.

❸ 입장료 : 입장권은 현문화국(县文化局)에서 따로 판매(200~400元)하지만 변동 가능성이 있다. 구거 유적에 가기 전에 여관 등지에서 미리 물어보는 것이 좋다.

❹ 짜부랑 마을은 '도로 유지비' 라는 명목으로 도로 사용료를 받는다.

세계의 중심 신산 깡런뽀치

깡런뽀치冈仁波齐는 인도의 브라만교, 티베트 불교, 티베트 토착 종교인 뵌교 등이 인정한 세계의 중심이 되는 신산神山이다. 비록 깡런뽀치는 이 지역에서

발길이 닿지 않아 더욱 매력적인 라싸 외곽 여행

조차도 가장 높은 산이 되지 못하지만 높이와 상관없이 독특한 산세와 기이한 빛을 발하는 자태만으로 신산으로서 찬양받고 있다.

깡런뽀치는 아리 푸란뿔쯔 현에 위치해 있으며 해발 고도는 6,656m로 그 산봉우리는 1년 내내 눈과 얼음으로 뒤덮여 있다. 산의 남쪽에서 올려다보면 산봉우리에 있는 커다란 부호를 볼 수 있다. 이것은 수직으로 내려오는 거대한 빙하 계곡과 수평으로 뻗은 암석층이 만들어낸 기호로 불교의 만卍자를 나타낸다. 불교의 만자는 불법의 영원불멸함과 길함, 그리고 보우하심을 나타내는데 깡런뽀치는 이 같은 신표를 가진 성스러운 산인 것이다. 깡런뽀치봉에는 항상 구름이 맴돌고 있다. 그래서 산봉우리를 보는 일은 쉽지 않은데 현지인들은 깡런뽀치봉을 보면 행운이 온다고 생각한다.

불교도들에게 깡런뽀치는 부처님의 상징이다. 기나긴 세월 동안 성지 순례자들은 비바람에도 쉬지 않고 깡런뽀치로 길을 재촉했으며 고달픈 여정에

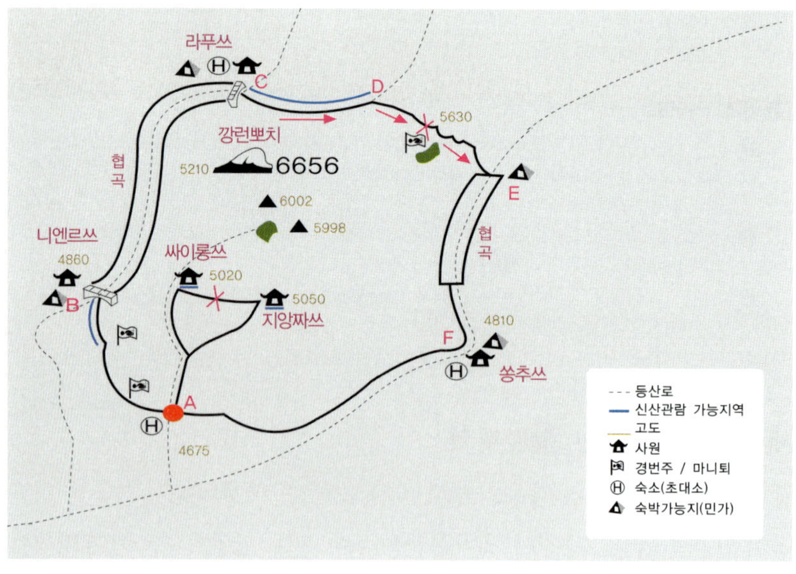

깡런뽀치 순례도

1 신산 깡런뽀치 2 베이스캠프에서 올려다본 깡런뽀치 3 흰 신산과 초원의 야생마 4 사찰에 피운 쑤요우 등

도 산을 돌며 공덕을 쌓았다.

불교 신자들은 일생에 한 번이라도 신산에 와서 성지 순례를 하는 것이 수행을 완성하는 길이라고 믿는다. 전설에 의하면 깡런뽀치를 참배하고 산을 한 바퀴 돌면 평생의 죄업을 씻어낼 수 있고, 열 바퀴를 돌면 윤회하는 도중 지옥에 가는 고통을 면할 수 있으며, 백 바퀴를 돌면 하늘로 올라 부처가될 수 있다고 한다.

성지 순례자들이 깡런뽀치봉을 가장 많이 찾는 해는 말띠 해이다. 이는

발길이 닿지 않아 더욱 매력적인 라싸 외곽 여행

십자 모양의 만(卍)자가 선명한 깡런뽀치

석가모니가 말띠 해에 태어났기 때문인데, 말띠 해에는 산을 한 바퀴 도는 것이 평소의 열세 바퀴 도는 것과 같아서 열두 번의 공덕을 더 쌓을 수 있다고 한다. 산을 돌아보는 일은 무척이나 해볼 만한 경험이다. 설사 불교도가 아니라고 해도 오랜 세월 수많은 사람들이 밟고 지나간 길을 따라가면서 신산의 발아래를 걷다 보면 역사 속을 한가로이 거니는 듯한 느낌을 받게 될 것이다. 또한 갖은 고생을 하며 산을 다 돌고 난 후의 성취감과 만족감은 더욱 말로 형언할 수 없을 것이다.

불교도들은 안쪽 코스와 바깥쪽 코스 두 가지 루트를 이용한다. 안쪽 코스는 신산 남쪽의 인지에투오 산因揭陀山을 따라 작게 한 바퀴 도는 것이고, 바깥쪽 코스는 강디쓰 산冈底斯山을 중심으로 크게 한 바퀴 도는 것이다. 바깥쪽 코스의 길이는 5만 6,500m로 도보로 3일이 걸리고 절을 하며 걸으면 15일에서 20일 정도가 걸린다. 티베트와 인도인 불교 신자들은 시계 방향으로 돌지만 뵌교도들은 시계 반대 방향으로 돈다.

친절 가이드

1. 교통 : 신산 아래의 작은 마을인 타친(塔钦, Darchen, 따진쓰(大金寺)라고도 부름)에는 버스가 다니지 않는다. 따라서 히치하이크를 하거나 차를 대절해야 한다.
2. 변경 통행증(边境通行证) : 신산에 가기 위해서는 반드시 변경 통행증을 발급받아야 한다. 빠가(巴嘎)에 검문소가 있으며 아리 남쪽에서 타친 구간과 타친에서 푸란 구간에도 검문소를 지나야 한다.
3. 입장료 : 없음
4. 숙박 및 식당 :
   강디쓰빈관(冈底斯宾馆) 도로 옆에 위치해 있고 현지에서 가장 좋은 숙소다. 숙박비는 1인당 25元이며 손님이 많으면 60元까지 오르기도 한다. 끓는 물을 제공하며 호텔에 자가발전기가 있어 밤 12시까지 전기를 제공한다. 짐은 하루에 10元에 맡아준다. 강디쓰빈관 위쪽으로 멀지 않은 곳에 주차장이 있는데 그 안에도 숙박할 수 있는 방들이 있다. 1인당 15元이다.
   신산초대소(神山招待所) 강디쓰빈관 옆에 있으며 숙박비는 25~100元까지 다양하다. 밤에는 자가발전기로 전기를 제공한다.
   Lhasa restaurant 강디쓰빈관 동문 밖에 있는 식당이다. 천막을 쳐서 만들었으며 신산 부근에서 가장 좋은 식당으로 알려져 있다.
5. 사원 : 깡런뽀치 주변에는 모두 5개의 사원이 있으며 순례를 하게 되면 타친에서 출발하여, 니엔르사(年日寺), 라푸사(拉浦寺), 쏭추사(松楚寺), 지앙짜사(江扎寺), 싸이롱사(赛龙寺) 순으로 돌게 된다.

발길이 닿지 않아 더욱 매력적인 라싸 외곽 여행

신산 순례에 필요한 것들

❶ 산을 돌 때 짐꾼을 고용하여 짐을 짊어지게 할 수 있다. 고용 비용은 하루에 50元 정도며 짐꾼에 야크 한 마리를 추가해도 가격은 동일하다. 숙소 입구에 매일 새벽부터 짐꾼들이 나와 있다.

❷ 의류, 우의 : 산 위는 일교차가 매우 크고, 바람도 강하며 비가 오거나 우박이 쏟아진다. 옷을 많이 준비하여 수시로 입고 벗기를 반복해야 한다.

❸ 침낭, 방습 깔개 : 필수 아이템으로 7월~8월에는 750g 정도의 오리털 침낭을 준비하고, 이외의 기간에는 더 두툼한 것을 챙겨야 한다. 실내에서 숙박해도 필요하다.

❹ 버너 : 따뜻한 물과 음식을 위해 가져가야 한다. 산 위에서는 화재의 위험이 없어 그 누구도 간섭하지 않는다.

❺ 약품 및 식품 : 정수알약, 아스피린, 감기약, 위장약, 초콜릿, 쇠고기 육포, 커피 등

깡런뽀치를 오르는 등반객들

바람이 없어도 1m의 파도가 치는 귀신호수, 라앙춰

귀신 호수 라앙춰拉昂措는 아리 지구 르투 현日土縣 서북쪽에 위치해 있다. 성호聖湖 마팡용춰瑪旁雍錯 부근에 있으며 풍경도 마팡용워만큼이나 아름답다. 하지만 귀호 라앙춰는 줄곧 푸대접을 받아 일반인들에게는 거의 알려지지 않았는데 거기에는 몇 가지 이유가 있다. 귀호는 성호와 거의 나란히 있는데도 기후가 전혀 다르다. 성호는 대체로 바람이 불지 않아 수면이 잔잔한데 반해, 귀호는 지형적인 문제로 인하여 늘 강한 바람이 불고 호수에는 큰 물보라가 일어난다. 게다가 성호는 마실 수 있는 담수호이지만 귀호는 염호라서 그 어떤 동물도 이 물을 마시지 못한다. 이 때문에 라앙춰는 티베트인들이 눈길 한번 주지 않는 귀신 호수가 되었으며 나쁜 전설과 음산한 소문까지 더해지게 되었다.

인도에는 〈뤄모옌나羅摩衍那 이야기〉라는 오래된 이야기가 있다. 이 이야기에는 아리따운 미녀 쓰다斯達가 등장한다. 착한 성품의 그녀는 많은 사람

귀호라는 이름이 낯설게만 느껴지는 라앙춰의 평화

호수라는 게 믿기지 않을 정도로 거센 파도가 몰려드는 라앙춰

들의 사랑을 받았는데 사악한 나찰 왕羅刹王이 그녀를 납치하여, 이곳 라앙 춰에 데려와 살았다고 한다. 슬픔에 빠진 쓰다는 매일 눈물을 흘리며 울었 는데, 그녀가 흘린 눈물이 호수에 떨어져 염수호가 되었고, 그녀의 흐느낌 이 바람이 되어 큰 파도를 만드는 것이라고 한다. 이렇듯 라앙춰는 쓸모없 는 호수인 데다 불길하기까지 하여 귀신 호수의 대접을 받게 되었다. 이 호 수에는 바람이 불지 않아도 1m나 되는 파도가 친다고 하니 조심하는 것이 좋을 듯하다.

발길이 닿지 않아 더욱 매력적인 라싸 외곽 여행

현지인의 말에 따르면 성호와 귀호는 원래 하나의 호수였다. 기후가 변화하여 호수 수면이 낮아져 지금처럼 둘로 나누어진 것인데, 지하에는 통로가 있어 두 호수가 연결되어 있다고 한다. 전설에 따르면 마팡용취에는 금 잉어 두 마리가 살고 있었다. 한번은 둘 사이에 싸움이 일어나서 죽기 살기로 힘겨루기를 했는데, 그중 한 마리가 수로를 뚫고서 라앙취로 도망쳐버렸다고 한다. 두 호수를 연결하는 통로는 이렇게 생겨났으며 이 통로를 따라 음의 기운은 모두 라앙취로 흘러 들어가고 마팡용취에는 양의 기운만 남았다고 한다. 티베트 사람들은 수로의 물이 말라 두 호수가 끊어지면 큰 재앙이 닥칠 것이라고 믿는다.

다섯 가지 죄악을 씻어내 주는 호수, 마팡용취

마팡용취玛旁雍错는 깡런뽀치봉에서 동남쪽으로 20km 지점에 위치한 담수호다. 해발 고도는 4,588m이며 면적은 400km² 정도로 그 둘레는 약 90km에 달한다. 마팡용취는 티베트어로 '영원히 패하지 않는 푸른 호수' 라는 뜻이다. 11세기에 이 호수 부근에서는 커다란 종교 전쟁이 있었는데 외래 종교를 크게 무찌르고 최후의 승리를 거둔 불교 가쥐파喝舉派는 '마팡' 이라는 이름을 호수에 붙여 승리를 기념했다.

마팡용취의 맑은 물은 푸른 하늘과 조화를 이루고, 주위의 설산들은 아득하여 마치 신선이 사는 곳처럼 아름답다. 이 때문에 천축(인도)으로 불경을 구하러 가던 당나라 현장玄奘 스님은 이 호수를 서왕모의 야오츠瑤池로 오해하기도 했다.

마팡용취의 최대 수심은 77m로 크기나 깊이를 따진다면 칭짱 고원의 많은 호수들 중에서 최고의 자리에 오르지 못한다. 그러나 유독 이 호수가 '호수의 왕' 으로 대접받는 이유는 뵌교, 티베트 불교, 브라만교 등에서 '성스러운 호수' 로 인정하고 있기 때문이다. 신도들은 마팡용취가 부처님께서 인간

성호 마팡용춰의 아름다운 경관들

들에게 하사하신 선물이라고 여긴다. 인간이 저지른 영혼의 다섯 가지 죄악은 이곳에서 씻어낼 수 있다고 믿기 때문에, 성호에 오는 사람들은 모두 이곳에서 목욕을 하고 호수의 물을 가지고 돌아가 가족과 친구들에게 선물한다. 신도들에게 성호를 방문하고 성수로 목욕하는 것은 인생에서 가장 큰 복으로 여겨진다.

인도 신화에서는 마팡용춰가 대신大神 브라흐마에 의해 만들어진 것이라고 한다. 브라흐마는 그의 아들이 신산에서 고행한 후 몸을 씻을 수 있도록 이곳을 만들었다고 하는데 브라만교도들은 이를 따라 호수를 돌며 순례하는 중간 중간에 몸을 담가 목욕을 한다.

성지 순례자나 여행객을 막론하고 호수를 도는 사람은 그리 많지 않다. 길을 따라 나타나는 풍경은 비록 매우 아름답기는 하지만 변화가 거의 없어 말 그대로 순례 코스다. 호수를 따라 걷는 일은 비록 신산의 산비탈을 오르내리는 것처럼 힘들지는 않지만 대부분 발이 빠지는 모래 길이라 걷기가 힘들다. 특히 호수 남쪽의 계곡은 물을 직접 건너야 하며 우기에는 물이 불어난 강들 때문에 크게 고생할 수도 있다.

어디서부터 호수를 돌아야 한다는 규정은 없으며 단지 시계 방향으로 원

발길이 닿지 않아 더욱 매력적인 라싸 외곽 여행

많은 책들이 마팡용춰의 물을 백세의 죄와 업을 씻을 수 있는 성수라고 칭찬하고 있다. 게다가 거의 모든 티베트인들은 마팡용춰의 물이 '달콤하다'고 칭찬한다. 사실 맛을 보면 조금 단맛이 느껴지기는 하지만 소독도 하지 않은 채로 마실 수 있는 것은 아니다. 성호의 물이 신성할 수는 있겠지만 우리 몸에도 신성한 것은 아니다.

을 그리며 가면 된다. 교통이 편리하기 때문에 사람들 대부분은 성호 서북쪽 모퉁이의 치오공파Chiu gonpa에서 출발한다. 만약 단순히 여행을 목적으로 한다면 치오공파Chiu gonpa에서 시작해서 시계 반대 방향으로 트루고콘Trugo Con, 세라룽곤Seralung go을 돌아 호르Hor까지 가는 것도 좋은 방법이다. 이렇게 하면 성호의 아름다운 경치와 중요 명승지도 관람할 수 있고 반대편에서 오는 많은 성지 순례자들도 만날 수도 있다.

친절 가이드

❶ 많은 여행자들은 따진(大金)에서 동남쪽으로 30km 거리에 있는 지니아오사(即鳥寺) 주변을 중심으로 여행한다. 차를 대절하지 않고 깡런뽀치에서 출발한다면 따진이나 빠가(巴噶)검문소까지 와서 그쪽으로 가는 차를 기다려야 한다. 요금은 30~70元이다.

❷ 지니아오사 근처에는 이름 없는 여관이 두 곳 있으며 숙박비는 20元이다. 마을은 고작 10여 가구뿐인데 식당은 없고 남쪽의 여관에서 간단한 식사를 10元에 제공한다. 라면 등 식품을 따로 챙겨가는 것이 좋다.

❸ 호수를 돌아보는 데는 이틀의 시간이 필요하다. 중간에 숙박을 제공하는 사찰들이 계속 있지만 혹시 모르니 야영할 준비는 물론 음식물을 챙겨야 한다.

❹ 푸란에서 라싸로 되돌아갈 때는 왔던 길을 돌아가야 한다. 대략 4일이 소요된다.

6부

귀로에서 음미하는 티베트의 아름다움

모든 일정을 마치고 집으로 돌아가는 길.
몸은 피곤하고 짧은 여정에 미련이 많겠지만
다행히 아직 48시간이 남아있다.
칭짱열차는 상행선과 하행선의 운행시간이 다르기 때문에
돌아가는 길에는 올 때
보지 못했던 새로운 모습들을 보게 된다.
또 다른 열차여행의 시작으로 티베트 여행은 그렇게 마무리 된다.

아름다운
귀로(歸路)

라싸 ◎ 퉤이롱더칭 ◎ 양빠징 ◎ 니엔칭탕구라 산 ◎ 거얼무
◎ 차열한 염호 ◎ 더링하 ◎ 칭하이호 ◎ 진인탄 초원-시닝

Tibet

지금까지 티베트에 머물면서 무수히 많은 명소들을 보았다. 비록 아직도 가 보지 못한 신비의 땅들이 많지만 즐겁고 유쾌한 여행이었다. 언제 다시 이 아름다운 천국으로 돌아올지는 알 수 없지만 내 마음은 언제나 이곳의 푸른 하늘과 함께할 것이다.

나는 티베트의 신비롭고 생명력 넘치는 기운을 가슴에 가득 품고 아쉬운 마음을 뒤로하고 91번 버스에 올라 라싸 역으로 향했다. 이제 티베트를 떠나는 귀로에 올라야 하는 시간이었다. 하지만 귀로에 오른다고 해도 여행이 완전히 끝난 것은 아니다. 여행을 마치고 돌아가는 길에도 여전히 티베트의 아름다운 풍경을 보고 느끼면서 여행의 여운을 향유할 수 있다.

이 부분에서는 라싸에서 시닝까지의 철도 구간에 대해 소개하고자 한다. 라싸로 갈 때와 라싸에서 돌아올 때의 시간이 다르기 때문에 여행자들은 동일한 장소라 하더라도 밤이라 보지 못했던 곳을 돌아갈 때 볼 수 있다. 시시각각 펼쳐지는 티베트의 새로운 모습을 감상하며 티베트에서 가졌던 즐거운 추억을 되새겨보자.

참고로 귀로에서는 진정한 칭짱 노선이라 할 수 있는, 라싸에서 시닝 구간만을 다루었고 이미 앞에서 소개한 부분은 가급적 넣지 않았다.

귀로에서 음미하는 티베트의 아름다움

여전히 아름답기만 한 티베트의 풍광 ◎ 안개 가득한 설산, 언제 다시 볼지 기약할 수 없는 모습이었다.

여 행 스 케 치

티베트 여행의 추억, 티엔주

내가 짊어진 가방에는 티베트에서 구입한 크고 작은 기념품들이 가득 들어 있었다. 이것들은 내가 한국에 돌아가서도 내내 티베트에서 겪었던 아름다운 추억들을 일깨워줄 것이다. 티베트에서 쇼핑하는 것은 만만치 않았다. 외국인 티가 물씬 풍기는 내게 장사꾼들은 정상가의 10배를 부르곤 했고, 내가 침을 튀기며 설득한 후에야 거래가 성사되었다. 나는 티베트에서 진짜 티엔주(天珠)를 살 수 없었다. 진짜 티엔주를 구별할 안목이 없었기에 비싼 값을 부르는 티엔주가 진품인지 믿을 수 없었기 때문이다. 그래서 나는 결국 50元짜리 티엔주를 샀고, 가짜가 틀림없겠지만 이 돌이 내 귀로에 행운을 가져오리라고 믿으며 주머니에 넣고 만지작거렸다.

TIBET **341**
귀로에서 음미하는 티베트의 아름다움

귀로의 시작 라싸

베이징행 열차는 오전 8시 30분에 출발이었다. 시간에 쫓겨 아침을 거른 나는 비타민과 초콜릿바로 허기를 달래며 모든 승객들이 제자리를 찾아 조용해지기를 기다렸다. 티베트 여행에서 가장 놀라웠던 것은 티베트인들의 오체투지였다. 두 손을 합장하여 이마, 입술, 심장에 댄 후 땅에 엎드려 절하는 그들의 모습은 신성했다. 나이와 민족에 상관없이 해가 떠서 질 때까지 매일매일 절하는 사람들이 조캉 사원 앞에는 늘 가득했다. 무릎과 팔꿈치에 소가

1 라싸역 내부의 벽면 부조 2 오체투지로 라싸를 향해가는 순례자 3 티베트의 젖줄 라싸허

죽으로 된 보호대를 착용하고, 손에는 손바닥을 보호하는 나무 조각을 끼워 '딱딱' 소리를 내며 조캉 사원을 향해 가는 그들은 분명 우리와는 다른 세계의 사람들이었다.

기차는 천천히 라싸 역을 벗어났다. 멀리 포탈라궁이 금빛으로 빛나다가 곧 산에 가려 사라져버렸다. 사진으로 본 포탈라궁의 신비한 모습을 본 것만으로도 이 여행은 성공적이었다. 기차가 라싸의 골짜기를 지나자 골짜기를 따라 라싸허拉薩河가 나타났다. 라싸허에는 많은 나루터가 있고 소가죽으로 만든 배가 있다고 하는데 그걸 보지 못했다는 사실이 막 떠올랐다. 황허黃河처럼 모든 티베트 민족을 먹여 살린다는 라싸허는 그렇게 조용히 흐르고 있었다.

극락의 골짜기 뛔이롱더칭

라싸를 빠져나오자 열차는 강을 따라 달렸다. 열차는 곧 협곡이 가득한 지역으로 진입했는데 오는 길에는 자느라 보지 못했던 모습이었다. 이 협곡은 까오산高山 협곡이라고 하는데 약간 우스운 이름이다. 물살이 거센 얄롱창포 강의 지류를 따라 달리면서 열차는 점점 고도가 높은 곳으로 이동했다. 길에는 주오쉬엔리우左旋柳라고 하는, 왼쪽으로 돌면서 자라는 버드나무가 있었으며 중간 중간 민가를 볼 수 있었다. 점심을 준비하는지 연기가 피어오르는 것을 볼 수 있었는데 바로 이곳이 뛔이롱더칭 현堆龍德慶縣이었다.

뛔이롱堆龍은 티베트어로 '높은 골짜기'라는 뜻이고, 더칭德慶은 '극락極樂'이라는 의미이다. 뛔이롱더칭 현의 가장 높은 곳은 해발 5,500m이고, 가장 낮은 곳은 해발 3,640m이다. 현縣 정부는 동가진東嘎鎮에 있고, 농업을 주업으로 하고 목축을 병행한다고 한다. 이 일대에서 가장 유명한 관광지로는 까마까쥐噶瑪噶舉파의 창시자 까마두쏭루완빠噶瑪杜松軟巴가 서기 1189년에 창건

귀로에서 음미하는 티베트의 아름다움

1 뛔이롱더칭의 티베트 민가 **2** 뛔이롱더칭의 농촌 풍경 **3** 뛔이롱 온천

한 추뿌사楚布寺가 있다. 그리고 뛔이롱 온천과 슝빠라취雄巴拉曲라고 하는 휴양지 또한 여행객들이 즐겨 찾는 곳이다.

　뛔이롱 온천은 석회암과 유황 등의 광물이 용해된 물로, 관절염과 피부병에 좋으며 신장염, 위장병 및 고혈압 등에도 효과가 있다고 한다. 신천神泉이라고도 하는 슝빠라취雄巴拉曲에는 특이한 물고기들이 온천에 산다고 한다.

지열 도시 양빠징

뙤이롱더칭을 지나 조금 더 가면 양빠징羊八井이 나타난다. 기차에서 꽤 떨어진 곳임에도 멀리 수증기가 피어오르는 것을 볼 수 있다. 가까이에서 보는 양빠징의 수증기는 하얗고 빽빽하여 마치 곳곳에서 보일러를 때는 것 같아 보인다. 이것은 이 지역의 기온이 낮기 때문인데 거대한 노천탕에서 올라오는 하얀 연기는 눈앞 5m의 물건도 잘 보이지 않을 정도로 농도가 짙다.

양빠징은 라싸에서 91.8㎞ 떨어져 있으며 중국에서 가장 큰 지열 밭이다. 지열 밭의 면적은 17.1㎢이고, 이 지역에는 온천과 열천熱泉, 열지熱地를 비롯하여 열이 지표를 뚫고 나와 생성된 구멍이 사방에 흩어져 있다. 초록빛의 목장이었던 이곳은 현재 지열 발전소가 세워져 관광객들이 모여드는 유명 명소가 되었다.

양빠징에서 피어오르는 수증기

니엔칭탕구라 산

열차가 니엔칭탕구라 산念靑唐古拉山에 도착했을 때는 오후 1시였다. 날씨는 매우 화창했고 몸에 쌓인 여독 탓인지 하품이 끊이지 않았다. 창밖에는 작은 풀들이 덮여 있는 초원과 풀이 자라지 못하는 황무지가 섞여 있었다. 이것은 탕구라 산맥이 서북의 한류와 인도양의 난류를 가로막아 반건조 대륙성 기후를 만들어내기 때문이라고 한다.

니엔칭탕구라 산맥은 티베트 고원의 중부에 우뚝 솟아 있고, 서쪽에서 동쪽으로 대략 600㎞가량 뻗어 있다. 서쪽으로는 강쿠카츠崗庫卡恥와 이어져 있고, 동남쪽으로 헝뚜안橫斷산맥의 보슈라伯舒拉와 맞닿아 있으며, 티베트의 큰 수맥인 얄롱창포 강과 누怒 강의 분수령 역할을 하고 있다.

니엔칭탕구라 산맥에는 7,000m 이상의 봉우리 4개가 차례대로 늘어서 있다. 각 봉우리의 해발 고도는 각각 7,162m, 7,117m, 7,111m, 7,046m이며 가장 높은 7,162m의 봉우리가 니엔칭탕구라 산이다. 전설에 따르면 탕구라 산에는 보물이 가득한 신비한 수정궁水晶宮이 있다고 한다.

니엔칭탕구라 산을 보내고 도시락을 샀다. 밥을 먹기 전에 휴대폰을 열어보니 안테나가 두 개 서 있다. 중국이동통신中國移動通信사가 이곳까지 기지국

니엔칭탕구라 산과 경번 깃발

멀리서 바라본 니엔칭탕구라 산맥

을 세우느라 참 고생을 많이 했겠다. 그들에게 감사하며 고국으로 문자를 보냈다.

소금으로 만든 다리, 완장염교

자고 일어나니 칭하이 성에 와 있었다. 이미 티베트를 벗어난 것이다. 날이 밝자 멀리에서 푸른 호수가 나타났는데 염호인 차이단호柴旦湖였다. 호숫가에는 새하얀 소금들이 보였고, 그 주변에는 푸른 초원과 갈대가 있었다. 예전에 이곳은 석유 탐사 팀이 발굴 활동을 벌였던 곳인데, 지금은 화학 공업으로 번영한 마을이 되었고, 중국에서 가장 큰 붕소 공장이 있다고 한다. 이

소금 호수에 떠있는 제염 시설

소금으로 만들어진 도로 완장염교

눈이 마주친 야생 낙타

차얼한 염호의 소금 공장

귀로에서 음미하는 티베트의 아름다움

곳에서 거얼무 쪽으로 가다 보면 차이다무柴達木 분지가 나타나고, 이 분지에 는 완장 염교萬丈鹽橋라고 하는 유명한 다리가 있다.

완장 염교는 거얼무에서 둔황공로敦煌公路까지의 32km 구간에 건설된 소금 다리다. 32km를 환산하면 약 만 장丈이기 때문에 사람들은 이 다리를 완장 염 교萬丈鹽橋(만장 염교)라 부르는 것이다. 사실 완장 염교는 소금을 깔아 만든 도 로라고 봐야 한다. 이 도로는 소금 호수인 차얼한 염호察爾汗鹽湖 위를 지나는 데 호수 밑에는 동굴들이 있어 할 수 없이 기둥을 박고 도로를 만들어 '다리' 가 된 것이다. 이때 사용한 기둥은 소금과 모래를 섞어 만든 것이라고 하는 데, 완장 염교에는 물론 칭짱 철도에도 사용되었다고 한다.

완장 염교를 지나면 온통 고비 사막의 황량한 경치가 펼쳐지고 사람은 거 의 보이지 않는다. 간혹 선로 수리공들의 집 몇 채와 '낙타풀' 이라고 불리는 가시나무만 보일 뿐이다. 운이 좋으면 야생 낙타 무리를 볼 수 있다.

티베트스토리 5만 7천 개의 소금기둥을 박아 철도를 건설하다

차얼한 염호 구간은 칭짱 철도 공사에서 유명한 난공사 구간이었다. 철로는 차얼한 염호 위를 통과해야 했는데 호수의 지하는 소금 결정과 포화 소금물, 그리고 동굴로 이루어져 있었다. 이러한 구조는 진동을 받으면 무너져 내려 늪으로 변해버릴 위험이 많았는데, 이 때문에 이 구간에는 모래와 소금으로 만든 기둥을 박아 지반이 무너지는 것을 막았다고 한다. 이때 사용된 기둥의 수가 어마어마한데 총 길이는 135km로 5만 7,000개의 기둥이 사용되었다.

세계가 부러워하는 소금호수, 차얼한 염호

새벽의 태양이 점점 밝아오자 사람들은 하나둘씩 일어나기 시작했다. 창밖에는 높이가 10m는 될 법한 커다란 소금산이 나타났으며 굴착기와 불도저, 그리고 화물 트럭이 그 사이를 바쁘게 움직이고 있었다. 망원경을 꺼내어 본 세상은 새하얀 소금 세상이었다. 그렇게 많은 소금을 본 것은 난생처음이었다. 커다란 염전과 소금을 채취하는 배, 그리고 소금 꽃들. 창문을 열기만 하면 소금의 짠내가 확 밀려들어올 것만 같았다.

차얼한 염호察尔汗盐湖는 차이다무柴达木 분지의 중남부에 위치한다. 고도는 해발 2,670m로, 남쪽으로는 거얼무에서 대략 60km 떨어져 있고, 북쪽으로는 따차이딴大柴旦에서 110km 정도 떨어져 있다. 남북으로 너비가 약 40km이고, 동서로 길이가 약 140km, 총 면적은 5,800㎢이다. 이것은 차이다무 4대 함수호 중 면적이 가장 클 뿐 아니라, 중국에서 가장 크고 세계에서는 두 번

1 차얼한 염호의 모습
2 접시를 쌓아 올린 듯한 소금 결정
3 소금 결정의 모양은 가지각색이다.

귀로에서 음미하는 티베트의 아름다움

째로 큰 함수호다. 차얼한 염호에는 칼리암염이 주로 매장되어 있고 마그네슘, 나트륨, 리튬, 붕소, 요오드 등의 광물도 포함하고 있다. 그중 칼리암염의 매장량은 약 500억 톤으로 전 세계 인구가 천 년 동안 먹을 수 있는 양이라고 한다.

호수에는 갖가지 신기한 모습의 소금 결정들이 생겨난다. 소금은 흰색이라는 상식을 깨고 호수 안이나 호숫가에는 알록달록한 결정체가 형성되는데 붉은색, 황색, 푸른색, 자주색 등 함유된 광물에 따라 다양한 색상이 나타난다. 소금 중에서 최고로 치는 소금은 '함수호의 왕'이라고 불리는 진주염이다. 이 소금은 진주와 같이 맑고 깨끗하며 반짝반짝 빛이 난다. 막 채취한 유리염은 황색, 주황색, 푸른색, 분홍색, 흰색을 띠며 이것의 결정체는 여행객들이 선물하거나 기념으로 간직할 만한 진귀한 물품이다.

티베트스토리 차얼한 염호의 소금 결정

고비사막에 위치한 차얼한 염호에는 고온 건조한 기후가 계속된다. 강수량이 증발량보다 적어서 장기간 동안 바람과 햇볕에 노출된 염호는 수분이 점점 증발되어 짙은 농도의 간수가 되고, 결국 소금 결정체가 된다. 이 소금 결정체는 호수면의 1~2m, 심지어 3~4m까지 형성되는데 매우 견고하여 그 위로 집을 짓고 공장도 세울 수 있다.
칭짱 철도, 둔거공로(敦格公路)와 중국 최대의 칼리 비료 공장인 차얼한 칼리 비료 공장 모두 차얼한 염호 위에 건설된 것이다.

낭만의 들판, 더링하

열차는 중국에서 해발 고도가 가장 높은 터널인 관지아오 산關角山 터널을 매우 빠르게 통과했다. 터널 밖은 녹색이 희미했고 광활한 고비사막이 펼쳐졌다. 고비사막에는 숲이 없어서인지 모래바람이 심하게 불었고, 이따금씩 차창에 모래들이 날아와 부딪치곤 했다. 한국까지 날아오는 고비사막의 황사를 현지에서 직접 체험한다는 재미있는 생각이 잠깐 떠올랐다가 사라졌다. 청나라 말년에 이라크로 성지 순례를 가던 회족回族 천여 명이 이곳에서 길을 잃고 모래 속에 묻혔다는 소리를 언뜻 들은 적이 있는데 그럴 법도 하다는 생각이 들었다.

더링하德令哈는 칭하이 성 하이시 몽고족장족海西蒙古族藏族 자치구의 정부 소재지로 '광활한 들판'이라는 뜻이다. 영토가 넓고 지형이 복잡하며 산, 하천, 분지, 호수를 고루 가지고 있다. 동에서 서로 뻗은 종우롱 산宗務隆山이 지역을 남북으로 나누어 북부는 치리엔산까오 산祁連山高山 지역과 남부의 더링하 분지로 나뉜다. 남부의 더링하 분지 옆에는 차이다무 분지가 있는데 차이다무는 지세가 높고, 공기가 희박할 뿐 아니라 구름이 매우 적어 천체 관측에 더없이 좋은 장소라고 한다.

엽서처럼 예쁜 더링하 풍경 ◐
티베트 전통 주택과 티베트인 ◐

해질녘의 더링하   튀쒀호

1984년 이곳에 건설된 칭하이 천문대는 몇 년 동안 100여 개의 새로운 항성계를 발견하는 쾌거를 이룩했고 한국, 일본, 대만의 천문학자들도 이곳을 아시아에서 가장 이상적인 천문 관측 장소로 인정했다고 한다.

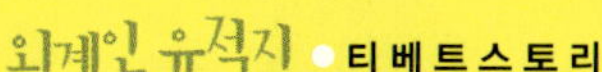

조작처럼 보이는 UFO 사진

외계인이 만들었다는 철관

차얼한 염호를 지나 약 20분을 달리면 퉈쒀호(托素湖) 부근에 있는 외계인 유적지가 나타난다. 1996년 이곳에서는 파이프 모양의 철제가 다량 발견되었는데 분석 결과 철 함유량은 약 30%로 인간이 제작한 것은 아니라고 한다. 게다가 1981년 7월 24일 샨시(陝西), 깐쑤(甘肅) 등의 지역에서는 여러 미확인 비행물체가 동시에 목격되었는데 공교롭게도 UFO가 더링하 퉈쒀호 근처에서 사라졌다고 한다. 이 두 사건은 외계인과 관련된 미스터리로 회자되고 있다.

"내 지친 영혼에 휴식을 주고 돌아간다",
다시 일상 속으로

Tibet

내가 라싸 역에서 승차한 열차는 라싸에서 베이징까지 운행하는 T28 열차였
다. 갈 때와 달리 중간에서 갈아탈 필요 없이 48시간을 앉아 있기만 하면 되
는 열차였다.

열차는 라싸를 출발하여 티베트의 설산 지역을 지났고, 초원을 지나 시닝
에 도착했다. 고원 지역에서 멀어질수록 몸은 고산 반응에서 점점 자유로워
졌지만 라싸에서 멀어질수록 아쉬움이 커졌고 다시 일상으로 되돌아간다는
생각에 들떠 있던 기분도 슬슬 가라앉았다. 성스러운 도시 라싸를 다시는 볼
수 없을지도 모른다는 생각에 침울해지기까지 했다.

내가 탄 침대칸에는 대입 시험을 끝마치고 라싸 여행을 다녀가는 예비 여
대생 세 명이 함께 타고 있었다. 깍쟁이, 토실이, 선머슴 3종 세트였는데 뭐
가 그리 즐거운지 여학생들은 쉴 새 없이 재잘대고 있었다.

나는 곧 현실 세계로 되돌아가는 데 대한 우울함을 극복하고자 그녀들 틈
에 끼어 카드놀이를 시작했다. 그녀들은 내가 가르쳐준 고전 게임 '원카드'
를 세계 최고의 게임이라 칭찬하며 남은 카드만큼 진 사람의 팔뚝을 때려댔
다. 나중에는 열차 승무원도 합세했는데 이것이 인연이 되어 칭짱열차 기념
앨범과 티셔츠를 싸게 구입할 수 있었다.

승무원은 자신도 남는 게 없어 할인은 많이 못 해주지만 대신 다음날 도
시락을 무료로 주겠다고 약속했다. 낮에는 그렇게 카드 게임과 한담으로 보
냈고 소녀들이 잠자리에 든 야간에는 아저씨들이 권하는 맥주와 빼갈을 넙
죽 받아 마시며 한중 간 우호를 다졌다.

귀로에서 음미하는 티베트의 아름다움

티베트 여행에 아쉬움이 많았는지 꾸벅꾸벅 졸면서도 창에서 눈을 떼지 못하는 여행자

객차 한쪽에 매달려 있는 방명록. "내 지친 영혼에 휴식을 주고 돌아간다"는 문구를 남겼다.

란저우와 시안을 지난 열차는 이른 오전에 베이징시짠에 도착했다. 출근 시간이라 역에서 한참을 걸어 나와서야 겨우 택시를 잡을 수 있었다. 거의 녹초가 되어 숙소에 도착한 나는 가장 먼저 샤워를 했다. 티베트에서는 제대로 샤워를 할 수 없었기 때문에 한시라도 빨리 몸에 밴 땀을 씻어내고 싶었다.

베이징에서 며칠을 더 보낸 후 나는 인천행 비행기에 올랐다. 노트북에는 7천 장이 넘는 티베트 사진이 들어 있었고, 나는 새하얀 칭짱 열차 기념티를 입고 있었다. 비행기 창문 너머로 베이징 수도 공항이 멀어지는 걸 보면서 티베트 여행이 정말로 끝났다는 걸 실감했다. 하지만 내 마음속에 티베트는 행복한 추억으로 영원할 것이며 또다시 나를 티베트로 인도할 것이다. "라싸에 가서야 진정한 하늘빛을 알았고, 신앙의 눈물이 달다는 것을 깨달았다"

귀로에서 음미하는 티베트의 아름다움

Tibet

부록

1 알고 가면 더 유익한 티베트 이야기

티베트의 역사

티베트의 최초 국가는 7세기 송첸감포松贊干布에 의해 세워진 토번 왕조吐蕃王朝다.
송첸감포는 기원전부터 티베트 지역에 흩어져 살던 장족들을 규합하고, 지금의
라싸拉萨에 수도를 건설했다. 당시 중국은 당唐이 중원을 통일했던 시기로, 641년
송첸감포는 당 태종의 딸인 문성文成 공주를 아내로 맞이했다. 지혜로웠던 문성
공주는 당의 주조술酒造術과 종이, 먹 등을 티베트에 전파했고, 당과 토번국은 정

티베트의 옛 영토와 지금의 시짱자치구

송첸감포 불상

문성 공주 불상

아리따운 티베트 처녀

치·경제·문화적으로 매우 밀접한 관계를 유지했다.

1271년에 몽골족이 건국한 원元은 1279년 전 중국을 통일했다. 이때 티베트는 원의 중앙 정부가 직접 다스리는 행정 구역으로 편입되었다. 원 정부는 세 차례에 걸쳐 관리를 파견했으며, 15개의 역참을 설치하여 당시의 수도이자 지금의 북경인 대도大都와 교통망을 구축하기도 했다.

티베트와 중국

- 640년 티베트의 첫 통일 왕조인 토번 왕 송첸감포와 당의 문성 공주가 결혼함
- 1253년 원元의 티베트 장악, 조공 관계
- 1945년 제2차 세계대전의 종전으로 독립을 선언함
- 1950년 중국은 티베트를 침공함
- 1951년 중국은 티베트를 합병함
- 1959년 달라이 라마가 인도 티베트 망명 정부를 수립함
- 1989년 후진타오가 티베트 독립 시위를 유혈 진압함
- 2008년 대규모 독립 시위가 발발함(라싸)

티베트 기원 신화

라싸의 그림 지도

티베트 신화에 따르면 티베트인들은 불교 경전에 나오는 나찰녀羅刹女라는 요괴와 관세음보살의 시종인 원숭이 사이에서 태어났다고 한다. 아주 오랜 옛날 관세음보살은 한 원숭이에게 명하여 티베트로 가게 했는데, 이곳에서 어려움에 빠진 나찰녀를 만난 원숭이는 관세음보살의 허락을 얻어 나찰녀를 도와주고 혼인하여 자손을 낳았다. 관세음보살은 이들에게 신비한 약초를 주어 장복하게 했는데, 시간이 지나자 몸의 털이 모두 빠지고 날카로운 손톱이 사라져 지금의 티베트인이 되었다고 한다.

티베트의 생수 광고
티베트는 때 묻지 않은 청정의 땅으로 여겨지고 있다. 그래서 이곳의 물은 일찌감치 생수로 만들어져 중국 각지에 판매되고 있다.

티베트의 불가사의, 달라이 라마의 환생

송첸감포는 티베트를 처음으로 통일하여 고대 왕국을 건설했다. 그는 제1대 달라이 라마로 여겨지며 지금의 14대 달라이 라마도 송첸감포가 환생한 것이라고 한다. 송첸감포는 13세에 즉위하여 마르포리 언덕(현 포탈라궁에 위치)에 궁전을 건립하고, 티베트 문자를 만드는 등 많은 공적을 쌓았다. 송첸감포는 네팔의 브리쿠티Bhrikuti 공주와 중국의 문성 공주를 아내로 맞아 정치 기반을 확고히 했으며 중국과 네팔로부터 불교, 비단, 서적, 한의학 등을 전래받았다. 불교 국가에

서 두 명의 왕비를 얻은 송첸감포는 티베트 전역에 불교를 전파했는데 라싸의 조캉 사원과 라모체 사원(샤오자오사)도 이때 건설된 것이라고 한다.

달라이 라마는 '큰 바다 같은 스승'이라는 뜻으로 티베트의 최고 지도자를 일컫는다. 사후 환생하여 달라이 라마 직을 계속하는 것으로 유명하며, 지금은 텐진 가초가 제14대 달라이 라마이다. 달라이 라마는 죽기 전에 자신의 환생과 관련된 단서를 남기거나, 그렇지 못한 경우 고승들의 꿈, 징조, 신탁 등을 통해 환생 지역을 찾아낸다. 그 후 해당 지역에서 같은 시기에 태어난 아이들을 대상으로 시험을 거치게 되는데, 이 시험을 통과한 아이는 달라이 라마의 화신으로 인정되어 달라이 라마로 키워진다. 보통 4세 이전에 시험을 받게 되며, 전생에 사용했던 물건들을 골라내거나 측근들을 알아보게 하는 방법으로 달라이 라마를 찾아낸다. 지금의 달라이 라마는 티베트 외곽의 시골에서 태어났는데 3세 때부터 티베트의 수도인 라싸로 가야 한다고 말하기 시작했으며, 지방 관리로 가장하고 찾아온 고승들을 단박에 알아보았다고 한다.

성스러운 매듭, 길상결(吉祥結)을 주제로 한 우표
칭짱 열차를 개통한 기념으로 발매된 우표로, '성스러운 매듭' 혹은 '영원의 매듭'이라고 하는 티베트의 전통 문양을 주제로 했다. 이 문양은 계속 연결되는 매듭처럼 세상의 모든 인연은 끝나지 않음을 상징한다. 티베트에서 흔히 볼 수 있는 도안이다.

티베트 불교, 밀교

불교는 인도의 고타마 싯다르타(석가모니)가 창시한 종교로 크게 소승 불교와 대승 불교로 나뉜다. 개인의 해탈을 강조하는 소승 불교는 태국 등 동남아시아로 전파되었고, 중생의 구제를 목적으로 하는 대승 불교는 한국, 중국, 일본 등지로 퍼져나갔다. 불교의 발전에서 티베트는 중앙아시아로 불교를 전파하는 통로 역할을 했으며 대승 불교를 받아들였다.

역사에 따르면 티베트를 최초로 통일한 송첸감포 왕 이후 5대 왕인 티송데첸 왕(9세기)은 인도의 고승 파드마삼바바를 초청하여 티베트에 불교를 전하도록 했다. 파드마삼바바는 '연꽃에서 태어난 존재'라는 뜻으로 초능력을 사용하여 인도에서 날아왔다고 한다. 그는 석가모니가 특별히 선택한 제자들에게만 가르쳤다는 밀교密敎 수행법을 티베트에 전수했다. 소위 탄트리즘Tantrism 이라고 불리는 이 수행법은 요가를 통한 수행법으로, 티베트의 토착 종교인 뵌교와 결합하여 지금의 티베트 밀교가 되었다.

파드마삼바바는 라싸로 오는 길에 마주친 요괴들을 제압하여 수하로 삼았다고 하는데, 이것은 뵌교가 숭배하던 신들이 불교로 흡수되는 과정을 묘사한 것으로 추측된다. 당시 티베트인들은 파드마삼바바의 설법을 이해할 만한 수준에 오르지 못했기 때문에 파드마삼바바는 언젠가 자신의 가르침이 필요할 날을 대비하여 곳곳의 동굴과 사원에 경전들을 숨겨두었다. 이 경전들은 13세기에 들어 일부 발굴되기 시작했는데 라마카지 디와삼둡이 번역하여 출간한 『티베트 사자의

심리학자 칼 구스타프 융이 애독했다고 하는 『티베트 사자의 서』

계속되는 오체투지로 이마에 굳은살이 박힌 수행자   티베트의 대표적인 축제인 쉬에뚠절(雪地節)의 성대한 불교 행사

서』가 대표적인 파드마삼바바의 저서이다.

티베트 밀교는 원元과 청靑대에 강력한 중앙 집권을 목표로 하는 이민족 통치자들, 예를 들어 쿠빌라이 등의 통치 철학으로도 사용되었다. 때문에 중국 전역에 넓게 전파되었고, 심지어 청의 건륭 황제는 자신을 쿠빌라이의 화신(환생)이라 주장하며, 불교를 숭상하고 경전 번역 사업을 하는 등 불교 발전에 크게 공헌했다. 북경의 옹화궁雍和宮, 북해 공원의 백탑白塔, 묘응사妙應寺 등은 티베트 밀교의 전성기에 건축된 유적들이다.

티베트어

티베트어는 중국어와 전혀 다르다. 중국어를 할 줄 아는 사람도 티베트인들이 말할 때 무슨 말을 하는지 알아듣지 못할 정도다. 티베트어는 30개의 티베트 알파벳으로 되어 있으며 문어와 구어가 전혀 달라 따로 공부한 사원의 승려들이나 사용할 줄 안다고 한다. 송첸감포가 7세기에 산스크리트어를 바탕으로 만들었으며 구어에 한하여 영어의 알파벳으로 발음을 표기하기도 한다.

시차

티베트는 북경에서 서쪽으로 기차를 이용해서 48시간이나 가야 하는 거리에 있지만 북경과 동일한 시간을 사용한다. 이것은 중국이 전국적으로 동일한 시간을 사용하기 때문이다. 티베트에서는 해가 뜨기 전에 아침이 시작되고(예를 들어 북경에서는 해가 뜬 오전 6시에도 티베트에는 해가 뜨지 않으며), 북경에서 해가 저문 8

시에도 티베트는 약간 과장 섞어 대낮인 것이다.

경전통

경전통은 티베트어의 문어가 워낙 어렵기 때문에 등장한 물건이다. 티베트는 7세기 송첸감포 왕이 산스크리트어에 기반하여 문어文語를 만들었으나, 그 내용이 구어와 상이하고 배우기가 어려웠다. 때문에 승려를 제외한 티베트인 대부분은 경전을 읽을 수 없었다. 그래서 경전을 써넣은 통을 돌리면 경전을 읽은 것으로 간주한다는 문화가 형성된 것이다. 손에 들고 돌리는 경전통은 수요마니륜手搖玛尼轮이라고 한다.

옴마니밧메훔

육자진언六字眞言의 의미는 '연꽃 위에 앉은 자(부처)에게 영광 있으라' 이다. 이 말을 낭송하면서 수련하면 천수관음보살에 합일되는 경지에 오를 수 있다고 한다.

돌에 새겨진 육자진언

타르쵸

타르쵸는 티베트 불교 경전을 적은 천으로 풍마기, 경전 깃발이라고도 하며 산 정상에서 펄럭이는 것을 쉽게 볼 수 있다. 사원에도 많고 길가나 호수 주변에도 많다. 타르쵸는 청, 백, 녹, 황, 홍의 다섯 가지 색을 띠는데 이 천에 경전들을 적어두면 바람이 불 때마다 불경들이 퍼져나가 원하는 바를 얻게 된다고 한다.

티베트 관련 영화

**〈잃어버린 지평선〉, 1937년.
프랭크 카프라(Frank Capra) 감독** 원작은 영국 소설가 제임스 힐튼의 『잃어버린 지평선』이며, 1937년 상영되었다. 우리에게 이상향으로 잘 알려진 샹그릴라(Shangri-La, 티베트 사투리로 '내 마음 속의 해와 달'이라는 의미)라는 말은 이 영화를 통해 처음으로 소개되었다. 전쟁을 피해 비행기에 오른 네 명의 사람들이 티베트의 산 속에 불시착하여 벌어지는 이야기다. 영화 속에서 샹그릴라의 사람들은 영원히 늙지 않는데, 이것은 무엇에도 크게 치우치지 않는 '중용'의 힘 때문이라고 한다. 주인공 콘웨이는 샹그릴라를 벗어나 잠시 세상으로 나오지만, 결국 자신에게 소중한 것은 마음의 안식과 평화라는 생각으로 영원의 세계, 샹그릴라로 되돌아간다. 실제 작품의 배경은 시짱西藏의 중디엔中甸이다.

**〈티베트에서의 7년〉, 1997년.
장 자크 아노(Jean-Jacques Annaud) 감독** 오스트리아의 유명 산악인 하인리히 하러는 히말라야로 원정을 갔다가 제2차 세계대전이 발발하여 영국군 포로수용소에 수감된다. 가까스로 탈옥한 그는 우연히 티베트의 라싸까지 가게 되는데 거기서 유년기의 달라이 라마를 만나 우정을 키우게 된다. 이 영화는 서로 낯선 두 문명의 만남과 중국의 티베트 침공을 무게감 있게 다루었다. 가벼운 주제가 아님에도 브래드 피트가 주연을 맡아 예상 외로 많은 관객들이 극장

을 찾았으나 "7년처럼 긴 영화"라는 혹평을 듣기도 했다.

**〈쿤둔〉, 1997년.
마틴 스콜세지(Martin Scorsese) 감독** 쿤둔The Presence은 '고귀한 존재'라는 뜻으로 티베트의 정신적 지도자인 달라이 라마를 일컫는다. 중국인의 시각에서 제작되었다는 평을 받는 이 작품은 14대 달라이 라마인 텐진가초의 즉위에서 망명까지의 기간을 그렸다. 달라이 라마는 '큰 바다 같은 스승'이라는 뜻으로 티베트의 정신적 지도자를 부르는 말이다. 달라이 라마는 죽은 후 다시 태어나 달라이 라마로서 삶을 계속 살게 되는데 이미 14차례나 환생을 거듭했다. 지금의 달라이 라마는 2세 때 지방 관리로 가장하고 찾아온 티베트의 고승들을 단번에 알아보았다고 한다. 〈쿤둔〉은 티베트 불교의 신비함을 잘 묘사한 영화이다.

티베트 박물관

티베트 박물관은 서울 인사동 부근에 위치하고 있다. 개인 소장가인 신영수 씨가 2000년에 건립한 곳으로 네 개의 전시실에서 티베트 종교, 문화, 복식을 소개하고 있으며, 추가적으로 특별 전시실을 한 곳 운영하고 있다. 규모는 작지만 티베트 문화를 짜임새 있게 소개하고 있다.

• 주소 : 서울 종로구 소격동 115-2
• 전화 : 02-735-8149
• 입장료 : 성인 5,000원
　　　　　 학생 3,000원
• 인터넷 :
www.Tibetmuseum.co.kr

○ 티베트 복식을 소개하는
　 제3 전시실
◐ 티베트 박물관

알고 가야 후회하지 않을 꼼꼼 체크사항 2

● 항공권 구하는 노하우

인터넷의 발달로 항공권의 가격은 거의 평준화된 게 사실이다. 때문에 많은 노력을 들여도 큰 할인을 받기는 어렵다. 하지만 적어도 세 곳 정도는 연락하여 몇 만 원이라도 할인받을 수 있도록 해보자. 일간 신문에 나오는 여행사 광고를 참고하여 전화하고, 일정이 정해진 것이 아니라면 사용 가능한 항공권이 있는 날짜 중에서 저렴한 것을 택한다. 티베트행 열차는 베이징시짠北京西站에서 오후 9시 30분에 출발하므로 일정에 여유가 없다면 북경에 도착하는 바로 그날 열차에 탑승하도록 계획해도 좋다. 라싸에서 출발한 열차는 북경에 오전 7시 34분에 도착하므로 도착 당일 귀국해도 된다. 우선 하루 이틀의 시간 간격을 두고 몇 장의 항공권을 홀드 상태로 잡아두었다가 칭짱靑藏 열차표가 구해지면 알맞은 항공권으로 예약을 확정한다.

알아두면 좋은 여행 알짜 TIP

항공권 예약과 중국 열차표 예매는 동시에 하자!

여행 일정은 구매할 수 있는 항공권이 있고 항공권 일정에 맞는 티베트행 열차표를 구할 수 있을 때 짜야 한다. 항공권이 늘 있는 것이 아니고, 있다고 하더라도 예산을 넘어서는 경우가 많으며, 중국에서는 라싸(拉萨)행 열차와 일정이 맞지 않을 수 있기 때문에 항공권의 예약과 중국 열차표 예매를 동시에 진행해야 한다는 사실을 명심하자.

라싸행 T27 잉워 티켓

칭짱 열차의 출발지인 베이징시짠

라싸행 기차표와 티베트 여행허가서를 구하는 것은 대단히 어려운 일은 아니지만 여행 준비 과정에서 가장 중요한 과정이다. 우선 라싸행 열차표는 중국의 여행사들이 사재기를 하는 탓에 매우 구하기가 어렵다. 티베트는 외국인뿐 아니라 거의 모든 중국인들도 꿈꾸는 여행지이기 때문이다.

표를 구하는 방법은 대략 세 가지가 있다.

첫 번째, 직접 구매하는 방법으로 베이징시짠에 가서 줄을 서서 기다린다. 이 방법은 가장 원시적인 방법이며 확률 또한 낮다. 하지만 역무원에게 몇 장을 더 얹어주면 사정은 달라진다. 물론 창구 직원은 안 되고 주변 역무원에게 물어보아야 한다. 성공 여부는 중국어 가능 여부와 눈치에 달려 있다.

두 번째, 베이징의 민박집에 의뢰하는 것이다. 이 방법은 첫 번째 방법보다 실용적이고 현실적인 방법으로 인터넷 검색창에 '북경 민박'을 검색하면 손쉽게 의뢰할 수 있다. 필자가 직접 이용해 본 곳으로는 '북경혜자민박'이 있다. 혜자민박의 경우, 숙박을 조건으로 표를 대신 구해주며 수수료는 따로 받지 않는다. 타 민박의 경우에는 메일이나 전화로 먼저 상의해 보는 것이 좋다.

세 번째, 중국 여행사의 라싸 관광 패키지 상품을 이용하는 것이다. 중국어가 가능하다면 인터넷에서 검색하여 직접 전화 통화한 후 비자 사본을 팩스로 보내고 입금하면 된다. 일반관광자라면 베이징의 민박집에 연락하여 중국 여행사의 여행 상품을 대신 구매해 달라고 하면 좋다. 이렇게 하면 라싸행 열차표와 티베트 여행허가서, 그리고 티베트 관광과 숙박이 모두 해결되기 때문이다. 8일짜리 패키지 상품의 가격이 약 4,100元(약 80만 원)으로 싼 가격은 아니지만 이것저것 고려해 볼 때 매력적인 조건이다. 혹 개별적으로 티베트를 방문한다면 여행허가서가 필수라는 것을 잊지 말자. 많은 여행객들이 단 한차례의 검문도 받지 않았다고 하지만, 불행히 검문에 걸려 고생하지 않도록 미리 여행허가서를 꼭 준비해 가도록 한다. 여행허가서는 베이징 현지에 있는 중국 여행사에서 받을 수 있다.

주소 : 北京东城区前门游1路总站 옆
전화 : 010-65228281
홈페이지 : bjbs-lvyou.com

항공기를 이용하는 티베트 패키지 여행은 6일에 약 6,800元, 칭짱 열차를 이용한 8일짜리 패키지는 약 4,200元이다. 포탈라궁(布达拉宫), 조캉 사원(大昭寺), 카뤄라 빙천(卡若拉冰川), 양빠징(羊八井), 짜스룬뿌사(扎什伦布寺) 등을 여행한다.

주소 : 北京西城区前门西大街37号
전화 : 010-51650011
홈페이지 : bejoytour.com

항공기, 칭짱 열차를 이용한 패키지가 가능하다. 침대차를 이용하는 칭짱 열차 8일 패키지는 약 4,500元이다. 포탈라궁, 조캉 사원, 나무춰(納木錯), 양빠징 등을 여행한다.

푸른빛이 쏟아지는 티베트

만년설로 뒤덮인 위주펑(玉珠峰)

티베트가 고산 지역이다 보니 여행자들은 막연히 추위를 걱정하곤 한다. 하지만 아래의 기후표를 보면 알 수 있듯이 티베트는 상상을 초월하는 '극한極寒' 지역이 아님을 알 수 있다. 티베트는 중국인들이 많이 정착하여 살고 있는, 사람이 살 만한 곳이다. 티베트의 기후는 전반적으로 한국의 기후와 다르지 않다. 다만 자외선이 좀더 강하고 일교차가 크며 겨울이 더 춥다. 사람마다, 보직마다 다르겠지만 티베트의 추위는 군 생활 중 초소에서 바람을 맞는 정도의 추위라 하겠다.

하지만 일교차는 주의해야 한다. 아침저녁으로 기온이 많이 떨어지기 때문에 한여름이라도 도톰한 긴팔 후드티 정도는 준비해야 한다. 한낮에는 반팔이나 가벼운 남방을 입고 저녁때는 후드티를 덧입으면 된다. 불행히 한국의 휴가철인 7, 8월에는 강수降水가 집중된다는 사실을 추가적으로 고려하면 좋다.

	1월	2월	3월	4월	5월	6월	7월	8월	9월	10월	11월	12월
평균 기온(도)	−1.1	1.3	4.8	8.4	12.5	16.5	16.4	15.5	13.9	9.2	3.6	−0.2
최고 기온	7	9	12	16	20	23	22	21	20	17	12	8
최저 기온	−10	−6	−3	1	5	10	10	9.7	8	2	−5	−9
강수량 (mm)	0.3	2.4	3.5	5.9	23.4	71.2	132.	128	56	8.8	1.4	0.6

혜자민박을 통해 라싸행 기차표와
티베트 여행허가서 구하기

북경 왕징 혜자민박

주소 : 北京市 朝阳区 望京新城 4区 421楼 0912室
전화 번호 : 한국에서 걸 때 :?001-86-10-6470-4816 / 001-86-1326-905-7462
중국에서 걸 때 : 010-6470-4816 / 1326-905-7462
블로그 : http://cafe.naver.com/songj0083
숙박료 : 약 150元
서비스 : 한식 3식 제공, 한국 위성TV, 팩스, 전화, 인터넷, 세탁 무료, 여행 가이드

물어물어 찾아간 혜자민박은 북경의 코리아타운 왕징에 있었다. 혜자민박이 운영하는 블로그는
방문객도 적고, 솔직히 허접해서 수상한 느낌이 들었다. 게다가 시간에 쫓겨 선택한 터라 자세히
알아볼 시간도 없었고, 여행비를 송금한 후에는 공교롭게도 운영자가 전화를 받지 않아 사기를 당
했다고 생각하기도 했다. 아파트 문을 조심스럽게 두드리자 안쪽에서 조선말이 들려왔다.
'제대로 왔구나!' 1점당 1毛(마오)짜리 고스톱을 치던 아주머니가 반갑게 방을 안내해 주었다. 블
로그에서 보던 것처럼 좋아 보이지는 않았지만 그렇다고 나쁘지도 않았다. 북경에 또다시 왔다는
설렘과 티베트 여행의 기쁨에 사로잡혀 있던 나는 거실에 앉아 있던 청년과 의기투합하여 양고기
꼬치집으로 향했다. 자신을 P라고 소개한 청년은 한국인이 경영하는 골프채 제조사에서 근무하다
가 최근 사직했다고 한다. 모 대학 무역영어과를 졸업하여 영어가 유창했지만 자신의 적성에 맞는
호프 서빙을 하겠다고 한다. 작은 월급이지만 그 일이 훨씬 더 만족스럽다고. 호프 서빙을 하고
받는 급료는 월 800元(약 16만 원) 정도란다. 예의를 차리느라 그러는지 음식 값을 나누어 내자고
하는 P가 너무 순박해 보였다.

조선족 청년 P

● 카메라, 순간포착 기능이 있는 카메라로

칭짱 열차를 이용한다면 순간 포착 기능이 있는 카메라를 준비하자. 달리는 열차에서 찍은 풍경은 흔들리기 쉽기 때문에 순간 포착 기능이 없으면 사진을 망치기 십상이다. 왕복 96시간이라는 긴 열차 여행 중에 얼마나 많은 절경이 눈앞에 펼쳐질지 상상해 보자. ISO를 올리면 된다고? No, no! 좋은 사진을 남기기 위해서 디카 활용 방법도 꼭 익히도록 하자.

● 여행 가방, 바퀴가 달린 하드케이스는 NO!

일단 바퀴가 달린 하드케이스는 권하고 싶지 않다. 상대적으로 이동 거리가 짧은 북경 여행이라면 상관없지만 장거리 여행인 티베트 여행에는 부적절하다. 대신 용량이 큰 등산 가방을 준비하는 것이 좋다. 귀중품이나 카메라만 휴대할 작은 가방도 하나 추가하여 모든 짐은 숙소에 두고 나오는 것이 좋다. 티베트는 고산 지역이라 설령 고산 반응이 없다 하더라도 쉽게 지치게 된다. 고산병(높은 산에 올라갔을 때 낮아진 기압 때문에 일어나는 병적 증세. 두통, 식욕부진, 구토 따위의 증세가 나타난다)으로 어지럽고 피곤한데 가방까지 챙겨야 한다면 그만 한 고역이 따로 없을 것이다.

● 의류, 일교차에 대비하자

흔히 티베트 여행 시에는 햇살이 강렬하기 때문에 짧은 의류는 피하라고 하는데 필자의 경험상 햇볕은 여름이어도 그리 강하지 않다. 때문에 장기간 햇볕에 노

출되지만 않는다면 짧은 의류도 무방하다. 다만 일교차에 의한 추위에 대비해야 하기 때문에 긴소매 옷을 준비해 두는 것이 좋다. 하의는 갈아입기가 번거로우므로 활동이 편한 긴 바지로 준비하고(라싸의 포탈라궁은 반바지를 착용한 사람의 출입을 허락하지 않는다는 사실도 기억하자), 상의는 짧은 소매 위에 덧입을 남방과 추위에 대비하여 후드티를 준비한다. 신발은 도심을 크게 벗어나지 않으므로 간단한 운동화면 충분하다. 모자는 챙이 너무 크거나 화려하지 않은 야구모자 정도를 준비한다.

● 휴대폰 로밍이 가능하다

SK텔레콤의 휴대폰은 로밍이 가능하다. 북경에서도 당연히 가능하며 티베트에서도 수신 감도가 좀 떨어지기는 하지만 통화가 가능하니 휴대폰을 챙겨 가도록 하자. 전기는 220V이다.

● 고산병 대비, 관련 약품을 준비하자

고산 반응 예방약 홍징티엔(红景天)

정확하게 말하면 고산병이 아니고, 고산 반응에 대한 대비라고 하겠다. 고산병은 목숨도 앗아갈 수 있는 무서운 질병이지만 다행히 우리나라 사람들 같은 몽골 계통에게는 잘 발생하지 않는다고 한다. 고산 반응은 대개 해발 3,000미터 정도에서 발생하는데 칭짱 열차 승차 후 2일째 되는 날부터 시작된다. 오전에 역무원들이 산소 호흡용 빨대를 가져다주면, 곧 고산 반응이 나타난다고 보면 된다. 증상으로는 피로, 식

호된 티베트 신고식, 고산 반응

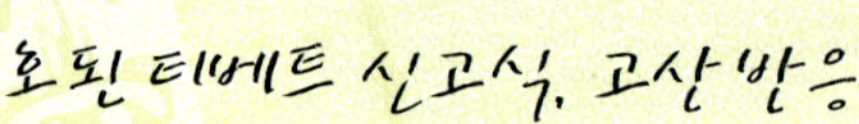

평소 보통 사람들보다 운동을 더 많이 하는 나는 '고산 반응? 그게 뭔데?' 하고 자신했다. 게다가 티베트를 다녀온 지인들은 고산 반응이 없는 경우가 대부분이었으며, 무려 1,708m인 설악산 대청봉도 다녀온 나로서는 고산 반응 따위는 두렵지 않았다. 하지만 홍징티엔만은 구입했다. 혼자 가는 여행길에 아프면 서럽기 때문이었다. 홍징티엔에는 빨대가 들어 있기 때문에 빨대로 병뚜껑에 구멍을 뚫고 마시면 된다. 약은 떫은 박카스 맛이었다. 2주 전에 마셔야 한다고 했지만 별 탈 없을 거라 생각했고, 실제로 3일째 되는 날까지도 아무 증세도 없었다. 역무원이 가져다준 산소 호흡기를 장난삼아 코에 꽂고 산소가 차가워 코가 시리다고 농담도 했다. 그러나 몇 시간 후부터 두통이 시작되었다. 두통 따위는 평생 모르고 살아왔기 때문에 나는 어찌할 바를 몰랐다. 몇몇의 승객들은 호흡기를 코에 꽂고 침대에 누웠으며 외국인들은 서로 아스피린을 빌리고 있었다. 열차가 종착지인 라싸에 근접할수록 두통은 더해갔고 나는 쓰러져 잤다. 그게 두통을 피하는 유일한 방법이었으니까. 사람들이 종착지라며 내리라고 깨울 때까지 나는 일어날 수 없었다. 세상이 빙빙 돌았다. 어렵게 숙소를 잡고 그대로 또 쓰러져 잤다. 자면 나아질 줄 알았다. 하지만 두통 때문에 잠도 제대로 잘 수가 없었다. 새벽에 깨기를 수차례, 결국에는 너무 고통스러워 의사를 불렀다. 검은 피부의 티베트인 여의사가 왕진을 왔다. 박카스 병만 한 주사를 맞고, 기억은 잘 안 나지만 약 500元 정도 준 것 같다. 다시 눈을 뜬 건 오후 1시쯤이었는데, 신기하게도 두통이 사라졌다. 약간 정신이 멍했지만 티베트에서 맞은 첫날을 침대에서만 보낼 수는 없었다. 그래서 나는 카메라를 챙겨 들고 밖으로 나갔다. 티베트의 하늘은 너무 맑았고 포탈라궁은 사진에서 본 것 이상으로 신비로웠다.

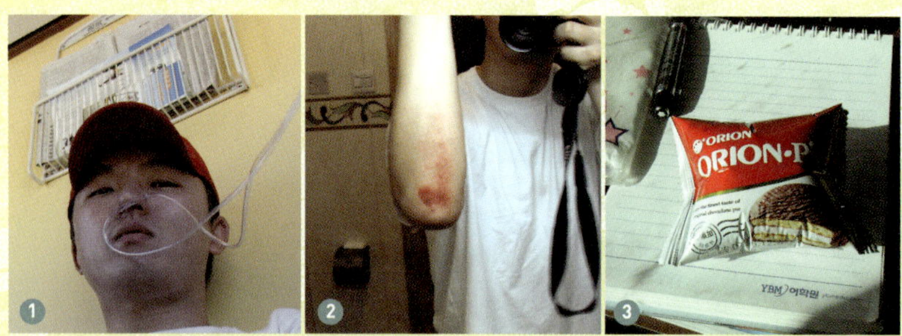

1 고산 반응으로 호흡기를 착용한 필자. 안색이 좋지 않다.
2 의사에게 고산병 주사를 맞은 후 과민 반응으로 생긴 붉은 반점
3 초코파이가 고산 반응(기압차)으로 빵빵해졌다. 초코파이도 저 지경인데 사람인들 온전할까.

욕 부진, 두통, 어지러움 등이 있으며 이러한 고산 반응은 평소의 건강 상태나 체력과는 무관하다. 적응이 빠른 사람은 하루, 이틀이면 정상으로 회복되지만 열차 탑승 전에 미리 약을 복용해 두는 것이 좋다.

관련 약품으로는 홍징티엔紅景天과 까오위엔닝高原宁, 다이아막스Diamox가 있다. 홍징티엔은 출발 2주 전에 복용해야 하며, 까오위엔닝은 출발 바로 전에 복용해도 효과가 있다. 다이아막스는 의사의 처방이 필요한 약품이라 한국에서는 구입할 수 없으니 중국에서 구입해야 하며, 고산 반응이 시작되었을 때 복용하면 효과를 볼 수 있다. 홍징티엔을 2주 전부터 복용하기는 사실상 어려우므로 중국 도착 직후부터 복용하고, 추가적으로 다이아막스나 까오위엔닝을 복용한다. 아스피린이나 타이레놀 등도 고산 반응을 완화시키는 효과가 있다.

출국하기

● 인천 국제공항

1 인천 국제공항
2 인천 공항 안내 표시판

인천 국제공항은 인천 영종도에 위치한 한국의 국제 관문이다. 공항 이용객의 편의를 위하여 전용 고속도로가 운용되고 있으며 서울 방화대교에서 인천 공항까지 40Km의 거리를 연결하고 있다. 출발 층은 3층이며 도착 층은 1층이다.

● 출국 수속

1 병무 신고(병역 미필자만 해당) : 25세 이상(24세까지는 해당되지 않는다)의 병역 미필자가 국외를 여행하고자 할 때는 관할 지방 병무청장(지방 병무사무

소장)에게 일정 서류를 첨부하여 국외여행허가신청서(소정 양식)를 발급받
아야 한다. 여행의 타당성이 인정되는 경우 국외여행허가서와 국외여행허
가증명서를 교부해 주는데 병역 미필자는 이 두 서류를 발급받아야만 여
권을 발급받을 수 있다.

- 귀국 보증서 등 서류 양식 Download : 병무청 http://www.mma.go.kr
- 국외 여행 허가서는 여권 발급 신청 시에 제출하며, 국외 여행 허가 증명서는 출국
  시 법무부 출입국에서 심사대에 제출한다.
- 병무 민원 상담소 전화 : 1588-9090

2 **해외여행자 보험 가입** : 여행자 보험에 미리 가입해 두지 않은 여행자는 공
항의 보험사 출장소에서 보험 가입을 할 수 있다. 보험료는 여행국이나 여
행 기간, 여행 중 특이사항에 따라 정해지는데 인터넷을 통해 가입하는 보
험 상품보다 비싸다는 단점이 있다. 티베트 여행은 고산 반응에 의한 위험
이 따르므로 꼭 여행자 보험에 가입해 두는 것이 좋다.

3 **체크인 & 수하물 탁송** : 각 체크인 카운터에는 A부터 M까지 안내 표시가
있다. 이중 아시아나항공은 C, D, 대한항공은 D, E, F, 중국 국제항공은
H, 중국 동방항공은 L에서 발권 업무를 하고 있다. 해당 항공사 카운터를
찾아 여권과 항공권을 제시한다. 여권과 항공권에 이상이 없으면 보딩 패
스로 교환해 주는데 이때 자신이 원하는 좌석을 말하면 대부분 들어준다.
귀국 항공권을 예약한 상태라면 이때 리컨펌을 해두면 중국에서 리컨펌
하는 수고를 덜 수 있다. 이때 소지한 액체 물품은 전부 수하물로 탁송하는
것이 편하다. 수화물 인환증(Clame Tag)은 보통 항공권의 뒷면에 붙여주는
데 혹 인환증을 붙여주지 않으면 항공권 뒷면에 붙이고 잘 보관한다. 수하
물 인환증은 탁송한 짐이 중간에 분실되거나 찾지 못할 경우, 수하물을 찾
는 유일한 단서이므로 절대 잃어버리지 않도록 한다.

4 **항공사 마일리지 적립** : 항공사 카운터에서 발권할 때 마일리지 카드를 발

급받도록 하자. 요즘은 제휴 항공사들 사이에 포인트가 공유되기도 하므로 미리 받아두면 언젠가 무료 항공권을 받게 되는 기쁨을 누리게 될 것이다. 신청은 신청서 작성만으로 간단히 처리되며 신청 때부터 포인트가 적립된다.

중국 국제항공 마일리지 카드

5 출국 수속

❶ 체크인 카운터 C, E, H, K의 뒤쪽 출구로 진입한 후 항공권과 여권을 직원에게 보여준다.

❷ 세관 신고

❸ 보안 검색 : 여행자는 금속 탐지기로 검색을 받고, 휴대 가방은 X선 검사를 받는다.

❹ 출국 심사 : 출국 심사대에 여권과 탑승권을 제출한다. 여권에 출국 확인 도장을 날인하면 모든 수속이 끝난다(병역 미필자는 국외여행허가증명서를 제출한다).

● 중국 입국하기

●베이징수도공항 – 베이징쇼우두지창

베이징 수도 공항 제2 터미널 내부

베이징 수도 공항 관제탑

베이징 수도 공항 제3 터미널 내부

용의 모습을 한 베이징 수도 공항

베이징 수도 공항은 베이징 동북쪽 근교에 위치한 국제공항이다. 1958년 3월에 개항한 유서 깊은 중국의 관문으로 천안문 광장에서 약 25㎞ 떨어져 있다. 수도 공항은 98만 6천 ㎢의 면적에 2개의 활주로를 구비하고 있으며, 43개의 항공사가 취항하여 연간 7,600만 명의 승객을 수용할 수 있다. 공항 건물은 제1, 2, 3 터미널로 되어 있으며 국제선 이용자는 제2, 3 터미널을 사용한다. 아시아나항공과 중국국제항공사는 새 터미널인 제3 터미널을 사용하며, 대한항공, 중국동방항공, 중국남방항공사는 제2 터미널을 사용한다. 제2 터미널은 총 4개 층으로 구성되어 있으며 일반 승객이 이용하는 층은 지상 1층과 2층이다. 지상 1층은 국외선, 국내선의 도착장이며 지상 2층은 국외선, 국내선의 출발장이다.

● **중국 입국 수속 절차**

* 아래의 내용은 제2 터미널을 사용하는 경우, 입국 수속 절차를 설명한 것으로, 제3 터미널을 사용하는 경우 일부 내용이 다를 수 있음을 알려드린다(2008년부터는 항공사에 따라 사용 터미널이 제2, 제3 터미널로 구분됨).

1 입국 카드 작성 : 항공기에 탑승한 후 시간이 좀 지나면 승무원들이 입출국 카드를 나누어 준다. 이중 입국 부분을 작성하고 여권에 끼워두었다가 베이징 수도 공항에 도착한 후 수속 시 제출한다. 입국 카드는 항

입출국 카드 작성

공사 카운터에도 비치되어 있으므로 지상에서 미리 작성해 두어도 된다.

2 입국 심사 : 공항에 도착하면 2층에 내리게 되는데 안내 표지판을 따라 3층으로 이동한다. 3층에는 입국 심사대가 있는데 여행객은 여기에 서 입국 심사를 받는다. 심사대의 직원에게 여권과 비자, 입국 카드

베이징 수도 공항 입국 심사

를 제출하면 직원은 간단한 확인 절차를 거친 다음 여권에 스탬프를 찍어 준다. 별지 비자를 가진 경우 비자의 사본은 접수하고 원본만 돌려준다.

3 수하물 수취 : 입국 심사를 마친 후 에는 1층으로 내려와 컨베이어에 서 수하물을 찾는다. 수하물을 찾 는 컨베이어 벨트는 타고 온 항공 편에 따라 구분되므로 자신의 항공 편에 해당하는 곳을 안내판에서 확 인한 후 짐을 찾는다.

컨베이어 위의 전광판에 해당 항공편이 표시된다.

4 세관 통과 : 세관 통과는 대부분 아무 일 없이 진행된다. 신고해야 할 물품 을 소지한 승객만 양식을 작성하여 신고하면 된다.

● **칭짱 열차의 출발지, 베이징시짠으로 이동하기**

1 버스로 이동하기 : 공항에는 공항버스가 1~5번까지 5개 노선이 운행되고 있다. 공항버스의 매표소는 1층 출입구 밖으로 나가면 쉽게 찾을 수 있다. 이중 4번 노선에 승차하여 종착역인 꿍주펀公主坟에서 하차한다. 꿍주펀에 서 걸어가거나 택시를 타면 기본요금만으로 베이징시짠에 갈 수 있다.

2 택시로 이동하기 : 5, 7, 9번 출구 앞에서 탈 수 있으며, 요금은 베이징시짠까지 200元 정도다.

제3 터미널 공항버스 승차장

●여행자 신분증, 여권 만들기

● 여권

여권은 정부가 발행하는 여행자 신분증으로서 여행자의 신분과 여행 목적을 증명하고 편의 제공을 협조하는 일종의 공문서다. 여권은 출입국 수속과 환전, 숙소 투숙 등 다방면에서 사용되는 중요 물품이므로 분실하거나 훼손하지 않도록 각별하게 관리해야 한다.

● 여권의 종류
- 1년 단수 여권 : 국외 여행 기간이 1년 이하로 제한받는 병역 미필자에게 발급되는 일회용 여권이다.
- 5년 10년 복수 여권 : 단수 여권과는 달리 유효기간 내에 얼마든지 사용할 수 있는 여권으로 해외여행 결격 사유가 없으면 이 여권을 발급받을 수 있다.

● 여권의 발급
1. **여권 발급을 위한 구비 서류**
   - 여권 발급 신청서(각 구청 여권과에 비치되어 있음)
   - 주민등록증
   - 주민등록등본 1통
   - 여권 사진(3.5 x 4.5cm) 2매(제복을 착용한 사진은 안 됨)
   - 여권 인지대(복수 여권 – 35,000원, 단수 여권 – 15,000원)
2. **병역 미필자의 국외 여행 허가 절차**
   병역 미필자가 국외를 여행하고자 할 때는 관할 지방 병무청장(지방 병무사무소장)에게 해당 구비 서류를 첨부하여 국외여행허가신청서(소정 양식)를 발급받아야 한다. 제1국민역 중 실역 미필자(18~35세)이거나 실역 복무 미필 보충역 중 교육 및 방위 소집 대상자

(20~25세)는 병무청 홈페이지(http://www.mma.go.kr)를 방문하여 확인하기 바란다.
병무 민원상담소 전화 번호 :1588 - 9090

● **여권 발급 기관**

여권은 해당 거주지 구청 여권과에서 발급받을 수 있다. 신청은 기존에는 약 20일가량 걸렸
으나 요즘에는 공무원 업무 혁신으로 일주일이면 가능하다. 각 해당 구청 홈페이지에서 여
권 신청일과 시간을 예약하여 방문하도록 한다.

입국 허가증, 비자 만들기

사증이라고도 하는 비자는 여행국의 재외 공
관장이 발행하는 입국 허가증이다. 중국은
비자가 필요한 국가이며 비자의 발행은 중국
대사관 영사과에서 담당하고 있다. 여행자는
관광을 목적으로 1회에 한하여 중국을 방문
하는 관광 단수 비자(L VISA)나 단체 관광 비
자(G VISA)를 발급받으면 된다.

단수 관광 비자

● **관광 비자(L VISA) 신청 구비 서류**

❶ 본인의 주민등록증 또는 운전면허증 원본 및 복사본 1부

❷ 비자 신청서 1부

❸ 여권용 사진 1매

❹ 신청인의 여권(유효 기간이 4개월 이상이어야 하며 사용 가능한 비자 페이지가 있
어야 한다)

● **비자 발급 기관**

1 중국 대사관 영사과

중국 대사관은 2007년 9월부터 외교 여권을 소지한 특정인을 제외하고는
일반인의 비자 접수를 받지 않고 있다. 따라서 일반인은 과거와 달리 중국

대사관 영사과를 방문하지 않고 발급 대행사를 통해 수속을 밟아야 한다.
대사관 자체의 비자 발급 수수료는 다음과 같으며 대행사에서는 약 2만 원
정도 추가 수수료를 받고 수속을 대행해 주고 있다.

- **전화 번호** : 060-704-5004
- **홈페이지** : http://www.chinaemb.or.kr/kor

비자 수수료

구 분	보통(3박 4일)	급행(1박 2일)	당일
1차 입국 비자	35,000원	59,000원	70,000원
2차 입국 비자	53,000원	77,000원	88,000원
6개월 복수 입국 비자	70,000원	94,000원	105,000원
1년 복수 입국 비자	100,000원	124,000원	135,000원

2 중국 대사관 영사부 지정 여행사

중국 대사관 홈페이지에 접속하면 대사관 영사부에서 지정한 비자 대행 여
행사들의 목록을 찾을 수 있다. 하지만 이 여행사들 외에도 많은 여행사들
이 비자 대행 서비스를 제공하고 있으므로 인터넷으로 검색해 보자.
* 5명 이상은 할인이 가능하다.

● **구비 서류**
❶ 여권(유효 기간 4개월 이상)
❷ 사진 1장
❸ 신분증 복사본 또는 명함
❹ 수수료 : 5만 원 전후(대사관 비자비 포함)